博士后文库

中国博士后科学基金资助出版

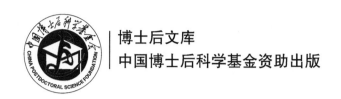

无网格弱可压缩 SPH 数值算法及应用扩展

董祥伟 著

科学出版社

北 京

内 容 简 介

本书介绍了一种无网格数值模拟方法，即"弱可压缩光滑粒子动力学方法"。该方法是光滑粒子动力学（smoothed particle hydrodynamics，SPH）方法的一个分支，其原理简单、数值算法简洁，在处理自由表面流动、界面流动、流固耦合等问题时具有独特的优势。本书基于作者在弱可压缩 SPH 数值算法和应用方面的研究基础，对该方法的数学原理、数值算法和计算机编程方法进行了归纳和整理。本书针对具体的科学和工程问题，包括多相界面流动、表面张力、液滴冲击、毛细现象、颗粒冲蚀、磨料射流等，运用弱可压缩 SPH 方法建立相应的数值计算模型，形成了一些适用于特定问题的新型算法。本书在附录中提供了书中部分算例的计算机代码，它们采用 Fortran 90 语言编写。

本书可供机械、力学等理工科相关专业的高年级本科生、研究生以及工程师、科学研究人员阅读，也可为从事 SPH 方法理论及应用研究的人员提供参考资料。

图书在版编目（CIP）数据

无网格弱可压缩 SPH 数值算法及应用扩展 / 董祥伟著. —北京：科学出版社，2021.8
（博士后文库）
ISBN 978-7-03-069291-7

Ⅰ. ①无⋯　Ⅱ. ①董⋯　Ⅲ. ①计算力学−数值模拟−研究　Ⅳ. ①O302

中国版本图书馆 CIP 数据核字（2021）第 123414 号

责任编辑：刘信力　杨　探 / 责任校对：彭珍珍
责任印制：吴兆东 / 封面设计：陈　敬

科 学 出 版 社 出版
北京东黄城根北街 16 号
邮政编码：100717
http://www.sciencep.com
北京建宏印刷有限公司印刷
科学出版社发行　各地新华书店经销
*
2021 年 8 月第 一 版　开本：720×1000　B5
2025 年 2 月第三次印刷　印张：23 3/4
字数：456 000
定价：198.00 元
（如有印装质量问题，我社负责调换）

《博士后文库》编委会名单

《博士后文库》序言

1985年，在李政道先生的倡议和邓小平同志的亲自关怀下，我国建立了博士后制度，同时设立了博士后科学基金。30多年来，在党和国家的高度重视下，在社会各方面的关心和支持下，博士后制度为我国培养了一大批青年高层次创新人才。在这一过程中，博士后科学基金发挥了不可替代的独特作用。

博士后科学基金是中国特色博士后制度的重要组成部分，专门用于资助博士后研究人员开展创新探索。博士后科学基金的资助，对正处于独立科研生涯起步阶段的博士后研究人员来说，适逢其时，有利于培养他们独立的科研人格、在选题方面的竞争意识以及负责的精神，是他们独立从事科研工作的"第一桶金"。尽管博士后科学基金资助金额不大，但对博士后青年创新人才的培养和激励作用不可估量。四两拨千斤，博士后科学基金有效地推动了博士后研究人员迅速成长为高水平的研究人才，"小基金发挥了大作用"。

在博士后科学基金的资助下，博士后研究人员的优秀学术成果不断涌现。2013年，为提高博士后科学基金的资助效益，中国博士后科学基金会联合科学出版社开展了博士后优秀学术专著出版资助工作，通过专家评审遴选出优秀的博士后学术著作，收入《博士后文库》，由博士后科学基金资助、科学出版社出版。我们希望，借此打造专属于博士后学术创新的旗舰图书品牌，激励博士后研究人员潜心科研，扎实治学，提升博士后优秀学术成果的社会影响力。

2015年，国务院办公厅印发了《关于改革完善博士后制度的意见》（国办发〔2015〕87号），将"实施自然科学、人文社会科学优秀博士后论著出版支持计划"作为"十三五"期间博士后工作的重要内容和提升博士后研究人员培养质量的重要手段，这更加凸显了出版资助工作的意义。我相信，我们提供的这个出版资助平台将对博士后研究人员激发创新智慧、凝聚创新力量发挥独特的作用，促使博士后研究人员的创新成果更好地服务于创新驱动发展战略和创新型国家的建设。

祝愿广大博士后研究人员在博士后科学基金的资助下早日成长为栋梁之才，为实现中华民族伟大复兴的中国梦做出更大的贡献。

中国博士后科学基金会理事长

序

SPH方法是一种基于拉格朗日方程的无网格粒子方法，近几十年来发展很快，在海洋、国防、材料、机械、能源、农业等领域都有广泛的应用。SPH方法起源于20世纪70年代Lucy提出的"smoothed particle hydrodynamics"方法，最初应用于天体物理领域。到20世纪80年代，SPH方法得到计算力学专家的重视，开始应用于自由表面流、高速冲击问题的数值模拟。随着学者们对SPH方法的研究，SPH方法在算法精度、稳定性、计算效率方面不断改进完善，以SPH方法为代表的粒子法成为计算力学领域最活跃的研究分支之一。

SPH方法作为一种数值模拟方法同时具有拉格朗日性质和无网格性质，特别适合处理材料大变形、断裂等非线性问题。在SPH方法中，可以方便地引入复杂的材料本构模型，来解决具有复杂物理机理的连续介质力学问题。"弱可压缩SPH方法"是SPH方法中的一个分支，与之对应的是"不可压缩SPH方法"，两者的区别在于流体压力的求解方式。弱可压缩SPH方法原理更简单、算法更简洁，因此得到了研究人员和应用人员的青睐，也是SPH初学者需要首先掌握的方法。该书主要介绍弱可压缩SPH方法。

该书的作者曾经在笔者位于美国辛辛那提大学（University of Cincinnati）的实验室进行了为期两年的学习和研究，身份是联合培养博士研究生。当时，在笔者的建议和指导下，作者开始接触SPH方法，并尝试将SPH方法与工程实例结合，解决工程中的复杂力学问题，取得了一些成果，并发表在学术杂志上。作者在辛辛那提大学期间学习十分刻苦认真，对SPH方法有非常好的领悟。作者回国后在博士后阶段，继续从事SPH方法研究和应用探索。该书是作者在总结自己在弱可压缩SPH方法及其应用方面研究工作的基础上，经过整理和归纳撰写而成。作者在书中介绍了弱可压缩SPH方法的基础知识，重点叙述了采用SPH方法解决的工程或科学实例，各部分内容都有明显的应用背景，诸如油水分离、液滴冲击、颗粒冲蚀、磨料射流、水中爆炸毁伤等的数值模型，给出了各模型的算法框架、实现过程以及必要的结果分析。该书取材新颖，内容完整。除了理论方面的内容，作者也对数值建模和编程方面的内容进行了介绍，有利于读者深入学习和研究。

刘桂荣（G. R. Liu）

University of Cincinnati

前　　言

　　光滑粒子动力学（smoothed particle hydrodynamics，SPH）方法是一种无网格数值模拟方法。它诞生于20世纪70年代，最初应用于天体物理领域。随后，由于SPH方法在处理大变形问题方面的优势，学者开始将它应用于高速冲击毁伤、断裂等固体力学问题。至20世纪90年代，SPH方法已经在可压缩和不可压缩流体力学问题中有了广泛应用。近些年来，学者在提高SPH数值精度和稳定性方面做了大量工作，使得SPH方法逐渐成为应用最广泛的无网格方法之一。SPH法采用"粒子"（particle）来离散计算域，相比于传统的网格方法，它对具有复杂几何形状的计算域适应性更好。而且，由于粒子运动不受限于网格和节点的拓扑关系，SPH方法在求解材料大变形问题方面具有天然的优势。

　　在SPH方法发展历程中，衍生出了不可压缩SPH（incompressible smoothed particle hydrodynamics，ISPH）方法和弱可压缩SPH（weakly-compressible smoothed particle hydrodynamics，WCSPH）方法。两种方法求解流场压力的方式不同：不可压缩SPH方法通过求解压力泊松方程来计算压力，而弱可压缩SPH方法通过状态方程来计算压力。在弱可压缩SPH方法中，流体密度是可以发生微弱变化的，但是，密度的改变量被限制在一个较小的范围内，此时流体表现出的流动行为与不可压缩流体是相似的，从而实现以"弱可压缩"假设来处理"不可压缩"流动问题。弱可压缩SPH方法不需要求解泊松方程，它的数值算法简洁，得到了研究人员的青睐。本书基于作者在弱可压缩SPH数值算法和应用方面的研究基础，对该方法的数学原理、数值算法、建模流程以及计算机编程技术等方面进行了归纳和整理。本书针对具体的物理问题，运用弱可压缩SPH方法建立数值模型，在建模过程中对算法的一些基本问题进行讨论，同时形成了一些适用于特定问题的新算法。

　　本书共8章。第1章为绪论，对SPH方法发展动态和研究现状进行分析，并简要梳理本书针对的实际工程和科学问题。第2章对弱可压缩SPH方法的基础理论进行介绍，包括连续介质控制方程及SPH离散方程/边界条件和时间积分格式等，并对数值算法的精度、稳定性进行分析。第3章建立了大密度比多相流SPH模型，并将模型应用于界面流动问题，提出了模拟液滴接触角的数值算法。第4章介绍适用于自由表面流条件的表面张力算法，并将算法应用于液滴冲击现象模拟，包括液滴冲击固壁、液滴冲击液面以及液滴冲击弹性基底。第 5 章建立了颗粒冲击损伤问题的 SPH 模型和数值算法，采用模型研究角型颗粒冲击延性和脆性材料的冲蚀机理，还原了冲击导致的材料脱落、塑性大变形、微裂纹等表面损伤行为。第 6 章采用弱可压缩 SPH 方法建立颗粒-射流耦合冲蚀模型，模型中考虑了磨料颗粒、射流和靶体材料之间的耦合作用，采用模型模拟了不同形状的磨料颗粒与射流混合物对延性和脆性材料的切割过程。第 7 章为数值算法的应用扩展，该章主要将第 3 章～第 6 章建立的数值模型和算法应用于解决实际的工程和科学问题。第 8 章介绍了弱可压缩 SPH 方法计算机编程相关的内容。

作者衷心感谢国家自然科学基金、中国博士后科学基金、山东省自然科学基金、中国科协优秀中外青年交流计划以及国家留学基金委的资助。作者在 SPH 数值方法方面的研究得到了美国辛辛那提大学刘桂荣（G. R. Liu）教授、博士导师李增亮教授和博士后合作导师刘建林教授的支持。G. R. Liu 教授帮助作者在 SPH 基础理论方面打下了坚实的基础，李增亮教授在算法应用方面予以指导，刘建林导师在表面张力、液滴冲击问题研究方面为作者开启新的方向，在此致以深深的谢意。本书的成稿还要感谢中国石油大学（华东）机电工程学院课题组的研究生们，包括冯龙博士、杜明超博士、郝冠男博士、范春永博士、杨谦洪博士、黄小平硕士、王乐峰硕士、刘笑笑硕士，在此一并致谢。由于时间和水平有限，书中难免有不足之处，欢迎读者批评指正。

董祥伟

2021 年 5 月

目　　录

第1章 绪 论

1.1 数值模拟概述

计算机数值模拟已经成为解决复杂工程和科学问题的重要手段，它一般包含以下四个步骤：

（1）建立数学模型：将所关心的物理问题采用数学方程进行描述，例如，描述黏性流体运动的纳维–斯托克斯（Navier-Stokes）方程；

（2）离散化：将计算域分解为离散的计算单元，利用数值近似方法，将微分形式的数学方程转化为可求解的代数方程；

（3）编程求解：建立数值求解算法及流程，按照算法流程编制计算机程序，通过计算机运算完成离散化代数方程的求解；

（4）结果处理及分析：根据分析的需求提取求解后的计算数据，对数据进行可视化处理，如绘制流场的压力云图、速度云图等。

图1.1给出了数值模拟的一般流程。

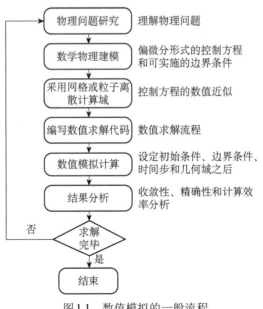

图1.1 数值模拟的一般流程

数学模型是基于对物理现象的观察，并引入一些简化或假设条件之后建立的。在连续介质力学领域，数学模型通常表达为偏微分形式的控制方程（governing equations），并且需要指定边界条件和初始条件。一般来讲，控制方程、边界条件和初始条件共同决定了计算问题的解。为了对控制方程进行求解，需要将计算域离散化，即将计算域拆解为有限数量的离散单元。一种常见的离散模式是将计算域分解为网格和节点，网格和节点之间通过特定的拓扑关系进行约束，工程中常用的有限单元法（finite element method，FEM）和有限体积法（finite volume method，FVM）就是采用这种模式，它们被归类为"网格法"。

数学模型的求解过程需要采用计算机运算来实现，采用计算机语言（如：Fortran，C++等），按照算法流程编制计算机程序，完成对数学模型的计算机求解。计算精度、效率、鲁棒性以及程序的可读性是计算机编程时要考虑的主要指标。计算完成后，可以将计算结果与理论解和实验数据进行对比，对计算结果的准确性进行验证，该过程称为模型验证（model validation）。

目前，常用的数值模拟方法，大多是在连续介质力学（continuum mechanics）理论框架内提出的，基于连续介质力学的数值方法是计算力学的一个重要分支。按照研究对象分类，可以将数值模拟方法分为计算固体力学（computational solid mechanics，CSM）和计算流体力学（computational fluid dynamics，CFD）。以CFD为例，流体的控制方程表达为质量、动量和能量守恒方程，即流体介质的质量、动量和能量在流动过程中保持守恒。在守恒方程的基础上，结合材料本构关系、边界条件及初始条件，完成对特定流体问题的求解。

1.2　网格方法及其局限性

按照计算域离散点、线、面的拓扑关系，数值模拟方法可以分为网格法和无网格法。传统的网格法包括有限差分法（finite difference method，FDM）、有限单元法（FEM）、有限体积法（FVM）等。根据控制方程的描述方法，数值模拟方法又可以分为欧拉方法和拉格朗日方法。在这两类方法中，网格节点和场变量信息的关联方式不同：欧拉方法采用空间描述方式，计算节点一般是固定的，不随时间变化；拉格朗日方法是一种随体描述方法，材料属性是固着在计算节点上的，节点的位置会随着材料的变形或流体的流动而改变。

在网格法中，欧拉模式和拉格朗日模式分别对应了两种不同的网格类型，也称为欧拉网格和拉格朗日网格。欧拉网格是固定的，即计算过程中网格和节点是固定不动的；拉格朗日网格是随体网格，网格和节点与材料是固结在一起的。欧拉网格通常用于计算流体力学分析，拉格朗日网格通常用于计算固体力学分析。FEM 是应用最广泛的拉格朗日方法之一，它在计算固体受力产生的变形时，相邻节点的移动会引起网格单元的膨胀或压缩，由于单元内材料质量是固定不变的，质量不会穿过网格边界，因此网格变形的程度与材料变形是一致的。由以上可知，拉格朗日方法具有以下特点：

（1）网格依附在材料上，便于在时间历程上追踪材料上任意点的场变量变化情况；

（2）网格节点可以位于边界或界面上，对自由表面、移动边界问题具有较好的适应性；

（3）通过配置不规则或适应性好的四面体网格，可以适应具有复杂几何形状的计算域。

拉格朗日方法的以上特点，使得拉格朗日方法通常用于计算固体力学分析。但是，拉格朗日网格方法不适用于材料大变形问题，材料大变形会导致严重的网格变形或扭曲，从而影响计算的稳定性和精度。

与拉格朗日方法不同，欧拉方法采用固定的网格系统，因此也就不会出现拉格朗日网格所具有的网格变形问题，这也是欧拉法被广泛应用于流体流动模拟的原因之一。但是，欧拉方法也有以下缺点：

（1）材料与网格不是固结在一起的，存在相对运动，不利于获得场变量信息随时间的变化规律；

（2）欧拉方法可以追踪穿过网格边界的质量、动量和能量通量，但很难精确地确定自由表面、可动边界和多相界面的位置信息；

（3）欧拉网格应该完全覆盖流体的计算域，而且需要足够大的计算域来覆盖流体可能流过的区域，如果为了降低计算量而使用较粗糙的网格，将不利于对局部流动细节的捕捉。

传统的网格方法，例如 FDM，FEM 和 FVM 等，已经广泛应用于工业领域和自然科学中，解决各类流体、固体以及流固耦合问题。尽管网格法已经取得了巨大成功，它仍旧存在一些固有的缺陷，限制了它在某些领域或问题中的应用。众所周知，采用网格法进行数值模拟的第一步是网格划分。以 FVM 为例，针对不规则或形状复杂的计算域划分网格从来都不是轻松的工作，通常需要复杂的数学变换来处理网格适应问题。因此，为了应对这些问题，学者开始提出无网格数值模拟理念和方法，解决一些传统网格方法难于或无法解决的问题，对于完善数值模拟理论、扩展计算机数值模拟应用具有重要的意义。

1.3 弱可压缩 SPH 方法

光滑粒子动力学（smoothed particle hydrodynamics，SPH）方法是应用最广泛的无网格方法之一，它采用粒子来离散计算域，对具有复杂几何形状的计算域以及材料大变形问题有很好的适用性。SPH方法最早由Lucy[1]，Monaghan[2]等学者提出并应用在天体物理学中，后来经过了Benz[3]等的进一步完善。在20世纪90年代，SPH方法得到了迅速发展。Monaghan[4]等将SPH方法应用于自由表面流动；Morris等[5]将SPH方法应用于低雷诺数黏性流动。目前，SPH在流体力学分析方面的应用非常广泛，涉及多相流[6]、不可压缩流[7]、多孔介质流动[8]、自由表面流动[9]等。在固体力学领域，SPH方法的应用包括高速冲击[10]、结构断裂[11]、刀具切割等。

在SPH方法发展历程中，衍生出了不可压缩SPH方法和弱可压缩SPH方法。弱可压缩SPH方法采用状态方程来计算压力。在弱可压缩SPH方法中，流体密度是可以发生微弱变化的，但是，密度的改变量被限制在一个较小的范围内，此时流体表现出的流动行为与不可压缩流体是相似的，从而实现以"弱可压缩"假设来处理"不可压缩"流动问题。由于弱可压缩SPH方法不需要求解泊松方程，因此它的数值算法更简洁。

此外，弱可压缩SPH方法有以下显著的优势[12]：

（1）SPH是一种拉格朗日方法，通过追踪粒子的运动，可以轻易获得流动系统随时间的变化规律，在自由表面流、多相流和可动边界问题的数值模拟方面具有优势；

（2）粒子的运动不受点、线、面拓扑关系的约束，避免了网格变形、扭曲带来的数值不稳定性问题，在处理固体大变形以及对流占优流体运动方面，具有独特优势；

（3）SPH采用"粒子"离散计算域，对具有复杂几何形状的计算域有更好的适应性；

（4）SPH粒子代表一定质量的介质，如果在计算中保持粒子的质量不变，则质量守恒定律自动满足；

（5）由于 SPH 方法的拉格朗日性质，在自由表面或多相流模拟时，不需进行界面追踪或重构，对相界面变化剧烈的情况有较好的适应性。

但是，弱可压缩 SPH 方法也有以下不足：

（1）SPH 方法存在张力不稳定（tensile instability）问题，在求解流体负压或者固体拉伸问题时，会出现粒子非物理集聚或断裂现象。在 SPH 模拟中，可以通过施加足够大的背景压力来避免形成负压区域，或在动量方程中加入阻碍粒子集聚的人工应力项，或使用高阶核函数和核梯度校正可以在一定程度上缓解张力不稳定性问题，但是会影响 SPH 算法的精度和计算效率。

（2）SPH 数值计算涉及大量的参数调整和选择，这些参数对计算精度和稳定性影响较大，如何量化和评估这些参数对计算结果的影响，是在使用 SPH 方法建模和模拟时需要重点解决的问题。

（3）SPH 方法采用核积分和粒子积分完成数值近似过程，其数值近似精度受粒子分布和边界的影响很大，引入修正算法可以提升数值近似精度，但会增加算法的实施难度和计算效率。

（4）SPH 模型一般采用显式时间积分算法求解，时间步长受 Courant-Friedrichs-Lewy（CFL）条件约束。在计算过程中需要实时地进行邻域粒子搜索（nearest neighboring particle searching，NNPS），计算效率一般低于网格类方法。

1.4　SPH方法的数值模拟应用

1.4.1　自由表面流动

20 世纪 70 年代，SPH 最初被提出，应用于天体物理学领域[1, 2]。由于星系运动通常没有传统意义上的"边界"，"星球流体"的"密度"会随时间和空间产生跨数量级的变化。正是如此，学者发现 SPH 方法在处理密度变化和无边界流动问题方面具有优势。这种优势源于 SPH 方法的拉格朗日特性：粒子代表介质，介质随粒子运动，不受流动边界的约束。在 20 世纪 80 年代，SPH 除了继续应用在天体物理学领域外，也开始逐步应用于连续介质力学领域，如固体力学和结构断裂问题。直到 20 世纪 90 年代中期，Monaghan 首次尝试将 SPH 用于"普通"流体，如自由表面流动（free surface flow）问题[4]。Monaghan 采用压力状态方程来模拟不可压缩流动，流体的不可压缩性通过使用足够大的人工声速来实现。Monaghan 的尝试表明，SPH 在模拟自由表面流动问题时不需要对自由液面进行特殊的处理，这与其他发展更早的方法相比，具有明显的优势。因此，自 20 世纪 90 年代中期以来，SPH 方法迅速地应用于各种涉及自由表面流动的问题，其他学者也在 Monaghan 模型的基础上提出了许多改进算法。

目前，SPH 已经被广泛应用于工程和科学中的各类流体力学问题，下面介绍一些代表性工作：

（1）波浪与近海和海洋工程结构的相互作用[13-15]；

（2）自由表面流体绕流或淹没水工结构的流动过程模拟[16, 17]；

（3）储罐或容器等罐体中的液体晃动[18]；

（4）水射流冲击问题[19, 20]；

（5）浮船的水动力学问题[21-23]；

（6）洪水、海啸、滑坡等自然灾害模拟[24, 25]；

（7）气液多相流及泥沙冲刷问题[26]。

SPH 方法得到广泛应用的原因在于它能够轻松处理涉及复杂流动、材料大变形、多相界面等方面的问题。在实际应用中，编程人员对基本算法进行适当调整或改进，就可以处理所面对的流体或固体力学问题，得出与实验和参考数据吻合的结果。而对于传统的数值方法，在不借助商业软件的前提下，使用者需要首先对相对复杂的数值算法有深入的了解，在处理复杂问题时首先解决算法层面的问题。

1.4.2　流固耦合

SPH 方法在流固耦合（fluid-structure interaction，FSI）问题中也有广泛的应用，尤其是在涉及自由表面流与结构变形耦合方面[27, 28]。无网格方法的关键思想是使用一组任意分布的粒子为具有各种边界条件的积分方程或微分方程提供具有一定精度和稳定性的数值求解方案。在诸多无网格法中，SPH 方法和移动粒子半隐式（moving particle semi-implicit，MPS）方法是用于 FSI 模拟的两种常用方法。MPS 方法最初是由 Koshizuka 等提出的[29]，已经被应用于不可压缩流与结构变形耦合模拟。

采用 SPH 进行 FSI 建模时，一个重要的问题是如何计算结构的变形，一般采用两种方式：一是采用耦合策略，使用 SPH 法模拟流体流动，而使用其他方法计算固体变形；二是流体和固体均采用 SPH 粒子描述和求解，通过在 SPH 中引入固体的本构方程，建立固体力学 SPH 方程，计算流体运动引起的固体变形[30-32]。学者开发了不同的 SPH 模型来计算不同类型结构的变形，例如用于薄壳结构模拟的 SPH 壳单元模型[33, 34]。为节省计算成本并提高准确性，学者也经常采用 SPH 方法与其他方法耦合的方式来求解 FSI 问题，例如 SPH 与 FEM 耦合方法，用于模拟带有柔性尾板的圆柱绕流、溃坝水流冲击弹性障碍物、结构冲击储水罐、晃荡的水箱和弹性体相互作用等 FSI 问题研究[35-38]。还有学者[39-41]将 SPH 与离散单元法（discrete element method，DEM）耦合用于 FSI 问题，其中将 SPH 应用于流体建模，并使用 DEM 模拟结构变形或破坏。Yang 等[42-44]提出了 SPH 与单元弯曲集（element bending group，EBG）方法的耦合模型，模拟柔性纤维结构在黏性流体流动中的变形行为。

在 SPH 流固耦合模拟中，如果流体和固体均由 SPH 方法求解，有助于保持两种数值算法的一致性，在建模和编程实施方面带来便捷。Antoci 等[45]首次提出了一种 SPH-SPH 流固耦合模型，其中流体部分描述为无黏性、弱可压缩流动，采用线性状态方程计算压力，而固体部分则由增量形式的次弹性（hypo-elastic）本构关系描述，采用带材料强度的 SPH 公式建立固体运动方程。Oger 等[46]将弱可压缩 SPH 方法与 SPH 固体模型耦合，模拟了包含水弹性（hydro-elastic）撞击的流固耦合问题。Liu 等[47]建立了用于水弹性问题的耦合 SPH-SPH 求解器，提出了一种改进型的边界处理技术，在边界同时采用排斥粒子和虚拟粒子，防止边界粒子穿透并且提升边界受力的计算精度。采用弱可压缩 SPH 模拟流体时存在压力扰动的问题，这种非物理的数值波动影响了压力场的计算精度和数值稳定性，需要采取人工黏性等手段来抑制这种扰动。

1.4.3 多相流

在油气田开发过程中，由于油气水的开采，在岩层、井筒、输油管道内会出现两相甚至三相流动，而在探究其流动机理的过程中，多相界面的耦合效应增大了研究多相流动机理的难度。因此，界面现象及其力学机理的研究对于石油、海洋、生物、医学等领域具有重要的工程和科学意义。在计算流体力学领域，传统的网格方法是模拟多相流的主要方法。常见的用于多相流模拟的网格方法包括：前追踪法（front tracking method，FTM）、流体体积法（volume of fluid method，VOF）、相场法（phase field method，PFM）、水平集法（level set method，LSM）等。其中，VOF、PFM 以及 LSM 属于欧拉网格方法，FTM 属于欧拉-拉格朗日网格方法。在 VOF 和 LSM 方法中，多相界面是隐式存在的，一般通过引入相体积分数来区分不同相流体的分布特性。但是，使用传统的网格方法模拟多相流问题，需要对相界面进行实时追踪，在模拟界面破碎、界面大变形、自由表面流等问题时，收敛性差，容易导致计算不稳定。

在 SPH 多相流模型中，不同相之间由具有不同材料属性的 SPH 粒子代表，因此相界面是显式存在的，不需要对相界面进行实时追踪，该特性也使得 SPH 方法在多相流模拟中得到广泛应用。在 SPH 多相流算法研究方面，研究者主要针对高密度差界面的稳定性和界面张力的精确模拟问题进行研究。Morris[49]基于 Brackbill 等[48]所提出的连续性表面力模型对多相流动进行模拟，但 Morris 所提出的模型只适合于模拟密度比和黏度比较小的情况。Hu 和 Adams[50]通过对连续性界面张力模型的修正，消除了界面处负压的影响，同时在微观多相流动机理的研究中引入了热波动。Zhang 和 Sun 在 Adami 的基础上，提出了适合于大密度比（high density ratio）情况下的界面张力模型，并且加入了背景压力和界面数值力提高了计算的稳定性和精度。Krimi 等在 Adami 的基础上，将流动从两相拓展为多相，其模型通过对散度算子的精确计算提高了数值稳定性，同时在三相交界处对黏性项、压力梯度项进行了修正，但是在三相接触线附近会产生粒子混乱的现象。

1.4.4　表面张力和毛细现象

表面张力或界面张力作用于流体界面处，作用效果是使流动介质的表面能变小。相比于重力等常规力，表面张力的量值非常小，因此在很多情况下不需要考虑表面张力的影响。但是，当介质的比表面积增加到一定程度时，表面张力会随着比表面积的增加而逐渐占据主导地位。研究者最初在 SPH 方法中引入连续表面力（CSF）模型来模拟多相流的界面张力效应[48, 49]。随后，基于连续表面力模型在准确性和稳定性方面得到了学者们不断的完善[51, 52]。在连续表面力模型中，表面张力表达为与界面曲率成比例的体积力，而界面曲率通过颜色函数梯度的散度[49]或通过几何重构界面[52]来求得：前者仅限于两侧均存在流体的界面问题，而后者同时适用于两相界面和自由表面问题，但是后者需要判断界面处的粒子，并进行插值重构[52]，导致计算量变大。受液面处分子作用产生表面张力的物理机理的启发，Nugent 和 Posch[53]提出了粒子间作用力（inter-particle interaction force，IIF）模型，来模拟范德法特液滴问题。随后，Tartakovsky 和 Meakin[54]对 IIF 模型进行了改进，使之适用于自由表面（free surface）问题。这种方法在计算机图形学领域（如动画特效[55]）中广泛采用，以相当少的计算成本来模拟动画流体的物理行为。在最近的研究中，Tartakovsky 和 Panchenko[56]

阐明了宏观参数（如表面张力系数和表观接触角）与成对粒子力的量值和物理特性之间的关系，提出了一种可以实现精确计算表面张力属性的模型，并通过一系列的测试算例进行验证。

毛细现象是与表面张力和壁面润湿性相关的流动现象，涉及毛细管内的流体界面运动，多发生在毛细孔道、油藏孔隙、微机电系统中。在毛细现象的数值模拟中，需要适当的边界条件来处理液体界面和固体的相互作用，从而恰当地模拟动态接触角现象。在 SPH 中，研究者们开发了几种动态接触角的建模和模拟方法。Tartakovsky 和 Panchenko[56]在流体−流体界面处应用动态的杨−拉普拉斯边界条件，从而在气液固三相线区域得到了率相关（rate-dependent）的接触角。Hochstetter 和 Kolb[57]直接应用了考克斯（Cox）定律[58]来再现动态接触角，其值与毛细数的三次方有关。Farrokhpanah[59]通过校正接触线附近在求解颜色函数时导致的不平衡力，来实现动态接触角的模拟。Huber 等[60]引入了一种接触线力（CLF）模型来模拟动态接触角。基于三相接触线区域动量守恒，计算非平衡状态的杨氏力，通过接触线附近的体积重构来将接触线力转换为体积力，以便将该力引入到纳维−斯托克斯方程中。由于 CLF 模型是一种基于物理的连续介质力学尺度方法，因此不需要拟合参数，驱动力根据实时的动态接触角计算得出，与 Hu 和 Adams 的方法类似[50]。Kunz 等[61]扩展 CLF 模型，使得该模型能够恰当地模拟低毛细数、黏滑效应（stick-slip effect）占优流动。但是，必须指出，在 CLF 模型中，界面张力是作为输入参数给出的，因此无法考虑表面异质性或微观粗糙度的影响。此外，上述在 SPH 中模拟动态接触角的方法大多涉及多相界面，建模时需要考虑界面两侧的流体，因此并不适用于自由界面与固体的作用。

1.5　本书内容梳理

本书将针对具体的科学和工程问题，采用弱可压缩 SPH 方法建立相应的数值计算模型，通过数值模拟还原物理现象的细节或工程问题中的流体或固体力学过程，对一些力学行为和机理进行讨论。本书中采用弱可压缩 SPH 方法解决的实际问题，既有自由表面流问题，也有多相流问题，还涉及流固耦合过程。本节将对这些实际问题进行介绍，从而使读者对本书的主要内容有所了解。

1.5.1 物理现象和工程问题

1. 界面张力或表面张力

表面张力（surface tension）或界面张力（interface tension）是介观尺度流体重要的物理特性，对介观尺度流体运动起主导作用。表面张力本质上也是界面张力，本书在后面的内容中将不再区分两者，统一描述为"表面张力"。如何将表面张力引入流体的受力分析中，是数值建模和模拟的重要问题。在传统的网格方法中，一般通过在流体运动方程中引入表面张力模型力，来模拟表面张力效应对流体行为的影响。本书将在第3章和第4章分别介绍基于多相流SPH算法和自由表面流SPH算法的表面张力模拟方法，并将所建立的包含表面张力效应的SPH模型应用于液滴接触角（图1.2）、油水分离（图1.3）、液滴冲击（图1.4）等现象的数值模拟研究。

图 1.2 液滴的接触角

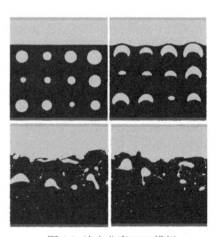

图 1.3 油水分离 SPH 模拟

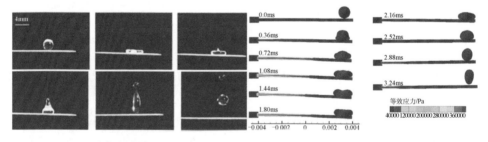

(a) 实验图像　　　　　　　　　(b) SPH模拟

图 1.4 液滴冲击弹性基底

2. 液滴冲击弹性基底

液滴冲击现象也是一种与表面张力相关的流体运动现象,广泛存在于自然界和工业领域,受表面张力效应的作用,液滴冲击会展现出铺展、回缩、回弹以及飞溅等非常规的流体力学行为。液滴冲击弹性基底属于流固耦合问题,本书将采用SPH方法建立液滴冲击弹性基底的数值模型。其中,流体和固体部分均由SPH方法建模。在第4章中,在自由表面流SPH模型和表面张力算法基础上,引入弹性本构模型建立弹性基底的SPH模型,借助于模型对液滴冲击弹性基底的力学行为进行研究。

3. 微小颗粒冲击材料表面

微小的固体颗粒冲击材料表面导致材料表面损伤、失效是一种常见的磨损形式,又称"冲蚀磨损"(erosive wear)。在实际的冲蚀过程中,颗粒的形状通常是不规则的、带有角度的,但是以往的冲蚀模型大多将颗粒形状假定为球形。带角颗粒冲击金属材料时,可能会导致材料脱落、微裂纹、塑性大变形等非线性行为,用有限元方法模拟该类问题时会遇到网格畸变等问题。因此,本书采用弱可压缩SPH方法,建立角型颗粒冲击延性和脆性材料的数值计算模型。本书在第5章介绍颗粒冲击模型,该模型利用SPH方法处理材料大变形、断裂等非线性问题方面的优势,解决传统网格难于解决的问题。此外,第7章对角型颗粒冲击延性和脆性两种类型材料的冲蚀机理进行了详细分析。

4. 磨料水射流切割

磨料水射流切割(abrasive water-jet cutting)是一种冷态加工技术,磨料在水射流的携带作用下以高速撞击工件,在磨料和射流的冲击作用下完成对工件的切割加工。如图1.5(a)所示,该过程涉及颗粒与射流的耦合作用、颗粒对靶体的冲击破坏作用以及高速水射流对靶体的冲击作用。本书将在第6章介绍磨料射流冲蚀过程的SPH数值模型(图1.5(b))。该模型充分发挥SPH方法在多物理场耦合、材料大变形等方面的优势,该模型的提出为磨料射流切割机理的研究提供一种新型数值方法。

以上各类实际问题,涉及流体或固体力学、颗粒与连续介质的相互作用、相与相之间相互作用。本书将采用弱可压缩SPH方法模拟这些力学过程。在应用扩展方面,针对具体的问题,开展力学行为和力学机理的数值模拟研究。除了以上列出的四类内容,本书还将所建立的各种弱可压缩SPH数值算法应用于水中爆炸、浮体与波浪耦合、油气水分离、喷丸颗粒冲击等领域,这些内容将在第7章"数值算法的应用扩展"中介绍。

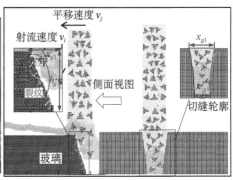

(a) 磨料射流切割机　　　　　　　　　(b) SPH模拟

图 1.5　磨料水射流切割

1.5.2　本书主要脉络

本书从弱可压缩 SPH 方法的基本理论出发，提出和建立了四种数值模型和算法，并将模型与算法应用于具体工程或科学实例的模拟研究。图 1.6 为本书的主要脉络图，展示了主要章节之间的联系。本书第 2 章主要介绍弱可压缩 SPH 方法的原理、基本方程和算法。在第 2 章的基础上，第 3 章～第 6 章分别介绍了多相流模型、自由液面表面张力算法、颗粒冲击模型、颗粒-射流耦合冲蚀模型以及模型求解过程中涉及的数值算法。第 7 章为弱可压缩 SPH 数值算法的应用扩展实例。本书在第 8 章介绍了弱可压缩 SPH 方法计算机编程方法，读者可结合数值算法理论内容与编程实例进行学习。

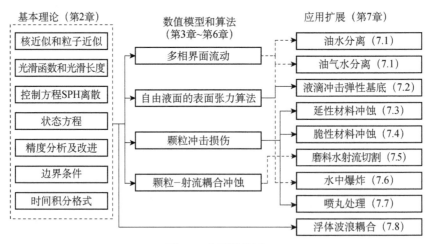

图 1.6　主要脉络图

参 考 文 献

[1]Lucy L B. A numerical approach to the testing of the fission hypothesis[J].The Astronomical Journal, 1977, 82（12）: 1013-1024.

[2]Monaghan J J, Lattanzio J C. A refined particle method for astrophysical problems[J]. Astronomy & Astrophysics, 1985, 149（149）: 135-143.

[3]Benz W. Applications of smooth particle hydrodynamics（SPH）to astrophysical problems[C]. Particle Methods in Fluid Dynamics and Plasma Physics, 1987.

[4]Monaghan J J. Simulating free surface flows with SPH[J]. Journal of Computational Physics, 1994, 110（2）: 399-406.

[5]Morris J P, Fox P J, Zhu Y. Modeling low Reynolds number incompressible flows using SPH[J]. J. Comput. Phys., 1997, 136（1）: 214-226.

[6]Tartakovsky A M, Panchenko A. Pairwise force smoothed particle hydrodynamics model for multiphase flow: surface tension and contact line dynamics[J]. Journal of Computational Physics, 2015, 305: 1119-1146.

[7]Ellero M, Serrano M, Español P. Incompressible smoothed particle hydrodynamics[J]. Journal of Computational Physics, 2007, 226（2）: 1731-1752.

[8]Tartakovsky A M, Meakin P, Scheibe T D, et al. A smoothed particle hydrodynamics model for reactive transport and mineral precipitation in porous and fractured porous media[J]. Water Resources Research, 2007, 43（5）: 5437.

[9]Lind S J, Xu R, Stansby P K, et al. Incompressible smoothed particle hydrodynamics for free-surface flows: a generalised diffusion-based algorithm for stability and validations for impulsive flows and propagating waves[J]. Journal of Computational Physics, 2012, 231（4）: 1499-1523.

[10]Connolly A. Smoothed particle hydrodynamics for high velocity impact simulations[D]. London: Imperial College London, 2013.

[11]Das R, Cleary P W. Effect of rock shapes on brittle fracture using smoothed particle hydrodynamics[J]. Theoretical & Applied Fracture Mechanics, 2010, 53（1）: 47-60.

[12]Liu M B, Liu G R. Smoothed particle hydrodynamics（SPH）: an overview and recent developments[J]. Archives of Computational Methods in Engineering, 2010, 17（1）: 25-76.

[13]Altomare C, Crespo A J C, Domínguez J M, et al. Applicability of smoothed particle hydrodynamics for estimation of sea wave impact on coastal structures[J]. Coastal Engineering, 2015, 96: 1-12.

[14]Lind S J, Stansby P K, Rogers B D, et al. Numerical predictions of water-air wave slam

using incompressible-compressible smoothed particle hydrodynamics[J]. Applied Ocean Research, 2015, 49: 57-71.

[15]Ni X, Feng W B, Wu D. Numerical simulations of wave interactions with vertical wave barriers using the SPH method[J]. International Journal for Numerical Methods in Fluids, 2014, 76 (4): 223-245.

[16]Husain S M, Muhammed J R, Karunarathna H U, et al. Investigation of pressure variations over stepped spillways using smooth particle hydrodynamics[J]. Advances in Water Resources, 2014, 66: 52-69.

[17]Lee E S, Violeau D, Issa R, et al. Application of weakly compressible and truly incompressible SPH to 3-D water collapse in waterworks[J]. Journal of Hydraulic Research, 2010, 48 (S1): 50-60.

[18]Souto-Iglesias A, Delorme L, Pérez-Rojas L, et al. Liquid moment amplitude assessment in sloshing type problems with smooth particle hydrodynamics[J]. Ocean Engineering, 2006, 33 (11-12): 1462-1484.

[19]Koukouvinis P K, Anagnostopoulos J S, Papantonis D E. An improved MUSCL treatment for the SPH-ALE method: comparison with the standard SPH method for the jet impingement case[J]. International Journal for Numerical Methods in Fluids, 2013, 71 (9): 1152-1177.

[20]Marongiu J C, Leboeuf F, Caro J Ë, et al. Free surface flows simulations in Pelton turbines using an hybrid SPH-ALE method[J]. Journal of Hydraulic Research, 2010, 48 (S1): 40-49.

[21]Cartwright B K, Chhor A, Groenenboom P H L. Numerical simulation of a helicopter ditching with emergency flotation devices[C]. 5th Int. SPHERIC Workshop, Manchester, UK, 2010.

[22]Marrone S, Bouscasse B, Colagrossi A, et al. Study of ship wave breaking patterns using 3D parallel SPH simulations[J]. Computers & Fluids, 2012, 69: 54-66.

[23]Zhang A, Cao X, Ming F, et al. Investigation on a damaged ship model sinking into water based on three dimensional SPH method[J]. Applied Ocean Research, 2013, 42: 24-31.

[24]Rogers B D, Dalrymple R A. SPH Modeling of Tsunami Waves[M]//Liu P L F, Yeh H, Synolakis C. Advanced Numerical Models for Simulating Tsunami Waves and Runup. Singapore: Singapore World Scientific, 2008: 75-100.

[25]Zili D, Yu H, Hualin C, et al. 3D Numerical modeling using smoothed particle hydrodynamics of flow-like landslide propagation triggered by the 2008 Wenchuan earthquake[J]. Engineering Geology, 2014, 180: 21-33.

[26]Manenti S, Sibilla S, Gallati M, et al. SPH simulation of sediment flushing induced by a rapid water flow[J]. Journal of Hydraulic Engineering, 2012, 138 (3): 272-284.

[27] Liu W K，Chen Y，Jun S，et al. Overview and applications of the reproducing kernel particle methods[J]. Archives of Computational Methods in Engineering，1996，3（1）：3-80.

[28] Li S，Liu W K. Meshfree and particle methods and their applications[J]. Appl. Mech. Rev.，2002，55（1）：1-34.

[29] Koshizuka S，Oka Y. Moving-particle semi-implicit method for fragmentation of incompressible fluid[J]. Nuclear Science and Engineering，1996，123（3）：421-434.

[30] Han L，Hu X. SPH modeling of fluid-structure interaction[J]. Journal of Hydrodynamics，2018，30（1）：62-69.

[31] Rafiee A，Thiagarajan K P. An SPH projection method for simulating fluid-hypoelastic structure interaction[J]. Computer Methods in Applied Mechanics and Engineering，2009，198（33-36）：2785-2795.

[32] Liu M，Shao J，Li H. Numerical simulation of hydro-elastic problems with smoothed particle hydrodynamics method[J]. Journal of Hydrodynamics，2013，25（5）：673-682.

[33] Ming F R，Zhang A M，Cao X Y. A robust shell element in meshfree SPH method[J]. Acta Mechanica Sinica，2013，29（2）：241-255.

[34] Ming F R，Zhang A M，Wang S P. Smoothed particle hydrodynamics for the linear and nonlinear analyses of elastoplastic damage and fracture of shell[J]. International Journal of Applied Mechanics，2015，7（2）：1550032.

[35] Hu D，Long T，Xiao Y，et al. Fluid-structure interaction analysis by coupled FE-SPH model based on a novel searching algorithm[J]. Computer Methods in Applied Mechanics and Engineering，2014，276：266-286.

[36] Long T，Hu D，Wan D，et al. An arbitrary boundary with ghost particles incorporated in coupled FEM-SPH model for FSI problems[J]. Journal of Computational Physics，2017，350：166-183.

[37] Li Z，Leduc J，Nunez-Ramirez J，et al. A non-intrusive partitioned approach to couple smoothed particle hydrodynamics and finite element methods for transient fluid-structure interaction problems with large interface motion[J]. Computational Mechanics，2015，55（4）：697-718.

[38] Yang Q，Jones V，McCue L. Free-surface flow interactions with deformable structures using an SPH-FEM model[J]. Ocean Engineering，2012，55：136-147.

[39] Wu K，Yang D，Wright N. A coupled SPH-DEM model for fluid-structure interaction problems with free-surface flow and structural failure[J]. Computers & Structures，2016，177：141-161.

[40] Qiu L C. Numerical modeling of liquid-particle flows by combining SPH and DEM[J].

Industrial & Engineering Chemistry Research，2013，52（33）：11313-11318.

[41]Tang Y，Jiang Q，Zhou C. A Lagrangian-based SPH-DEM model for fluid-solid interaction with free surface flow in two dimensions[J]. Applied Mathematical Modelling，2018，62：436-460.

[42]Yang X，Liu M. Particle-based modeling of asymmetric flexible fibers in viscous flows[J]. Communications in Computational Physics，2017，22（4）：1015-1027.

[43]Yang X，Liu M，Peng S. Smoothed particle hydrodynamics and element bending group modeling of flexible fibers interacting with viscous fluids[J]. Physical Review E，2014，90（6）：063011.

[44]Yang X，Liu M，Peng S，et al. Numerical modeling of dam-break flow impacting on flexible structures using an improved SPH-EBG method[J]. Coastal Engineering，2016，108：56-64.

[45]Antoci C，Gallati M，Sibilla S. Numerical simulation of fluid-structure interaction by SPH[J]. Computers & Structures，2007，85（11-14）：879-890.

[46]Oger G，Guilcher P M，Jacquin E，et al. Simulations of hydro-elastic impacts using a parallel SPH model[C]. The Nineteenth International Offshore and Polar Engineering Conference，International Society of Offshore and Polar Engineers，2009.

[47]Liu M，Shao J，Li H. Numerical simulation of hydro-elastic problems with smoothed particle hydrodynamics method[J]. Journal of Hydrodynamics，2013，25（5）：673-682.

[48]Brackbill J，Kothe D B，Zemach C. A continuum method for modeling surface tension[J]. J. Comput. Phys.，1992，100（2）：335-354.

[49]Morris J P. Simulating surface tension with smoothed particle hydrodynamics[J]. Int. J. Numer. Meth. Fluids，2000，33（3）：333-353.

[50]Hu X，Adams. A multi-phase SPH method for macroscopic and mesoscopic flows[J]. J. Comput. Phys.，2006，213（2）：844-861.

[51]Colagrossi A，Landrini M. Numerical simulation of interfacial flows by smoothed particle hydrodynamics[J]. J. Comput. Phys.，2003，191（2）：448-475.

[52]Zhang M. Simulation of surface tension in 2D and 3D with smoothed particle hydrodynamics method[J]. J. Comput. Phys.，2010，229（19）：7238-7259.

[53]Nugent S，Posch H. Liquid drops and surface tension with smoothed particle applied mechanics[J]. Phys. Rev. E，2000，62（4）：4968.

[54]Tartakovsky A，Meakin P. Modeling of surface tension and contact angleswith smoothed particle hydrodynamics[J]. Phys. Rev. E，2005，72（2）：026301.

[55]Akinci N，Akinci G，Teschner M. Versatile surface tension and adhesion for sph fluids[J]. ACM Trans. Graph.，2013，32（6）：182.

[56] Tartakovsky A M, Panchenko A. Pairwise force smoothed particle hydrodynamics model for multiphase flow: surface tension and contact line dynamics[J]. J. Comput. Phys., 2016, 305: 1119-1146.

[57] Hochstetter H, Kolb A. Evaporation and condensation of SPH-based fluids[C]. Proceedings of the ACM SIGGRAPH/Eurographics Symposium on Computer Animation, 2017: 3.

[58] Cox R. The dynamics of the spreading of liquids on a solid surface. Part 1. Viscous flow[J]. Journal of Fluid Mechanics, 1986, 168: 169-194.

[59] Farrokhpanah A. Applying contact angle to a two-dimensional smoothed particle hydrodynamics (SPH) model on a graphics processing unit (GPU) platform[D]. Toronto: University of Toronto, 2012.

[60] Huber M, Keller F, Säckel W. et al. On the physically based modeling of surface tension and moving contact lines with dynamic contact angles on the continuum scale. Journal of Computational Physics, 2016, 310: 459-477.

[61] Kunz P, Hassanizadeh S M, Nieken U. A two-phase SPH model for dynamic contact angles including fluid-solid interactions at the contact line[J]. Transport in Porous Media, 2018, 122 (2): 253-277.

第2章 SPH方法基础理论

2.1 引   言

SPH方法是一种拉格朗日无网格粒子方法,弱可压缩SPH方法是SPH方法的一个分支,也是SPH方法的基础。我们可以由SPH方法的名称(光滑粒子动力学)来分析SPH方法的核心内容,"光滑"是指该方法光滑近似的本质,这种光滑措施通过对邻域粒子加权平均来实现。"粒子"表明了该方法的无网格性质,即连续完整的计算域由一系列离散分布的粒子来代替。"动力学"是指SPH方法用于动力学问题。"弱可压缩"是指所模拟的流体介质具有"弱"可压缩性,弱可压缩流体的密度是可以变化的,但是变化率不超过1.0%[1]。对于弱可压缩流体,由于其密度变化微小,流体流动行为与不可压缩流体相近。将"不可压缩流体"按照"弱可压缩"方式进行处理的目的主要是为了数值求解的便捷性,有助于降低流体控制方程求解的难度。

SPH数值计算方程是以连续介质控制方程和连续介质本构方程为基础构建的。在SPH模型中,连续运动的流体由一系列任意分布的离散粒子构成,单个粒子代表了场中的物质点。这些运动的粒子携带了场变量的信息,而且具有材料属性。粒子的运动即代表了流体的流动,粒子团的变形即代表了固体的变形。利用SPH方法中的数值近似原理,可以将偏微分形式的控制方程转变为离散化的代数方程。通过提供精确、稳定的数值求解方案,对离散化的代数方程进行求解,从而得到不同时刻流场中SPH粒子的位置信息和场变量信息(密度、速度、压力、应力等),完成对物理问题的数值模拟。

本章首先介绍连续介质控制方程和弱可压缩SPH方法的数值近似原理。随后,利用核近似和粒子近似原理,将偏微分形式的控制方程转换为离散化的SPH数值计算方程,并给出了离散方程的时间积分格式。此外,本章介绍了弱可压缩SPH方法中的人工声速、状态方程、流体黏性以及边界处理等方面的内容,对数值近似精度进行了分析,并给出了提高数值精度的改进算法。本章对弱可压缩SPH方法理论进行了梳理,相关内容是后续章节的基础。

2.2　连续介质控制方程

如图 2.1 所示，科学问题通常涉及不同尺度，一般分为微观（microscale）、介观（mesoscale）和宏观（macroscale）。其中，微观尺度关注分子和原子的行为，其研究方法可以是量子力学方法，也可以是经典力学方法。后者可以是确定性的方法（如分子动力学）或随机性的方法（如蒙特卡罗法）。宏观尺度下的数值模拟方法一般基于连续介质力学理论，它是描述物质宏观力学规律的理论。分子动力学方法考虑了分子之间的相互作用，其尺度远小于连续介质力学描述的宏观尺度。在连续介质力学理论中，一般不考虑分子运动和分子间作用力，而是采用数学微分和积分手段建立物质守恒方程，例如质量守恒方程、动量守恒方程和能量守恒方程，来描述物质的宏观运动行为。

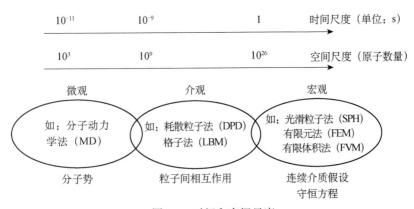

图 2.1　时间和空间尺度

在连续介质方程描述的流场空间中，流体的特性随空间位置和时间变化，其变化规律应符合连续介质假定，即空间中的足够小体积内的介质包含大量的分子，这些分子在宏观上展现出一定的平均特性，这些平均特性表达为某质点的场变量，例如速度、压力、密度、温度等。在连续介质方程描述的场中，每个空间点都是一个物质点，其场变量是空间位置和时间的函数，并受物质守恒定律支配。

连续性方程，即质量守恒方程，可以表达为

$$\frac{\mathrm{d}\rho}{\mathrm{d}t} = -\rho \nabla \cdot \boldsymbol{v} \tag{2-1}$$

式中，t 为时间，单位为 s；$\frac{\mathrm{d}}{\mathrm{d}t}$ 为拉格朗日或材料导数；ρ 为材料密度，单位为

kg/m³; v 为速度，单位为 m/s。

运动方程，即动量守恒方程，表达为

$$\frac{\mathrm{d}v}{\mathrm{d}t} = -\frac{1}{\rho}\nabla P + \Theta + g \tag{2-2}$$

式中，P 为流场的压力，单位为 Pa 或 N/m²；Θ 代表耗散项；g 代表单位质量的体积力，例如重力，单位为 m/s²。

物质守恒方程具有以下特点：

（1）在质量守恒方程中，只存在一个未知数，即密度；

（2）对于三维（3D）问题，动量守恒方程由三个方程式组成（对应每个笛卡儿坐标 x, y, z 方向各一个方程），存在四个未知数，即速度的三个分量和压力（对于已知介质，一般认为流体黏度和重力加速度是已知的并且是常数），因此，为使方程组封闭有解，通常使用状态方程来计算压力；

（3）能量守恒方程中有两个未知数，即内能和温度，一般认为热导率、单位体积的能量耗散率以及热源热量是已知的，因此能量方程包含两个未知数。

SPH 方法是一个基于连续介质力学理论的数值计算方法。在 SPH 模型中，所模拟的流体或固体的行为由三大守恒方程描述，流体流动和能量传输过程遵循质量、动量和能量定律，分别表达为相对应的守恒方程。一般来讲，流体流动行为可由速度场、密度场和压力场恰当地描述，而能量分布特性可由温度场描述。

2.3　数值近似原理

2.3.1　核近似和粒子近似

在 SPH 模型中，计算域被离散为有限数量的粒子（即"SPH 粒子"），每个粒子占据一定的空间体积，并携带了场变量信息，如速度、密度、应力等。SPH 粒子之间会产生相互作用力，在边界条件或外部受力的作用下，粒子会发生运动，粒子的运动遵循牛顿第二定律。SPH 粒子的场变量值可以通过对周围相邻粒子的加权平均得到，该平均过程即是 SPH 数值近似的核心部分。

SPH 数值近似的加权函数称为核函数（又称光滑函数（smoothing function））。通过核近似（kernel approximation）和粒子近似（particle approximation）两个步骤，将粒子的场变量及其导数转化为以它相邻粒子求和的表达形式。利用核近似和粒子近似，可以实现将偏微分形式的守恒方程转化为一组代数方程，得到 SPH 离散方程，随后按照数值积分格式对 SPH 离散方程进行数值求解。

1. 场函数的核近似

根据核近似原理，计算域中任意一点的场函数 $f(\boldsymbol{x})$ 值可以表达为

$$f(\boldsymbol{x}) = \int_{\Omega} f(\boldsymbol{x}')W(\boldsymbol{x} - \boldsymbol{x}', h)\mathrm{d}\boldsymbol{x}' \tag{2-3}$$

式中，Ω 代表坐标点 $\boldsymbol{x}$ 的光滑域（图 2.2），一般是以 $\boldsymbol{x}$ 点为中心并具有一定半径的圆形（对二维（2D）问题）或球形（对三维问题）；$\boldsymbol{x}'$ 代表位于光滑域 Ω 内任意一点；$f(\boldsymbol{x}')$ 为 $\boldsymbol{x}'$ 点处的场函数值；W 为光滑函数；h 为光滑长度（smoothing length）。光滑域 Ω 的半径一般与光滑长度成一定比例，具体的比例系数和所采用的光滑函数有关，并保证光滑域中具有足够数量的粒子。

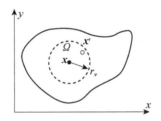

图 2.2　计算域中 $\boldsymbol{x}$ 点的光滑域 Ω（虚线）

光滑函数并不是唯一的，需要满足以下三个条件。

（1）正则性条件：

$$\int_{\Omega} W(\boldsymbol{x} - \boldsymbol{x}', h)\mathrm{d}\boldsymbol{x}' = 1 \tag{2-4}$$

（2）Delta 函数特性，即当光滑长度趋近于零时，光滑函数趋近于 Delta 函数：

$$\lim_{h \to 0} W(\boldsymbol{x} - \boldsymbol{x}', h) = \delta(\boldsymbol{x} - \boldsymbol{x}') \tag{2-5}$$

（3）紧致性条件：

$$W(\boldsymbol{x} - \boldsymbol{x}', h) = 0, \quad \text{当} |\boldsymbol{x} - \boldsymbol{x}'| > kh \tag{2-6}$$

式中，h 为光滑长度，k 为与光滑函数有关的比例系数，kh 代表光滑域的半径。

2. 场函数的粒子近似

如图 2.3 所示，计算域离散为一系列的 SPH 粒子，对于任意粒子 i，其场函数的值可由其光滑域内的粒子求和得到。根据粒子近似原理，式（2-3）可以转换为如下的粒子求和形式：

$$f(\boldsymbol{x}_i) = \sum_j m_j \frac{f(\boldsymbol{x}_j)}{\rho_j} W_{ij} \tag{2-7}$$

式中，W_{ij} 为 $W(\boldsymbol{r}_i - \boldsymbol{r}_j, h)$ 的缩写；j 代表粒子 i 的邻域粒子，它位于粒子 i 的支持域内；m_j 和 ρ_j 分别代表粒子 j 的质量和密度值。

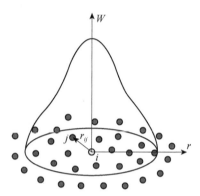

图2.3 粒子分布及光滑函数

式（2-3）和（2-7）分别给出了场函数的核近似和粒子近似表达式。利用粒子近似式可以将场中任意 SPH 粒子的场变量值表达为其邻域粒子求和的形式。除了场变量的数值近似，还可以借助于核近似和粒子近似手段得到场函数的空间导数的近似式。

2.3.2 矢量函数散度的粒子近似

为了得到矢量函数 $\boldsymbol{f}$ 散度的粒子近似表达式，这里将散度 $\nabla \cdot \boldsymbol{f}$ 代入式（2-3）中，得到下式[2]：

$$\nabla \cdot \boldsymbol{f}(\boldsymbol{x}) = \int_\Omega \nabla \cdot \boldsymbol{f}(\boldsymbol{x}') W(\boldsymbol{x} - \boldsymbol{x}', h) \mathrm{d}\boldsymbol{x}' \tag{2-8}$$

式中，$\nabla \cdot \boldsymbol{f}(\boldsymbol{x})$ 为 $\boldsymbol{x}$ 位置处矢量函数散度的核近似值。将式（2-8）积分号内的表达式分解为

$$\nabla \cdot \boldsymbol{f}(\boldsymbol{x}') W(\boldsymbol{x} - \boldsymbol{x}', h) = \nabla \cdot \left[\boldsymbol{f}(\boldsymbol{x}') W(\boldsymbol{x} - \boldsymbol{x}', h) \right] - \boldsymbol{f}(\boldsymbol{x}') \cdot \nabla W(\boldsymbol{x} - \boldsymbol{x}', h)$$
$$\tag{2-9}$$

将式（2-9）代入式（2-8）后得到

$$\nabla \cdot \boldsymbol{f}(\boldsymbol{x}) = \int_\Omega \nabla \cdot \left[\boldsymbol{f}(\boldsymbol{x}') W(\boldsymbol{x} - \boldsymbol{x}', h) \right] \mathrm{d}\boldsymbol{x}' - \int_\Omega \boldsymbol{f}(\boldsymbol{x}') \cdot \nabla W(\boldsymbol{x} - \boldsymbol{x}', h) \mathrm{d}\boldsymbol{x}'$$
$$\tag{2-10}$$

对上式右边第一项采用散度定理进行变换，得到下式：

$$\nabla \cdot f(x) = \int_{\Omega} f(x')W(x-x',h)n \cdot \mathrm{d}S - \int_{\Omega} f(x') \cdot \nabla W(x-x',h)\mathrm{d}x' \quad （2\text{-}11）$$

式中，S 为积分面，$\mathrm{d}S$ 为微面元，n 为表面的单位法向量。由光滑函数的紧致性条件，式（2-11）右边第一项为零，进而得到 $f(x)$ 散度的核近似表达式为

$$\nabla \cdot f(x) = -\int_{\Omega} f(x') \cdot \nabla W(x-x',h)\mathrm{d}x' \qquad （2\text{-}12）$$

进一步将式（2-12）写为粒子近似形式

$$\nabla \cdot f(x_i) = -\sum_j f(x_j) \cdot \nabla W(x_i-x_j,h)\frac{m_j}{\rho_j} \qquad （2\text{-}13）$$

式中，$\nabla \cdot f(x_i)$ 为粒子 i 的矢量函数的散度值，$f(x_j)$ 为邻域粒子 j 的矢量函数值。

式（2-13）给出了 SPH 方法中矢量函数散度近似式的基本形式，但在实际应用中，该式是不能直接使用的，需要进行如下的数学变换：

$$\nabla \cdot f = \frac{1}{\rho}\left[\nabla \cdot (\rho f) - f \cdot \nabla \rho\right] \qquad （2\text{-}14）$$

进一步得到矢量函数散度的另一种 SPH 粒子近似式：

$$\nabla \cdot f(x_i) = \frac{1}{\rho_i}\sum_j \left(f(x_j) - f(x_i)\right) \cdot \nabla W(x_i-x_j,h)m_j \qquad （2\text{-}15）$$

式中，ρ_i 为粒子 i 的材料密度。

2.3.3　标量函数梯度的粒子近似

类似的，标量函数 $f(x)$ 梯度的核近似表达式为

$$\nabla f(x) = -\int_{\Omega} f(x')\nabla W(x-x',h)\mathrm{d}x' \qquad （2\text{-}16）$$

式中，$\nabla f(x)$ 为 x 位置处的函数梯度的核近似值。进一步将上式写为粒子近似形式

$$\nabla f(x_i) = -\sum_j f(x_j)\nabla W(x_i-x_j,h)\frac{m_j}{\rho_j} \qquad （2\text{-}17）$$

式中，$\nabla f(x_i)$ 为粒子 i 位置处标量函数的梯度值。

根据梯度分解定理，得到

$$\nabla f = \frac{1}{\rho}\left[\nabla(\rho f) - f\nabla \rho\right] \qquad （2\text{-}18）$$

结合式（2-17）可以得到

$$\nabla f(\pmb{x}_i) = -\frac{1}{\rho_i} \sum_j m_j \left(f(\pmb{x}_j) - f(\pmb{x}_i) \right) \nabla W(\pmb{x}_i - \pmb{x}_j, h) \qquad (2\text{-}19)$$

当考虑两个相互作用力粒子之间的对称性时，需要采用另一种方式来近似函数梯度。例如，在计算压力梯度的近似值时，互相支持的两个粒子位于计算域中的不同位置，在某时刻具有不同的压力值，如果采用对称形式的粒子近似式，能保证粒子间受力满足作用力与反作用力定律。下面介绍对称形式的函数梯度近似式的推导过程，首先根据以下数学关系：

$$\nabla \left(\frac{f(\pmb{x})}{\rho} \right) = \frac{\nabla f(\pmb{x})}{\rho} + \frac{f(\pmb{x})}{\rho^2} \nabla \rho \qquad (2\text{-}20)$$

即

$$\frac{\nabla f(\pmb{x})}{\rho} = \nabla \left(\frac{f(\pmb{x})}{\rho} \right) - \frac{f(\pmb{x})}{\rho^2} \nabla \rho \qquad (2\text{-}21)$$

对式（2-21）右边的两项采用式（2-17）的粒子近似式替换，分别为

$$\nabla \left(\frac{f(\pmb{x})}{\rho} \right)_i = -\sum_j m_j \frac{f(\pmb{x}_j)}{\rho_j^2} \nabla W(\pmb{x}_i - \pmb{x}_j, h) \qquad (2\text{-}22)$$

$$\left(\frac{f(\pmb{x})}{\rho^2} \nabla \rho \right)_i = -\sum_j \frac{f(\pmb{x}_i)}{\rho_i^2} m_j \nabla W(\pmb{x}_i - \pmb{x}_j, h) \qquad (2\text{-}23)$$

将式（2-22）和（2-23）代入式（2-21），即可得到对称形式的函数梯度的粒子近似式：

$$\nabla f(\pmb{x}_i) = -\rho_i \sum_j m_j \left(\frac{f(\pmb{x}_i)}{\rho_i^2} + \frac{f(\pmb{x}_j)}{\rho_j^2} \right) \nabla W(\pmb{x}_i - \pmb{x}_j, h) \qquad (2\text{-}24)$$

式（2-24）常用在 SPH 动量方程中计算压力、应力的梯度。

2.4　光滑函数和光滑长度

2.4.1　常用的光滑函数

光滑函数的选择对于 SPH 数值模拟精度和稳定性有着重要影响。如前所述，满足正则性、Delta 函数特性和紧致性条件的函数可以用作 SPH 光滑函数。粒子之间的光滑函数的值由光滑长度 h 和粒子之间的无量纲距离 q 共同决定。假定两个粒子之间的空间距离为 r，则无量纲距离 q 表达为 $q=r/h$。粒子 i 和粒子 j 之

间的光滑函数值 W_{ij} 随着两粒子之间距离 q 的增加而减小。当光滑长度 h 趋近于 0 时，光滑函数 W_{ij} 的特性应无限接近 Delta 函数。在 SPH 模拟中，光滑长度 h 可以看作是粒子的一个属性参数，支持域半径的大小是由 h 决定的，h 在计算中可以保持不变，也可以根据粒子分布的变化而变化。在 SPH 方法中，常用的光滑函数包括 Cubic spline（三次样条）函数、Gaussian 函数、Quintic 函数和 Quadratic 函数等。

1. Cubic spline 函数

Cubic spline 函数，即三次样条函数，其表达式为

$$W(r,h) = \alpha_d \begin{cases} 1 - \dfrac{3}{2}q^2 + \dfrac{3}{4}q^3, & 0 \leqslant q < 1 \\ \dfrac{1}{4}(2-q)^3, & 1 \leqslant q < 2 \\ 0, & q \geqslant 2 \end{cases} \tag{2-25}$$

其中，r 代表任意粒子 i 和粒子 j 之间的空间距离；系数 α_d 是与空间维数相关的系数，对于二维问题，$\alpha_d = 10/(7\pi h^2)$；对三维问题 $\alpha_d = 1/(\pi h^3)$。

2. Gaussian 函数

Gaussian 函数表达为

$$W(r,h) = \alpha_d \mathrm{e}^{-q^2} \tag{2-26}$$

其中，对二维问题，$\alpha_d = 1/(\pi h^2)$，对三维问题 $\alpha_d = 1/(\pi^{3/2} h^3)$。

3. Quintic 函数

Quintic 函数表达为

$$W(r,h) = \alpha_d \left(1 - \frac{q}{2}\right)^4 (2q+1) \tag{2-27}$$

其中，对二维问题，$\alpha_d = 7/(4\pi h^2)$，对三维问题 $\alpha_d = 21/(16\pi h^3)$。

4. Quadratic 函数

Quadratic 函数表达为

$$W(r,h) = \alpha_d \left(\frac{3}{16}q^2 - \frac{3}{4}q + \frac{3}{4}\right), \quad 0 \leqslant q \leqslant 2 \tag{2-28}$$

其中，对二维问题，$\alpha_d = 2/(\pi h^2)$，对三维问题 $\alpha_d = 5/(4\pi h^3)$。

2.4.2　光滑长度

1. 固定的光滑长度

光滑长度 h 是 SPH 数值模拟的重要参数，它对计算效率和数值近似精度有

直接的影响。在 SPH 模型中，光滑长度可以看作是粒子的属性参数，它是直接赋值给粒子的。对计算域中的粒子，如果它的光滑长度太小，会使得支持域半径过小，使支持域内没有足够数量的粒子，导致数值近似的精度下降；如果光滑长度太大，会使得位于支持域内粒子数量过多，导致计算效率下降。如图 2.4 所示，随着光滑长度增加，支持域半径变大，支持域内的粒子数量增加。

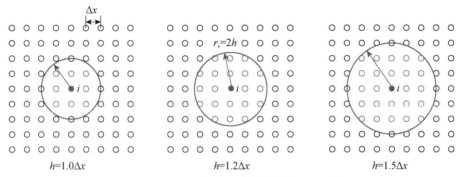

$$h=1.0\Delta x \qquad\qquad h=1.2\Delta x \qquad\qquad h=1.5\Delta x$$

图 2.4　不同的光滑长度对应的支持域（$r_v = 2h$）

　　SPH 方法中的粒子近似过程是通过对支持域内的粒子求和来完成的，它要求光滑长度值在合理范围内，保证支持域内有足够数量的粒子。当采用 Cubic spline 函数作为光滑函数时，光滑长度一般选择为 1.2 倍的粒子间距（Δx），此时，对于一维（1D）、二维和三维问题，支持域内的粒子数量分别为 5，21 和 57[3, 4]。

　　固定的光滑长度，是指在 SPH 计算过程中粒子的光滑长度的值保持不变。它一般应用在粒子间距变化较小、粒子分布相对平均的情况下，例如，水坝坍塌、低雷诺数黏性流动等。

　　2. 可变的光滑长度

　　采用 SPH 方法模拟高速冲击或爆炸等问题时，通常伴随着局部密度的较大幅度的波动，使得粒子间距变化剧烈。在这种情况下，有必要采用可变的光滑长度值。在计算中，根据粒子分布变化情况，实时地调整粒子的光滑长度值，使得支持域内的粒子数量维持在一个相对恒定的数值。目前，存在多种可以动态调整光滑长度值的方法，例如，根据密度来更新光滑长度的值，如下式所示[2, 5]：

$$h = h_0 \left(\frac{\rho_0}{\rho} \right)^{1/n_d} \tag{2-29}$$

式中，h_0 为初始的光滑长度值，单位为 m；ρ_0 为初始密度值，单位为 kg/m^3；

n_d 为计算域的维度。

另一种常用的方法是基于连续性方程（密度的随体倒数），得到光滑长度随时间的变化率，如下式：

$$\frac{\mathrm{d}h}{\mathrm{d}t} = -\frac{1}{n_d}\frac{h}{\rho}\frac{\mathrm{d}\rho}{\mathrm{d}t} \tag{2-30}$$

式中，$\dfrac{\mathrm{d}\rho}{\mathrm{d}t}$ 为密度的导数。

2.5　控制方程的离散化

2.5.1　质量守恒方程

在 SPH 数值计算时，一般令粒子的质量保持恒定，允许密度随时间变化。密度的变化率可由连续性方程（即质量守恒方程）推导得到。根据式（2-1）描述的连续性方程，结合式（2-19）给出的标量函数梯度的粒子近似式，得到如下 SPH 离散形式的连续性方程：

$$\frac{\mathrm{d}\rho_i}{\mathrm{d}t} = \sum_j m_j \boldsymbol{v}_{ij} \cdot \nabla_i W_{ij} \tag{2-31}$$

式中，粒子 i 和粒子 j 之间的速度矢量差 $\boldsymbol{v}_{ij} = \boldsymbol{v}_i - \boldsymbol{v}_j$；$\nabla_i W_{ij}$ 为粒子 i 和 j 之间的光滑函数梯度值，$\nabla_i W_{ij} = \dfrac{\boldsymbol{x}_i - \boldsymbol{y}_j}{r_{ij}}\dfrac{\partial W_{ij}}{r_{ij}} = \dfrac{\boldsymbol{x}_{ij}}{r_{ij}}\dfrac{\partial W_{ij}}{r_{ij}}$，其中，$r_{ij}$ 表示粒子 i 和 j 之间的间距，$\boldsymbol{x}_{ij}$ 为粒子 i 和 j 位置矢量差，$\boldsymbol{x}_{ij} = \boldsymbol{x}_i - \boldsymbol{y}_j$。

2.5.2　动量守恒方程

本小节给出黏性流体的动量守恒方程。在 SPH 方法中，一般采用两种方式来模拟流体的黏性效应，分别为人工黏性（artificial viscosity）和牛顿黏性。

1. 使用人工黏性

采用人工黏性的流体动量方程的 SPH 离散形式表达为

$$\frac{\mathrm{d}\boldsymbol{v}_i}{\mathrm{d}t} = -\sum_j m_j \left(\left(\frac{P_i}{\rho_i^2} + \frac{P_j}{\rho_j^2} \right) + \Pi_{ij} \right) \nabla_i W_{ij} + \boldsymbol{f}_i \tag{2-32}$$

式中，Π_{ij} 即为人工黏性项，常采用 Monaghan 提出的形式，它可以有效抑制冲击导致的数值非物理振荡，在 SPH 流体和固体模拟中都得到了广泛采用。

Monaghan 形式的人工黏性项 Π_{ij} 的表达式为

$$\Pi_{ij} = \begin{cases} \dfrac{-\alpha \overline{c}_{ij} \mu_{ij} + \beta \mu_{ij}^2}{\overline{\rho}_{ij}}, & \boldsymbol{v}_{ij} \cdot \boldsymbol{x}_{ij} < 0 \\ 0, & \boldsymbol{v}_{ij} \cdot \boldsymbol{x}_{ij} \geqslant 0 \end{cases} \qquad (2\text{-}33)$$

式中，参数 μ_{ij} 表达为

$$\mu_{ij} = \frac{h_{ij} \left(\boldsymbol{v}_{ij} \cdot \boldsymbol{x}_{ij} \right)}{\left| \boldsymbol{x}_{ij} \right|^2 + 0.01 h_{ij}^2} \qquad (2\text{-}34)$$

式中，$\boldsymbol{x}_{ij} = \boldsymbol{x}_i - \boldsymbol{x}_j$，$\boldsymbol{x}_i$ 和 $\boldsymbol{x}_j$ 分别为粒子 i 和 j 的位置矢量；$\boldsymbol{v}_{ij} = \boldsymbol{v}_i - \boldsymbol{v}_j$，$\boldsymbol{v}_i$ 和 $\boldsymbol{v}_j$ 分别为粒子 i 和 j 的速度矢量；$h_{ij} = \left(h_i + h_j \right)/2$，$h_i$ 和 h_j 分别为粒子 i 和粒子 j 的光滑长度；$\overline{c}_{ij} = \left(c_i + c_j \right)/2$，$c_i$ 和 c_j 分别为粒子 i 和粒子 j 对应的声速；$\overline{\rho}_{ij}$ 为粒子的平均密度，$\overline{\rho}_{ij} = \left(\rho_i + \rho_j \right)/2$，$\rho_i$ 和 ρ_j 分别为粒子 i 和 j 的密度；α 和 β 是计算常数，需要根据具体问题进行选取。

式（2-32）也可以写成如下形式[6]：

$$\frac{\mathrm{d}v_i^{\alpha}}{\mathrm{d}t} = -\sum_j m_j \left(\frac{P_i}{\rho_i^2} + \frac{P_j}{\rho_j^2} + \Pi_{ij} \right) \frac{\partial W_{ij}}{\partial x_i^{\alpha}} + f_i^{\alpha} \qquad (2\text{-}35)$$

按照矢量在 x，y，z 三个坐标方向的分量，将式（2-35）展开为

$$x \text{方向：} \quad \frac{\mathrm{d}u_i}{\mathrm{d}t} = -\sum_j m_j \left(\frac{P_i}{\rho_i^2} + \frac{P_j}{\rho_j^2} + \Pi_{ij} \right) \frac{\partial W_{ij}}{\partial x_i} + f_i^x$$

$$y \text{方向：} \quad \frac{\mathrm{d}v_i}{\mathrm{d}t} = -\sum_j m_j \left(\frac{P_i}{\rho_i^2} + \frac{P_j}{\rho_j^2} + \Pi_{ij} \right) \frac{\partial W_{ij}}{\partial y_i} + f_i^y \qquad (2\text{-}36)$$

$$z \text{方向：} \quad \frac{\mathrm{d}w_i}{\mathrm{d}t} = -\sum_j m_j \left(\frac{P_i}{\rho_i^2} + \frac{P_j}{\rho_j^2} + \Pi_{ij} \right) \frac{\partial W_{ij}}{\partial z_i} + f_i^z$$

式中，粒子 i 的位置矢量 $\boldsymbol{x}_i = \left(x_i, y_i, z_i \right)$，粒子 i 的速度矢量 $\boldsymbol{v}_i = \left(u_i, v_i, w_i \right)$，粒子 i 和 j 之间的核函数梯度 $\nabla_i W_{ij} = \left(\dfrac{\partial W_{ij}}{\partial x_i}, \dfrac{\partial W_{ij}}{\partial y_i}, \dfrac{\partial W_{ij}}{\partial z_i} \right) = \left(\dfrac{x_i - x_j}{r_{ij}} \dfrac{\partial W_{ij}}{\partial r_{ij}}, \dfrac{y_i - y_j}{r_{ij}} \dfrac{\partial W_{ij}}{\partial r_{ij}}, \right.$

$\left. \dfrac{z_i - z_j}{r_{ij}} \dfrac{\partial W_{ij}}{\partial r_{ij}} \right)$。

2. 使用牛顿黏性

不可压缩黏性流体的动量方程（即纳维-斯托克斯方程（N-S 方程））可以写

为如下形式：

$$\frac{\mathrm{d}\boldsymbol{v}}{\mathrm{d}t} = -\frac{1}{\rho}\nabla P + \upsilon\nabla^2\boldsymbol{v} + \boldsymbol{f} \tag{2-37}$$

式中，υ 为流体的运动黏度，单位 m^2/s；$\boldsymbol{f}$ 代表体积力引起的加速度，单位 $\mathrm{m/s}^2$。

式（2-37）中，耗散项 $\upsilon\nabla^2\boldsymbol{v}$ 的 SPH 离散形式表达为[7]

$$\left(\upsilon\nabla^2\boldsymbol{v}\right)_i = \sum_j m_j\left(\frac{4\upsilon\boldsymbol{x}_{ij}\cdot\nabla_i W_{ij}}{\left(\rho_i+\rho_j\right)\left|\boldsymbol{x}_{ij}\right|^2}\right)\boldsymbol{v}_{ij} \tag{2-38}$$

式中，位置矢量差 $\boldsymbol{x}_{ij} = \boldsymbol{x}_i - \boldsymbol{x}_j$；速度矢量差 $\boldsymbol{v}_{ij} = \boldsymbol{v}_i - \boldsymbol{v}_j$。

将式（2-38）代入 SPH 动量方程中，得到

$$\frac{\mathrm{d}\boldsymbol{v}_i}{\mathrm{d}t} = -\sum_j m_j\left(\frac{P_i+P_j}{\rho_i\rho_j}\right)\nabla_i W_{ij} + \sum_j m_j\left(\frac{4\upsilon\boldsymbol{x}_{ij}\cdot\nabla_i W_{ij}}{\left(\rho_i+\rho_j\right)\left|\boldsymbol{x}_{ij}\right|^2}\right)\boldsymbol{v}_{ij} + \boldsymbol{f}_i \tag{2-39}$$

对式（2-39）展开，得到

x 方向：$\dfrac{\mathrm{d}u_i}{\mathrm{d}t} = -\sum_j m_j\left(\dfrac{P_i}{\rho_i^2}+\dfrac{P_j}{\rho_j^2}\right)\dfrac{\partial W_{ij}}{\partial x_i} + f_i^x + \sum_j m_j\left(4\upsilon\dfrac{\boldsymbol{x}_{ij}\cdot\nabla_i W_{ij}}{\left(\rho_i+\rho_j\right)\left|\boldsymbol{x}_{ij}\right|^2}\right)\left(u_i-u_j\right)$

y 方向：$\dfrac{\mathrm{d}v_i}{\mathrm{d}t} = -\sum_j m_j\left(\dfrac{P_i}{\rho_i^2}+\dfrac{P_j}{\rho_j^2}\right)\dfrac{\partial W_{ij}}{\partial y_i} + f_i^y + \sum_j m_j\left(4\upsilon\dfrac{\boldsymbol{x}_{ij}\cdot\nabla_i W_{ij}}{\left(\rho_i+\rho_j\right)\left|\boldsymbol{x}_{ij}\right|^2}\right)\left(v_i-v_j\right)$

z 方向：$\dfrac{\mathrm{d}w_i}{\mathrm{d}t} = -\sum_j m_j\left(\dfrac{P_i}{\rho_i^2}+\dfrac{P_j}{\rho_j^2}\right)\dfrac{\partial W_{ij}}{\partial z_i} + f_i^z + \sum_j m_j\left(4\upsilon\dfrac{\boldsymbol{x}_{ij}\cdot\nabla_i W_{ij}}{\left(\rho_i+\rho_j\right)\left|\boldsymbol{x}_{ij}\right|^2}\right)\left(w_i-w_j\right)$

$$\tag{2-40}$$

式中，$\boldsymbol{x}_{ij}\cdot\nabla_i W_{ij}$ 可以展开为

$$\boldsymbol{x}_{ij}\cdot\nabla_i W_{ij} = \left(x_i-x_j\right)\frac{\partial W_{ij}}{\partial x_i} + \left(y_i-y_j\right)\frac{\partial W_{ij}}{\partial y_i} + \left(z_i-z_j\right)\frac{\partial W_{ij}}{\partial z_i}$$

2.6　状态方程和人工声速

2.6.1　状态方程

状态方程（equation of state，EOS）是描述流体压力与密度之间关系的数学

表达式，它与材料的声速有关。数值计算使用的材料声速一般小于材料的实际声速，由此引出两个关于声速的定义。

（1）物理声速：是介质的固有属性参数，指声音在该介质中的实际传播速度，例如常温下空气的声速为346m/s，海水的声速为1531m/s。

（2）人工声速：是指在数值计算中采用的声速，在保证"弱可压缩性"的前提下，人工声速通常小于物理声速。

在弱可压缩SPH方法中，流体密度是可以变化的，但是为了保证"弱可压缩性"，密度的相对波动值应当低于1.0%。在压力状态方程中，一般通过控制人工声速的大小来控制流场密度的波动。流场质点密度的变化 $\delta\rho$ 与声速 c 具有以下关系：

$$\frac{\delta\rho}{\rho} = \frac{vL}{c^2\tau} \tag{2-41}$$

式中，L 为特征长度，单位m；τ 为特征时间，单位s；v 为流体的特征速度，$v = \dfrac{L}{\tau}$，单位m/s。式（2-41）可以变换为

$$\frac{\delta\rho}{\rho} = \left(\frac{v}{c}\right)^2 = (Ma)^2 \tag{2-42}$$

式中，Ma 为马赫数。由此可以看出，考虑流体可压缩性时，流场密度的相对变化率与马赫数的平方成正比。以水为例，其物理声速通常在 10^3m/s 量级，远大于一般流动问题的特征速度。因此，对于一般流动问题，马赫数通常很小。当采用人工声速来代替物理声速时，只要保证马赫数小于一定值，就可以将密度的变化率维持在较小范围内。

Monaghan模拟自由表面流动问题时，采用了如下形式的状态方程[1]：

$$P = B\left[\left(\frac{\rho}{\rho_0}\right)^\gamma - 1\right] \tag{2-43}$$

式中，参数 $B = \dfrac{\rho_0 c^2}{\gamma}$，$\rho_0$ 为参考密度，单位kg/m³；c 为流体的人工声速，单位m/s；γ 为状态方程系数，一般取7。由式（2-43）的表达式可知，初始时刻流场的压力为零，计算开始后：当 $\rho > \rho_0$，即流体被压缩变"致密"时，当地流场的压力值增加；当 $\rho < \rho_0$，即流体"膨胀"时，当地流场的压力值降低。对于自由表面流动模拟，一般采用式（2-43）所表述的状态方程。

Morris等在模拟层流黏性流动时，采用了如下形式的状态方程[7]：

$$P = c^2 \rho \tag{2-44}$$

当采用式（2-44）作为状态方程时，流场具有初始的背景压力，这与自由表面流体的零压力边界条件相矛盾，因此式（2-44）不能用于自由表面流动模拟。当流场初始压力为零，而且不需要使用背景压力时，为了使式（2-44）适用于自由表面流动问题，该式可以写成如下形式：

$$P = c^2 \left(\rho - \rho_0 \right) \tag{2-45}$$

注意，当式（2-43）中的参数 γ =1 时，式（2-43）与（2-45）是一样的。图 2.5 对比了两种状态方程给出的压力和密度的关系。可以看出，式（2-43）中压力对密度的变化更敏感，密度的变化会更"迅速"地反映到压力场中。但是，另一方面，密度场的微小计算误差会在计算压力场时放大。因此，在高雷诺数流动时，采用式（2-43）可以更有效地控制密度波动在较小范围；在低雷诺数时，采用式（2-45）有利于更精确地计算压力场。

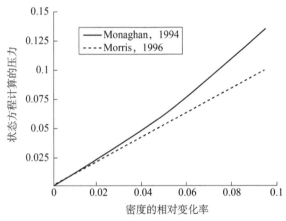

图 2.5　压力与密度变化率的关系

2.6.2　人工声速值的预估

在弱可压缩 SPH 方法中，状态方程描述了流场压力和密度的对应关系。由 CFL 条件可知，采用物理声速的状态方程通常要求使用非常小的时间步长来确保数值计算的稳定性，因此有必要采用人工声速来代替物理声速。一般的，人工声速低于物理声速，但是要大于流场速度，以确保密度相对波动值在 1.0% 以内。在 SPH 模拟时，应当选择合适的人工声速，确保在计算效率和精度之间取得平衡：一方面，人工声速的值应当足够大，使得流体的"弱可压缩性"接近真实流体的"不可压缩性"；另一方面，在保证流体的弱可压缩的前提下，人工声速应该足够小，有利于控制时间步长和提升计算效率。

下面以水坝溃塌流动和水射流冲击问题为例说明人工声速值的预估方法。

1. 水坝溃塌流动

Monaghan 通过量纲分析得出，为了使流场密度的相对变化率低于 1.0%，马赫数 Ma 应该小于 0.1。根据马赫数的定义，通常取人工声速值大于 10 倍的流体速度，这里的流体速度通常取流场内流体的最大速度。因此，预估人工声速值，需要预估流场内流体的最大速度。但是，在实际的流体模拟时，计算域流场是不断发展的，流体速度不仅与空间位置有关，在时间上也是不断变化的，因此，如何合理地预估流场的最大速度，是预估人工声速的关键。

以水坝溃塌流动为例，如图 2.6 所示，水坝坝体的初始高度为 H，则坝体溃塌时的最大前沿速度 V_{max} 可以根据能量转换来预估计算：

$$V_{max} = 2gH \tag{2-46}$$

式中，V_{max} 为流场的最大速度，单位 m/s；g 为重力加速度，单位 m/s^2。人工声速可以按照 10 倍的 V_{max} 来计算，即人工声速应满足 $c \geq 10V_{max}$。

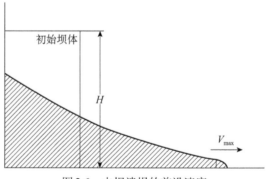

图 2.6　水坝溃塌的前沿速度

2. 水射流冲击

图 2.7 给出了水射流冲击的 SPH 模型，初始时刻给定射流水柱一个初始的速度 v_{jet}，例如初始冲击速度设置为 $v_{jet} = 200$m/s，射流水柱的宽度设置为 1.0mm。射流水柱冲击到刚性平板，沿着平板水平方向向两侧铺展流动。图 2.8 给出了不同时刻的流场速度云图。由图可知，射流的初始速度可以认为是流场的最大速度，人工声速应满足 $c \geq 10v_{jet}$。

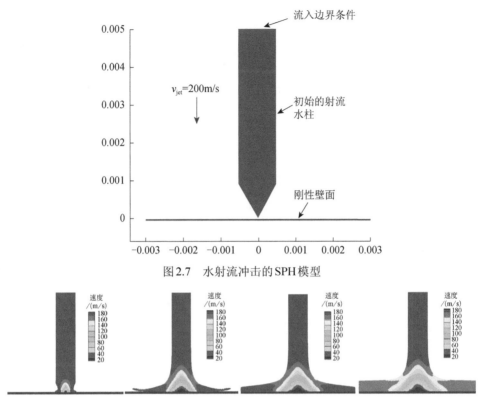

图 2.7　水射流冲击的 SPH 模型

图 2.8　水射流冲击过程中的速度云图

2.7　数值近似精度分析

数值方法的一致性（consistency），是指数值方法精确再生连续场函数的能力。当某数值方法能够精确再生 n 阶多项式时，则认为该方法具有 n 阶一致性。通常，使用常数函数（$f(x) = C$）和线性函数（$f(x) = c_0 + c_1 x$）来测试数值方法的一致性，如果数值方法能够精确再生常数函数，则认为该方法具备 0 阶一致性；如果能精确再生线性函数，则认为该方法具备 1 阶一致性。

在 SPH 方法中，通常分两种情况来讨论一致性，分别为核近似的一致性和粒子近似的一致性。核近似的一致性是粒子近似一致性的基础；一般来讲，核近似的一致性要优于粒子近似的一致性，这是因为粒子近似的过程即离散的过程，会引入额外的误差。

2.7.1　核近似的一致性

首先来分析 SPH 核近似的一致性，如果 SPH 核近似能够精确再生常数函数（ $f(x)=C$ ， C 为常数）需要满足以下条件：

$$f(x) = \int CW(x-x',h)\mathrm{d}x' = C \tag{2-47}$$

上式也可以写为

$$C\int W(x-x',h)\mathrm{d}x' = C \;\Rightarrow\; \int W(x-x',h)\mathrm{d}x' = 1 \tag{2-48}$$

式（2-48）正是 2.2 节中提及的正则化条件，而正则化条件对 SPH 核函数来说是基本性质，因此可以认为 SPH 核近似对常数函数是精确再生的。

考虑线性函数 $f(x)=c_0+c_1x$ （ c_0 和 c_1 为常数），如果 SPH 核函数精确再生线性函数需要满足以下条件：

$$f(x) = \int(c_0+c_1x')W(x-x',h)\mathrm{d}x' = c_0+c_1x \tag{2-49}$$

将式（2-48）代入式（2-49）中，则式（2-49）可转化为

$$\int x'W(x-x',h)\mathrm{d}x' = x \tag{2-50}$$

如果在式（2-47）两边同乘以 x ，得到下式：

$$\int xW(x-x',h)\mathrm{d}x' = x \tag{2-51}$$

将式（2-51）减去式（2-50），则得到下式：

$$\int(x-x')W(x-x',h)\mathrm{d}x' = 0 \tag{2-52}$$

式（2-52）也称为 SPH 核函数的对称性条件，由核函数的性质可知，只要核函数满足三个基本条件要求，式（2-52）也是自动成立的。

参考有限元方法中关于一致性的概念，如果通过 SPH 近似能够精确再生 n 阶多项式函数，则可以认为 SPH 近似具有 n 阶一致性。如果 SPH 核近似的支持域被边界所截断，即使常数函数也无法通过 SPH 近似精确再生（因为边界处的正则化条件将不再成立）。但是对于内部区域（即支持域或积分域完备的情况下），由于常规核函数都满足正则化条件和对称性条件，因此常规的 SPH 方法至少具有 1 阶一致性（ $M_1=0$ ）；但是在边界区域，支持域被截断的情况下，常规的 SPH 甚至不具备 0 阶一致性（ $M_0\neq1$ ）。

2.7.2　粒子近似的一致性

以上的分析仅仅是在核近似的角度下进行的（称为核近似的一致性）。SPH 方法数值近似包含了核近似和粒子近似两个步骤。核近似具有一致性并不意味

着粒子近似也具有相同的一致性。这是因为在 SPH 方法的离散过程中，一致性更容易受到粒子近似的影响，如粒子分布不均匀、粒子的光滑长度不一样等。本小节将分析粒子近似的一致性。

式（2-48）和式（2-52）的粒子近似形式可以表达为以下两式：

$$\sum_{j=1}^{N} W\left(x - x_j, h\right) \Delta v_j = 1 \tag{2-53}$$

$$\sum_{j=1}^{N} \left(x - x_j\right) W\left(x - x_j, h\right) \Delta v_j = 1 \tag{2-54}$$

式中，N 为位于粒子 i 支持域内的粒子数量，Δv_j 为粒子 j 所占据的空间（或体积）。

一般情况下，式（2-53）和式（2-54）所表述的等式是不成立的。例如，当粒子位于计算域边界时，粒子的支持域被边界截断（图 2.9（a）），由于邻域粒子求和不再呈现对称特征，式（2-53）的左侧将小于 1；另一种情况是当粒子分布不均匀时（图 2.9（b）），由于粒子分布的不均匀，式（2-54）不再成立，此时，粒子近似将既不具备 0 阶也不具备 1 阶的一致性。因此，常规 SPH 方法由于受到边界影响和粒子不均匀分布的影响，甚至不具备 0 阶一致性。这种一致性的丢失将会大大影响 SPH 方法的计算精度。

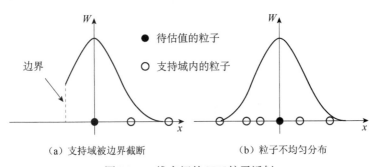

（a）支持域被边界截断　　　　（b）粒子不均匀分布

图 2.9　一维空间的 SPH 粒子近似

综上所述，SPH 数值近似的一致性是由两部分决定的，分别为核近似的一致性和粒子近似的一致性，两部分的短板之处决定了最终 SPH 数值近似的一致性。核近似的一致性是基于连续函数的核近似推导得来的，其一致性要优于粒子近似的一致性；因此，在实际计算中，粒子近似的一致性通常处于"短板"的状态，粒子近似的一致性决定了整个数值近似的一致性。

2.8 数值精度的改进方法

由前面的分析可知，经过核近似和粒子近似两个步骤之后，常规的 SPH 方法甚至不具有 0 阶的粒子近似一致性。为了提升 SPH 方法的计算精度，研究者也提出了多种改进一致性的策略，包括采用重生成（reconstruction）光滑函数的方法来提升数值近似的一致性。但这些方法通常并不适用于带有材料强度的 SPH 数值模拟计算，因为被重生成的光滑函数有可能存在负值或非对称或非单调递减等问题。近些年来，通过对 SPH 函数及导数近似进行泰勒展开来改进一致性的方法越来越受到研究者的欢迎。例如，Chen 等提出的修正的光滑粒子方法（CSPM）、Liu 等提出的有限粒子方法（FPM）。CSPM 和 FPM 都不需要重建光滑函数。在常规的 SPH 方法中，函数和函数导数的 SPH 近似是分开进行的；在 CSPM 中，函数导数是通过求解耦合的矩阵方程来进行近似，函数和函数导数的近似是分开进行的；在 FPM 中，函数和函数导数是通过求解一个耦合矩阵方程同时进行数值近似求解的。下面分别比较这两种修正方法相对于常规 SPH 方法的修正效果。在对比之前，首先简要介绍这两种修正方法。

2.8.1 修正的光滑粒子法（CSPH 格式）

某连续函数 $f(x)$ 在点 x_i 附近的泰勒展开式可表达为下式：

$$f(x) = f_i + (x - x_i) f_{i,x} + \frac{(x - x_i)^2}{2!} f_{i,xx} + \cdots \tag{2-55}$$

将上式的两边同乘以光滑函数，并同时在整个计算域空间内积分，则得到下式：

$$\int f(x) W(x - x_i, h) \mathrm{d}x = f_i \int W(x - x_i, h) \mathrm{d}x + f_{i,x} \int (x - x_i) W(x - x_i, h) \mathrm{d}x$$
$$+ \frac{f_{i,xx}}{2!} \int (x - x_i)^2 W(x - x_i, h) \mathrm{d}x + \cdots$$

$$\tag{2-56}$$

略去上式右侧的导数项，则得到 CSPM 的函数核近似表达式

$$f_i = \frac{\int f(x) W(x - x_i, h) \mathrm{d}x}{\int W(x - x_i, h) \mathrm{d}x} \tag{2-57}$$

由上式可知，在内部区域，常规 SPH 和 CSPM 的核近似值是相同的；但是对边界区域，常规 SPH 由于支持域内粒子不足，将不再满足 0 阶一致性，而 CSPM 在边界也保持了 0 阶一致性。

下面再从粒子近似的角度分析 CSPM 的一致性。式（2-57）的粒子近似形式表达为

$$\langle f_i \rangle = \frac{\sum_{j=1}^{N} f_j W_{ij} \Delta v_j}{\sum_{j=1}^{N} W_{ij} \Delta v_j} \tag{2-58}$$

对式（2-56）进行分析，即使对于内部区域的粒子，右侧第二项也不一定为零（当粒子分布不均匀时）。因此，严格来讲，式（2-58）所表示的 CSPM 的粒子近似对内部粒子和边界粒子只具有 1 阶精度（即 0 阶一致性）。只有当粒子分布均匀时，式（2-56）中的右侧第二项才等于零，此时，式（2-58）所示的 CSPM 近似对边界粒子和内部粒子具有 2 阶精度（即 1 阶一致性）。

如果将式（2-56）中的核函数替换为核函数的导数，并同时省略掉 2 阶以上的导数值，则一阶导数的核近似修正式可表达为下式：

$$f_{i,x} = \frac{\int \left[f(x) - f(x_i) \right] W_{i,x}(x) \mathrm{d}x}{\int (x - x_i) W_i(x) \mathrm{d}x} \tag{2-59}$$

上式的粒子近似形式可表达为下式：

$$\langle f_{i,x} \rangle = \frac{\sum_{j=1}^{N} (f_j - f_i) W_{i,x} \Delta v_j}{\sum_{j=1}^{N} (x_j - x_i) W_{i,x} \Delta v_j} \tag{2-60}$$

类似的，在内部区域，CSPM 的核近似对于函数导数的近似精度为 2 阶（1 阶一致性）；对边界区域内的近似精度为 1 阶（即 0 阶一致性）。对于粒子近似而言，除非粒子均匀分布，否则 CSPM 对导数的粒子近似只具有 1 阶精度（即 0 阶一致性）。

2.8.2　有限粒子法

FPM 由刘谋斌等首次提出，与常规 SPH 方法相比较，FPM 具有核函数选取灵活、边界计算精度高、对光滑长度和粒子分布不敏感等优点。与 CSPM 相比，FPM 通过矩阵求解，可以同时得到粒子的函数值和导数值，从而可以降低 CSPM 中因为低阶导数用于高阶导数计算而产生的误差繁衍问题。

假设计算域内共有 n 个粒子，N 为待估计点支持域内粒子总数，场函数 $f(x)$ 在待估计点处充分光滑，Δv_j 为第 j 个粒子所占的空间长度。在一维情形下，假设 x_i 为待估计点，将 $f(x)$ 在 x_i 点作泰勒展开至一阶导数（略去高阶项），并在展开式两端分别同时乘以核函数 $W_i(x)$ 及其导函数 $W_{i,x}(x)$，在计算

域内进行积分，可得

$$\int f(x)W_i(x)\mathrm{d}x = f_i \int W_i(x)\mathrm{d}x + f_{i,x}\int (x-x_i)W_i(x)\mathrm{d}x$$

$$\int f(x)W_{i,x}(x)\mathrm{d}x = f_i \int W_{i,x}(x)\mathrm{d}x + f_{i,x}\int (x-x_i)W_{i,x}(x)\mathrm{d}x$$

（2-61）

将上式转换为粒子近似格式，并写为矩阵的形式，得到下式：

$$\begin{bmatrix} \sum_{j=1}^{N} W_{ij}\Delta v_j & \sum_{j=1}^{N} (x_j-x_i)W_{ij}\Delta v_j \\ \sum_{j=1}^{N} W_{ij,x}\Delta v_j & \sum_{j=1}^{N} (x_j-x_i)W_{ij,x}\Delta v_j \end{bmatrix} \begin{bmatrix} f(x_i) \\ f_x(x_i) \end{bmatrix} = \begin{bmatrix} \sum_{j=1}^{N} f(x_j)W_{ij}\Delta v_j \\ \sum_{j=1}^{N} f(x_j)W_{ij,x}\Delta v_j \end{bmatrix}$$

（2-62）

将上式左侧的二阶矩阵求矩阵逆，并乘到等式右侧，得到

$$\begin{bmatrix} f(x_i) \\ f_x(x_i) \end{bmatrix} = \begin{bmatrix} \sum_{j=1}^{N} W_{ij}\Delta v_j & \sum_{j=1}^{N} (x_j-x_i)W_{ij}\Delta v_j \\ \sum_{j=1}^{N} W_{ij,x}\Delta v_j & \sum_{j=1}^{N} (x_j-x_i)W_{ij,x}\Delta v_j \end{bmatrix}^{-1} \begin{bmatrix} \sum_{j=1}^{N} f(x_j)W_{ij}\Delta v_j \\ \sum_{j=1}^{N} f(x_j)W_{ij,x}\Delta v_j \end{bmatrix}$$

（2-63）

上式即为有限粒子法中，在一维空间内，x_i 点处的函数值 $f(x_i)$ 和导数值 $f_x(x_i)$ 的求解方程。由式（2-63）可知，通过矩阵方程的求解，可以同时得到待求点的函数的近似值和导数的近似值；但是在求解过程中必须始终保证矩阵的可逆性，否则 FPM 将无法进行，这种对可逆性的要求正是影响 FPM 稳定性的关键因素。此外，在求解过程中需要对计算域内的所有节点求解系数矩阵的逆，然后进行矩阵乘法计算，因此计算量相对常规 SPH 更大，这也是限制 FPM 应用的重要因素。

2.8.3 修正的光滑粒子法和有限粒子法的对比分析

本小节将比较常规 SPH、CSPM、FPM 三种方法在再生常数函数（$f(x)=1$）和线性函数（$f(x)=x$(一维)，$f(x)=x+y$(二维)）时的一致性，分别对应了 0 阶一致性和 1 阶一致性。

1.0 阶一致性（再生常数函数的能力，$f(x)=1$）

通过再生在[0, 1]区间内的常数函数 $f(x)=1$，来对比三种方法的数值近似解与理论解之比。分别考虑光滑长度 $h=1.0\Delta v$ 和 $h=1.2\Delta v$ 两种情况（对于一维算例，Δv 为单位长度；对于二维情况，Δv 为单位面积）。如图 2.10 所示，为一维空间的 SPH 粒子分布，共十个粒子，用于测试三种方法的粒子近似一致性，图 2.10（a）和（b）分别为粒子均匀分布和不均匀分布时的情况。其中在不均匀

分布情况下，粒子的间距呈等比数列增长（比率为 1.1），对应的，光滑长度也随着粒子所占据空间的增加而等比增加。

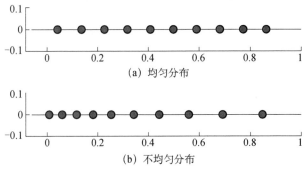

(a) 均匀分布

(b) 不均匀分布

图 2.10　一维空间的 SPH 粒子分布

表 2.1 列出了三种方法对常数函数 $f(x)=1$ 的近似结果，粒子均匀布置时（由 $x=0.05\sim0.95$，间隔为 $\Delta v=0.1$，$h=1.0\Delta v$）。可以看出 CSPM 和 FPM 都精确地再生了常数函数（$f(x_i)=1, i\in[0,1]$）。而常规的 SPH 在边界处（1 号粒子和 10 号粒子）都出现了较大的误差，所得到的近似值（0.833）也低于精确值（$f(x)=1$）。

表 2.1　$f(x)=1$ 函数的近似值及误差对比（均匀分布，$h=1.0\Delta v$）

粒子编号	精确值	对比					
		SPH（常规）		CSPM		FPM	
		近似值	误差/%	近似值	误差/%	近似值	误差/%
1	1	0.833	−16.7	1	0.0	1	0.0
2	1	1	0.0	1	0.0	1	0.0
3	1	1	0.0	1	0.0	1	0.0
4	1	1	0.0	1	0.0	1	0.0
5	1	1	0.0	1	0.0	1	0.0
6	1	1	0.0	1	0.0	1	0.0
7	1	1	0.0	1	0.0	1	0.0
8	1	1	0.0	1	0.0	1	0.0
9	1	1	0.0	1	0.0	1	0.0
10	1	0.833	−16.7	1	0.0	1	0.0

表 2.2 给出了光滑长度 $h=1.2\Delta v$ 时的计算结果。需要注意的是，增加光滑长度会使得更多的粒子成为"边界粒子"。如表 2.2 所示，常规 SPH 得到的 10 个粒子节点的数值近似结果均随着光滑长度的增大而变差，边界截断对计算的影响开始扩展到内部区域，影响了整个计算域。观察表 2.2 可知，CSPM 和 FPM 仍旧

精确再生了常数函数（10个粒子处的数值近似误差为0）。

表2.2　$f(x)=1$ 函数的近似值及误差对比（均匀分布，$h=1.2\Delta v$）

粒子编号	精确值	对比					
		SPH（常规）		CSPM		FPM	
		近似值	误差/%	近似值	误差/%	近似值	误差/%
1	1	0.779	−22.1	1	0.0	1	0.0
2	1	0.997	−0.4	1	0.0	1	0.0
3	1	1.002	0.2	1	0.0	1	0.0
4	1	1.002	0.2	1	0.0	1	0.0
5	1	1.002	0.2	1	0.0	1	0.0
6	1	1.002	0.2	1	0.0	1	0.0
7	1	1.002	0.2	1	0.0	1	0.0
8	1	1.002	0.2	1	0.0	1	0.0
9	1	0.997	−0.4	1	0.0	1	0.0
10	1	0.779	−16.7	1	0.0	1	0.0

接下来分析粒子非均匀分布时的近似误差，粒子分布方式如图2.10（b）所示。光滑长度与 Δv 之比仍为1.2，只不过 Δv 不是恒定的，而是按照图中的方式呈等比数列变化，因此光滑长度也不是定值。在求解两个粒子之间的核函数值时，采用平均光滑长度 $h_{ij}=(h_i+h_j)/2$。由表2.3可知，对于非均匀分布的粒子，常规SPH的误差在边界区域仍旧最严重，同时误差也蔓延到了整个计算域。而CSPM和FPM仍旧展现出精确的再生常数函数的能力。因此，可以认为，CSPM和FPM的粒子近似格式，无论是对边界粒子还是不规则分布的粒子，均具有至少0阶一致性。

表2.3　$f(x)=1$ 函数的近似值及误差对比（不均匀分布，$h=1.2\Delta v$）

粒子编号	精确值	对比					
		SPH（常规）		CSPM		FPM	
		近似值	误差/%	近似值	误差/%	近似值	误差/%
1	1	0.790	−21.0	1	0.0	1	0.0
2	1	0.997	−0.3	1	0.0	1	0.0
3	1	1.002	0.2	1	0.0	1	0.0
4	1	1.002	0.2	1	0.0	1	0.0
5	1	1.002	0.2	1	0.0	1	0.0
6	1	1.002	0.2	1	0.0	1	0.0
7	1	1.002	0.2	1	0.0	1	0.0
8	1	1.002	0.2	1	0.0	1	0.0
9	1	0.997	−0.3	1	0.0	1	0.0
10	1	0.768	−23.2	1	0.0	1	0.0

2.1 阶一致性（再生线性函数的能力，$f(x)=x$）

表 2.4 给出了粒子均匀分布时三种方法的数值近似结果。由表可知，常规 SPH 在边界和内部区域均存在误差，且边界区域更为严重；CSPM 在内部区域的误差为极小值，但在边界区域的误差较大；FPM 无论是在边界还是内部区域的误差均为极小值，说明 FPM 对线性函数保持了精确的再生能力。

表 2.4　$f(x)=x$ 函数的近似值及误差对比（均匀分布，$h=1.2\Delta v$）

粒子编号	精确值	对比					
		SPH（常规）		CSPM		FPM	
		近似值	误差/%	近似值	误差/%	近似值	误差/%
1	0.5	0.618	23.6	0.793	58.6	0.50	0.0
2	0.15	0.151	0.67	0.151	0.67	0.15	0.0
3	0.25	0.251	0.4	0.250	0.0	0.25	0.0
4	0.35	0.351	0.29	0.350	0.0	0.35	0.0
5	0.45	0.451	0.22	0.450	0.0	0.45	0.0
6	0.55	0.551	0.18	0.550	0.0	0.55	0.0
7	0.65	0.651	0.15	0.650	0.0	0.65	0.0
8	0.75	0.751	0.13	0.750	0.0	0.75	0.0
9	0.85	0.846	−0.47	0.849	−0.12	0.85	0.0
10	0.95	0.717	−24.53	0.921	−3.05	0.95	0.0

表 2.5 比较了在粒子非均匀分布下三种方法的近似结果。在粒子非均匀分布的影响下，SPH 和 CSPM 的误差开始增大，而 FPM 仍旧保持了很好的精度。无论是对于边界粒子还是对于非均匀分布的粒子，FPM 对线性函数都能保持精确的再生能力，这说明 FPM 的粒子近似格式具有 1 阶一致性。下面在二维情形下，来测试 SPH 方法的 0 阶一致性。考虑光滑长度 $h=1.2\Delta v$ 情况下，对于均布粒子的二维算例（Δv 即为粒子所占据空间的面积）。

表 2.5　$f(x)=x$ 函数的近似值及误差对比（不均匀分布，$h=1.2\Delta v$）

粒子编号	精确值	对比					
		SPH（常规）		CSPM		FPM	
		近似值	误差/%	近似值	误差/%	近似值	误差/%
1	0.031	0.041	32.26	0.051	4.52	0.031	0.0
2	0.097	0.101	4.12	0.101	4.12	0.097	0.0
3	0.170	0.174	2.35	0.173	1.76	0.170	0.0
4	0.249	0.254	2.01	0.253	1.61	0.249	0.0
5	0.337	0.342	1.48	0.341	1.19	0.337	0.0
6	0.434	0.439	1.15	0.438	0.92	0.434	0.0

粒子编号	精确值	对比					
		SPH（常规）		CSPM		FPM	
		近似值	误差/%	近似值	误差/%	近似值	误差/%
7	0.540	0.546	1.11	0.545	0.93	0.540	0.0
8	0.656	0.663	1.07	0.662	0.91	0.656	0.0
9	0.785	0.786	0.13	0.789	0.51	0.785	0.0
10	0.926	0.681	−26.46	0.886	−4.32	0.926	0.0

图 2.11 展示了两种用于测试的二维空间的 SPH 粒子分布，图 2.11（a）为均匀分布，x 和 y 向的粒子间距相等且为定值；图 2.11（b）为粒子随机无规则分布的情况。通过使用三种粒子分布，测试常规 SPH、CSPM 和 FPM 的粒子近似再生常数函数和线性函数的误差。

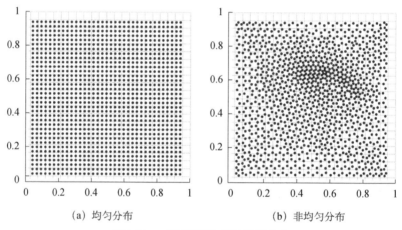

(a) 均匀分布　　　　　　　　　　(b) 非均匀分布

图 2.11　二维空间的 SPH 粒子分布

对于常规 SPH 方法，如图 2.12 所示，在粒子均匀分布时（图 2.12（a）），误差较大的位置出现在边界区域；当非均匀分布时（图 2.12（b）），误差较大的区域开始由边界向内部区域扩展；总体上来讲，粒子的无序分布使得粒子近似的误差变大了。

对于 CSPM，如图 2.13 所示，三种粒子分布下的近似误差都大大降低了。在二维情况下，CSPM 的修正作用会大大改善粒子近似对于常数函数的近似精度。而 FPM 取得了比 CSPM 更好的结果，最大误差要远低于常规 SPH 算法，低于 CSPM。

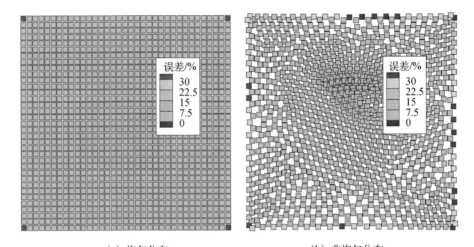

(a) 均匀分布　　　　　　　　　　　(b) 非均匀分布

图 2.12　常规 SPH 方法对函数 $f(x,y)=1$ 的数值近似误差分布

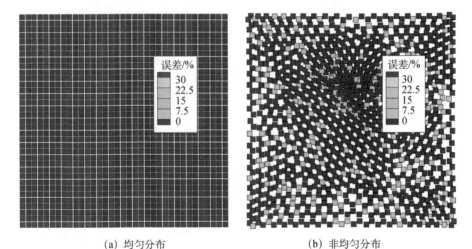

(a) 均匀分布　　　　　　　　　　　(b) 非均匀分布

图 2.13　CSPM 对函数 $f(x,y)=1$ 的数值近似误差分布

下面研究三种方法对线性函数 $f(x,y)=x+y$ 的近似精度。图 2.14 展示了常规 SPH、CSPM 和 FPM 三种方法对线性函数的近似值。图 2.14（a）中也给出了线性函数的精确值。从图 2.14 可以清晰地看出常规的 SPH（图 2.14（b））不仅在边界处与精确值误差较大，而且在内部区域内存在明显的数值波动；CSPM（图 2.14（c））在边界处的近似值有了很大改善，但在内部区域仍能看出存在数值波动；FPM（图 2.14（d））的近似结果最好，基本在图中通过肉眼分辨不出存在数值波动。表 2.6 给出了三种方法在近似线性函数时的最大和最小误差值，由此可以看出 FPM 最大误差的量级仅为 10^{-3}，充分说明了修正算法 FPM 在提高

精度方面的优势。

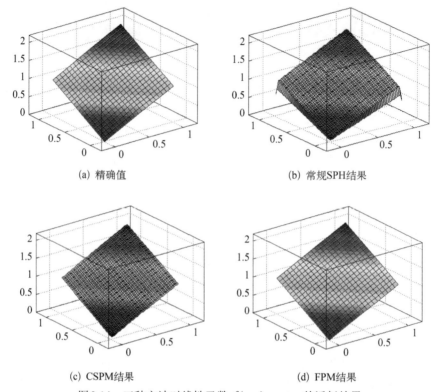

(a) 精确值　　　　　　　　　　　　　(b) 常规SPH结果

(c) CSPM结果　　　　　　　　　　　(d) FPM结果

图 2.14　三种方法对线性函数 $f(x,y)=x+y$ 的近似结果

表 2.6　近似线性函数 $f(x,y)=x+y$ 时的误差比较

	常规SPH	CSPM	FPM
最大误差/%	30.289	8.3450	5.1768×10^{-3}
最小误差/%	1.1251×10^{-4}	1.766×10^{-6}	0.0

　　虽然FPM相对于常规SPH和CSPM而言具有较高的计算精度和自适应性，但同时该方法也存在一些不足，主要体现在计算耗时较长（由于要对计算域内每个粒子求解矩阵）和数值不稳定性（在矩阵求逆过程中出现），正是这些不足限制了该方法的应用。此外，以上的误差分析都是针对函数近似，在实际应用中，通常需要求解偏微分形式的方程组，因此更多地涉及函数导数的近似而非函数近似。

2.8.4　密度场重新初始化

在 SPH 中，当使用连续性方程来计算密度时，存在固有的一致性问题，即密度、质量和体积之间的比例关系，在数值计算时无法精确地保持一致，因为每个粒子的质量都是固定的，粒子的数量是恒定的。因此，状态方程可能会预测错误的压力场，表现为压力场的非物理波动。因此，采用移动最小二乘（MLS）[11]方法重新初始化密度场，可以精确地再现密度场的线性变化，获得更光滑的压力场，有助于提高模拟的稳定性。采用下式修正粒子的密度值：

$$\langle \rho_i \rangle = \sum_j \rho_j W_{ij}^{\text{MLS}} V_j = \sum_j m_j W_{ij}^{\text{MLS}} \tag{2-64}$$

式中，$\langle \rho_i \rangle$ 代表粒子 i 处修正后的密度值，W_{ij}^{MLS} 为 MLS 核函数，它通过下式计算：

$$\begin{cases} W_{ij}^{\text{MLS}} = \left[\beta_0(\boldsymbol{x}_i) + \beta_1(\boldsymbol{x}_i) x_{ij} + \beta_2(\boldsymbol{x}_i) y_{ij} \right] W_{ij}, & \text{二维} \\ W_{ij}^{\text{MLS}} = \left[\beta_0(\boldsymbol{x}_i) + \beta_1(\boldsymbol{x}_i) x_{ij} + \beta_2(\boldsymbol{x}_i) y_{ij} + \beta_3(\boldsymbol{x}_i) z_{ij} \right] W_{ij}, & \text{三维} \end{cases} \tag{2-65}$$

式中，β_0，β_1，β_2，β_3 为与粒子位置关系相关的系数值，它通过以下矩阵运算得到

$$\beta(\boldsymbol{x}_i) = \begin{bmatrix} \beta_0 & \beta_1 & \beta_2 & \beta_3 \end{bmatrix}^{\text{T}} = \boldsymbol{A}(\boldsymbol{x}_i)\begin{bmatrix} 1 & 0 & 0 & 0 \end{bmatrix}^{\text{T}} \tag{2-66}$$

对于三维问题，式中的矩阵 $\boldsymbol{A}$ 表达为

$$\boldsymbol{A}(\boldsymbol{x}_i) = \left[\sum_j W_{ij} \begin{bmatrix} 1 & x_{ij} & y_{ij} & z_{ij} \\ x_{ij} & (x_{ij})^2 & x_{ij} \cdot y_{ij} & x_{ij} \cdot z_{ij} \\ y_{ij} & x_{ij} \cdot y_{ij} & (y_{ij})^2 & y_{ij} \cdot z_{ij} \\ z_{ij} & x_{ij} \cdot z_{ij} & y_{ij} \cdot z_{ij} & (z_{ij})^2 \end{bmatrix} V_j \right]^{-1} \tag{2-67}$$

式中，x_{ij}，y_{ij}，z_{ij} 为粒子 i 和粒子 j 位置向量三个方向坐标值的差值；W_{ij} 为粒子 i 和粒子 j 之间未修正前的核函数值；V_j 为粒子的体积。表 2.7 给出了矩阵 $\boldsymbol{A}$ 的计算（Fortran）代码。如图 2.15 所示，采用了 MLS 密度重新初始化格式后，压力噪声得到了明显的改善。

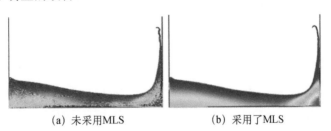

(a)　未采用 MLS　　　　　　　　(b)　采用了 MLS

图 2.15　MLS 密度重新初始化对压力分布的影响

表2.7   矩阵 A 计算的 Fortran 代码

```
A_MLS(i,1,1)=A_MLS(i,1,1)+w(k)*mass(j)/rho(j)
A_MLS(i,1,2)=A_MLS(i,1,2)+w(k)*dx(1)*mass(j)/rho(j)
A_MLS(i,1,3)=A_MLS(i,1,3)+w(k)*dx(2)*mass(j)/rho(j)
A_MLS(i,2,2)=A_MLS(i,2,2)+w(k)*dx(1)*dx(1)*mass(j)/rho(j)
A_MLS(i,2,3)=A_MLS(i,2,3)+w(k)*dx(1)*dx(2)*mass(j)/rho(j)
A_MLS(i,3,3)=A_MLS(i,3,3)+w(k)*dx(2)*dx(2)*mass(j)/rho(j)
A_MLS(j,1,1)=A_MLS(j,1,1)+w(k)*mass(i)/rho(i)
A_MLS(j,1,2)=A_MLS(j,1,2)-w(k)*dx(1)*mass(i)/rho(i)
A_MLS(j,1,3)=A_MLS(j,1,3)-w(k)*dx(2)*mass(i)/rho(i)
A_MLS(j,2,2)=A_MLS(j,2,2)+w(k)*dx(1)*dx(1)*mass(i)/rho(i)
A_MLS(j,2,3)=A_MLS(j,2,3)+w(k)*dx(1)*dx(2)*mass(i)/rho(i)
A_MLS(j,3,3)=A_MLS(j,3,3)+w(k)*dx(2)*dx(2)*mass(i)/rho(i)
```

在表2.7列出的代码中，数组 A_MLS() 对应了式（2-67）中的矩阵 $A(x_i)$，w(k) 为粒子对的核函数值，k 为粒子对的索引，数组 mass() 和 rho() 分别存储了粒子的质量和密度值，dx() 为两粒子的位置矢量差。

2.8.5 核梯度修正

前面介绍的两种修正格式 CSPM 和 FPM 都是提高 SPH 数值近似一致性的解决方案，两种方法都同时提高对函数和函数导数数值近似的一致性，不同之处在于 CSPM 对函数和函数导数的粒子近似修正是分别进行的，而 FPM 是通过求耦合矩阵同时实现对函数和函数导数的粒子近似值的修正。前面只分析了两种修正方法对提升函数近似精度所起到的作用，而没有分析对导数近似的影响。

SPH 离散方程包括质量守恒方程、动量守恒方程和能量守恒方程，涉及偏微分方程组的求解。此时，SPH 近似过程只涉及函数导数的近似，因此，对 SPH 粒子近似导数值的修正要比对函数值的修正更为重要。

在这里，我们引入另一种提高计算一致性的修正方式，该方式与 CSPM 中对函数导数的近似值修正有着相似的地方，但是其实施理念却不同。该修正方式称为核梯度修正，简称 KGC（kernel gradient correction）。不同之处在于，在实施过程中，只修正成对粒子（相互作用粒子）之间的核梯度值，然后用修正后的核梯度值求解粒子之间的相互作用力。核梯度修正格式被 Shao 应用于求解液体晃动动力学问题的模拟[12]。

核梯度修正与 CSPM 和 FPM 不同，该方法是修正核函数的梯度值，然后用修正后的核函数梯度值来进行 SPH 数值近似；相比于 CSPM 和 FPM，该算法最大的优势在于实施相对较为方便，并不需要求解耦合系数矩阵，与常规 SPH 方法的实施流程相似。

以二维情况为例，推导核梯度修正格式：

$$\langle \nabla f(x) \rangle = \int_{\Omega} f(x') \cdot \nabla W(x' - x, h) \mathrm{d}x'$$

$$\downarrow$$

$$\int_{\Omega} f(x') \cdot \nabla W \mathrm{d}x' = f(x) \int_{\Omega} \nabla W \mathrm{d}x' + \frac{\partial f(x)}{\partial x} \int_{\Omega} (x' - x) \cdot \nabla W \mathrm{d}x'$$

$$+ \frac{\partial f(x)}{\partial y} \int_{\Omega} (y' - y) \cdot \nabla W \mathrm{d}x' + O(h^2)$$

$$\downarrow$$

$$\langle \nabla f(x) \rangle = \frac{\partial f(x)}{\partial x} \int_{\Omega} (x' - x) \cdot \nabla W \mathrm{d}x' + \frac{\partial f(x)}{\partial y} \int_{\Omega} (y' - y) \cdot \nabla W \mathrm{d}x' + O(h^2)$$

$$\downarrow$$

$$\langle \nabla f(x_i) \rangle = \frac{\partial f(x_i)}{\partial x_i} \sum_j x_{ji} \cdot \nabla_i W_{ij} V_j + \frac{\partial f(x_i)}{\partial y_i} \sum_j y_{ji} \cdot \nabla_i W_{ij} V_j + O(h^2)$$

式中，$x_{ji} = x_j - x_i$，$y_{ji} = y_j - y_i$，$V_j (= m_j / \rho_j)$ 为粒子 j 所占据空间的体积。由上述推导过程的最后一式可以看出，如果 $\sum_j x_{ji} \cdot \nabla_i W_{ij} V_j = \begin{bmatrix} 1 \\ 0 \end{bmatrix}$，$\sum_j y_{ji} \cdot \nabla_i W_{ij} V_j = \begin{bmatrix} 0 \\ 1 \end{bmatrix}$，则该式表达的粒子 i 的导数值具有二阶精度。但是，以上两个条件对于一般情况而言并不满足，特别是当粒子分布不均匀时，因此，采用以下修正格式：二维和三维情况下，核梯度修正下的函数导数的粒子近似式分别表达为式（2-68）和（2-69）：

$$\begin{bmatrix} f_{i,x} \\ f_{i,y} \end{bmatrix} = \begin{bmatrix} \sum_{j=1}^{N} x_{ji} \dfrac{\partial W_{ij}}{\partial x_i} V_j & \sum_{j=1}^{N} y_{ji} \dfrac{\partial W_{ij}}{\partial x_i} V_j \\ \sum_{j=1}^{N} x_{ji} \dfrac{\partial W_{ij}}{\partial y_i} V_j & \sum_{j=1}^{N} y_{ji} \dfrac{\partial W_{ij}}{\partial y_i} V_j \end{bmatrix}^{-1} \begin{bmatrix} \sum_{j=1}^{N} (f_j - f_i) \dfrac{\partial W_{ij}}{\partial x_i} V_j \\ \sum_{j=1}^{N} (f_j - f_i) \dfrac{\partial W_{ij}}{\partial y_i} V_j \end{bmatrix} \quad (2\text{-}68)$$

$$\begin{bmatrix} f_{i,x} \\ f_{i,y} \\ f_{i,z} \end{bmatrix} = \begin{bmatrix} \sum_{j=1}^{N} x_{ji} \dfrac{\partial W_{ij}}{\partial x_i} V_j & \sum_{j=1}^{N} y_{ji} \dfrac{\partial W_{ij}}{\partial x_i} V_j & \sum_{j=1}^{N} z_{ji} \dfrac{\partial W_{ij}}{\partial x_i} V_j \\ \sum_{j=1}^{N} x_{ji} \dfrac{\partial W_{ij}}{\partial y_i} V_j & \sum_{j=1}^{N} y_{ji} \dfrac{\partial W_{ij}}{\partial y_i} V_j & \sum_{j=1}^{N} z_{ji} \dfrac{\partial W_{ij}}{\partial y_i} V_j \\ \sum_{j=1}^{N} x_{ji} \dfrac{\partial W_{ij}}{\partial z_i} V_j & \sum_{j=1}^{N} y_{ji} \dfrac{\partial W_{ij}}{\partial z_i} V_j & \sum_{j=1}^{N} z_{ji} \dfrac{\partial W_{ij}}{\partial z_i} V_j \end{bmatrix}^{-1} \begin{bmatrix} \sum_{j=1}^{N} (f_j - f_i) \dfrac{\partial W_{ij}}{\partial x_i} V_j \\ \sum_{j=1}^{N} (f_j - f_i) \dfrac{\partial W_{ij}}{\partial y_i} V_j \\ \sum_{j=1}^{N} (f_j - f_i) \dfrac{\partial W_{ij}}{\partial z_i} V_j \end{bmatrix}$$

$$(2\text{-}69)$$

方程（2-69）等式右边的逆矩阵是只与 i 有关的系数矩阵，因此，是可以拿到方程右边第二项的求和项里面来处理，换言之，运用核梯度修正算法对函数导数的近似值修正时，实际上是在修正核函数导数的值。以二维情况为例，式（2-68）可以写为

$$
\begin{bmatrix} f_{i,x} \\ f_{i,y} \end{bmatrix} = \begin{bmatrix} \sum_{j=1}^{N}(f_j - f_i)\left(\dfrac{\partial W_{ij}}{\partial x_i}\right)^{new} V_j \\ \sum_{j=1}^{N}(f_j - f_i)\left(\dfrac{\partial W_{ij}}{\partial y_i}\right)^{new} V_j \end{bmatrix} \tag{2-70}
$$

上式中，修正后的核函数的梯度表达为下式：

$$
\begin{bmatrix} \left(\dfrac{\partial W_{ij}}{\partial x_i}\right)^{new} \\ \left(\dfrac{\partial W_{ij}}{\partial y_i}\right)^{new} \end{bmatrix} = \begin{bmatrix} \sum_{j=1}^{N} x_{ji}\dfrac{\partial W_{ij}}{\partial x_i}V_j & \sum_{j=1}^{N} y_{ji}\dfrac{\partial W_{ij}}{\partial x_i}V_j \\ \sum_{j=1}^{N} x_{ji}\dfrac{\partial W_{ij}}{\partial y_i}V_j & \sum_{j=1}^{N} y_{ji}\dfrac{\partial W_{ij}}{\partial y_i}V_j \end{bmatrix}^{-1} \begin{bmatrix} \dfrac{\partial W_{ij}}{\partial x_i} \\ \dfrac{\partial W_{ij}}{\partial y_i} \end{bmatrix} \tag{2-71}
$$

式（2-71）即核梯度修正公式，写成更通用的表达式则为下式：

$$
\nabla_i^{new} W_{ij} = L(r_i)^{-1} \nabla_i W_{ij} \tag{2-72}
$$

式（2-72）为核梯度修正公式的通用表达形式，可适用于一维、二维、三维任意维度的计算。具体的实施方式在介绍SPH离散方程时会说明。

2.9　边　界　处　理

2.9.1　固壁边界

为了实现固体边界条件并提高边界模拟的数值精度，研究者针对SPH方法提出了不同的固壁边界处理（solid boundary treatment，SBT）算法。大多数SBT算法均使用虚拟的粒子来表示实体边界。根据虚拟粒子的位置和虚拟粒子的数值近似，获得虚拟粒子场变量，并使这些虚拟粒子参与SPH计算，从而实现边界条件的施加。采用虚拟粒子的SBT算法大致分为三类：排斥力边界，动态固壁边界和耦合的动态固壁边界。

1. 排斥力边界

排斥力（repulsive force）边界算法由Monaghan[1]首先提出，他使用了一排位于固体边界上的虚拟粒子（作为排斥粒子），在边界附近对接近流体粒子产生较高的排斥力，从而防止了流体穿透固壁边界。如图2.16（c）所示，排斥力粒

子通常沿固壁边界线/面排布。早期的排斥力计算式与分子动力学中的 Lennard-Jones（L-J）分子势力相似，表达为下式：

$$F_{i,j}^{\alpha} = \begin{cases} \Psi \left[\left(\dfrac{r_0}{r_{ij}} \right)^{n_1} - \left(\dfrac{r_0}{r_{ij}} \right)^{n_2} \right] \cdot \dfrac{x_{ij}^{\alpha}}{r_{ij}^2}, & \dfrac{r_0}{r_{ij}} \leqslant 1 \\[4mm] 0, & \dfrac{r_0}{r_{ij}} > 1 \end{cases} \tag{2-73}$$

式中，系数 n_1 和 n_2 一般取为 12 和 6；r_{ij} 为粒子 i 和粒子 j 之间的距离；Ψ 为系数，该系数的取值与流场最大速度的平方相同量级；r_0 为截断半径，一般与粒子的初始间距相同。当流体粒子与排斥力粒子接近时，排斥力增加，且在两粒子间距接近零时达到无穷大。注意，该排斥力对参数（例如 n_1，n_2，r_0 和 Ψ）非常敏感。如果截断半径 r_0 太大，意味着离边界较远的流体粒子也会承受不必要的排斥力，从而导致流场扰动，引起数值不稳定。如果截断半径 r_0 太小，则流体粒子可能在被排斥之前已经穿透边界。

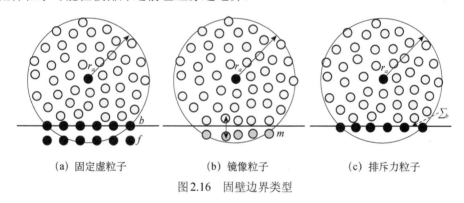

(a) 固定虚粒子　　　　　　(b) 镜像粒子　　　　　　(c) 排斥力粒子

图2.16　固壁边界类型

2. 动态固壁边界（采用固定虚粒子）

在动态 SBT 算法中，虚拟粒子布置并固定在边界区域中，如图 2.16 所示。虚拟边界粒子的层数与光滑函数以及初始粒子间距有关，即确保边界粒子的支持域内，存在有效的流体粒子。动态固壁边界使用虚拟粒子来近似流体粒子的场变量（即在对边界附近的流体粒子进行核近似时，位于流体粒子内的边界虚粒子的信息同样包含在核积分流程中），从而通过消除边界粒子缺陷（particle deficiency）来提高边界区域附近的 SPH 数值精度。另一方面，固定虚粒子的场变量也通过连续性方程、动量方程和状态方程等控制方程的 SPH 数值近似获得。由于边界虚粒子的场变量是根据控制方程式动态演化的，因此该种处理方法通常称为动态 SBT（dynamic solid boundary treatment）。

　　动态边界处理的理念在 G. R. Liu 和 M. B. Liu 的 SPH 方法专著中首次提及[2]，并由 Dalrymple 等[3]成功地实现，应用于自由表面流的模拟。但是，在近似虚拟粒子的场变量时，仍然存在粒子缺失的问题，即虚粒子的支持域中没有足够的粒子参与核积分求和。因此，动态 SBT 算法也可能导致边界区域的压力振荡。Gong 和 Liu[4]在他们的动态 SBT 算法中提出了一种改进方法，对压力场进行光滑，有助于消除压力振荡。图 2.17 对比了采用排斥力边界和动态固壁边界的溃坝流动模拟结果，由图可知，边界附近流体粒子的压力分布更光滑。

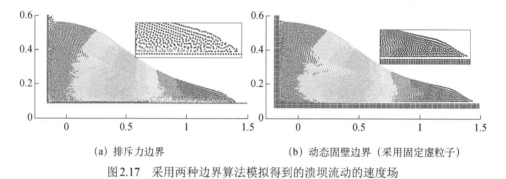

　　　　（a）排斥力边界　　　　　　　　　（b）动态固壁边界（采用固定虚粒子）

图 2.17　采用两种边界算法模拟得到的溃坝流动的速度场

3. 耦合的动态固壁边界（采用镜像粒子）

　　在另一种动态固壁边界算法中，通常采用镜像粒子布置在边界区域。顾名思义，这些镜像粒子是边界附近的流体粒子通过沿固体边界镜像或反射而生成的，如图 2.16（b）所示。边界粒子线也可以用来施加排斥力。镜像粒子可以在第一个时间步生成一次，在随后的计算中固定；也可以在每个时间步通过镜像或反射生成，由于边界附近流体粒子的实时变化，这种每个时间步生成的镜像粒子分布是与变化的邻近流体粒子分布相适应的。镜像粒子可以参与流体粒子的 SPH 核积分求和，从而提高边界精度。

　　与动态 SBT 不同，常规 SBT 的镜像粒子的场变量信息一般按照其对应的实粒子的信息予以指定。Libersky 等[5]提出了对称边界条件，该条件通过给定镜像粒子以相反的速度来实现。Colagrossi 等[6]通过邻近流体粒子信息，来给定镜像粒子的密度、压力和速度。以自由滑移（free-slip）边界条件为例，镜像粒子的场变量信息可以按照下式给定：

$$\begin{cases} x_g = 2x_w - x_i, \ y_g = 2y_w - y_i \\ v_{g,t} = v_{i,t}, \quad v_{g,n} = -v_{i,n} \\ p_g = p_i, \ \rho_g = \rho_i \end{cases} \tag{2-74}$$

其中，下标 i 表示流体粒子，g 表示镜像粒子，w 代表壁面；$v_{g,t}$ 和 $v_{i,t}$ 是镜像粒子和流体粒子的切线速度，$v_{g,n}$ 和 $v_{i,n}$ 代表法向速度。Morris 等[7]提出了无滑移边界条件，边界粒子的速度是通过从真实粒子和边界粒子到边界的距离之比获得的。Marrone 等[8]提出了一种改进边界算法，固体边界由几层固定的镜像颗粒表示，镜像粒子的场变量（包括密度、压力和速度），是通过将镜像粒子反射到流体域中，然后其场变量通过 SPH 核积分求和获得。

4. 耦合的动态固壁边界

刘谋斌研究团队[9, 10]提出了一种耦合的动态固体边界处理（CD-SBT）算法。在 CD-SBT 中，应用了两种类型的虚拟粒子，分别为排斥粒子和固定虚粒子。因此，CD-SBT 边界条件可以看作是排斥力边界和动态 SBT 边界的组合。CD-SBT 边界算法中的流体粒子承受的固壁边界力也包含两部分：由排斥粒子提供的排斥力和由固定虚粒子提供的固壁边界力。为了改进 L-J 排斥力边界力引起的扰动问题，CD-SBT 中提出了一种特性"较软"排斥力模型，其中的排斥力与接近固壁粒子的距离有关，表达为

$$\boldsymbol{F}_{ij} = 0.01c^2 \cdot \chi \cdot f(\eta) \cdot \frac{\boldsymbol{x}_{ij}}{r_{ij}^2} \tag{2-75}$$

$$\eta = r_{ij} / (0.75h_{ij}) \tag{2-76}$$

$$\chi = 1 - \frac{r_{ij}}{\Delta d}, \quad 0 < r_{ij} < \Delta d \tag{2-77}$$

$$f(\eta) = \begin{cases} 2/3, & 0 < \eta \leqslant 2/3 \\ (2\eta - 1.5\eta^2), & 2/3 < \eta \leqslant 1 \\ 0.5(2-\eta)^2, & 1 < \eta \leqslant 2 \\ 0, & \eta > 2 \end{cases} \tag{2-78}$$

其中，r 是两粒子之间的距离，而 Δd 代表初始的 SPH 粒子间距。通过使用这种软排斥力，CD-SBT 可以有效地防止非物理粒子的渗透，同时有助于降低产生的压力扰动。此外，近壁区域的流体粒子的支持域与固体边界相交，导致邻域粒子缺失，边界区域的模拟精度较低。因此，为了提升一致性，在 CD-SBT 中采用了具有更高阶精度的 SPH 粒子近似方案来近似虚拟粒子的变量值。

2.9.2　周期性边界

与传统的数值模拟方法相比，SPH 法中的边界条件具有更明确的物理意义。当粒子接近计算域边界时，需要对边界进行处理，通常的方法是在边界点（1D）、线（2D）、面（3D）的另一侧布置对应的虚粒子或者镜像粒子，这些虚粒子或镜像粒子的布置有时是为了满足特定的边界条件，有时只是为了填充由于计算域截断引起的支持域粒子缺失。以颗粒冲击模型为例，需要对被冲击的靶体材料的底部进行约束，即将位于靶体材料底部的 3 到 4 排粒子的位移进行约束，从而实现固定边界条件。此外，对于位于计算域侧边的粒子，采用周期性边界条件（periodic boundary condition）。

周期性边界条件主要用于内流（如管流）问题，流体从管一端流出后运用周期性边界条件由管的另一端流入，从而实现周期性流动的过程。在本节建立的模型中，被打击的靶体尺寸远大于颗粒尺度，因此实际上的模型应该是固体颗粒冲击无限长平板的过程。但是在建立数值模型时，不可能建立尺度很长的靶体材料，因此在靶体块侧边采用周期性边界来模拟基体材料平板无限长的情况。周期性边界的实施如图 2.18 所示，当粒子位于周期性边界一侧时，粒子的支持域被截断，此时，被截断的部分由另一侧边界粒子来补充，即周期性边界通过两互为周期性边界的两侧粒子互相弥补支持域的缺失来实现。

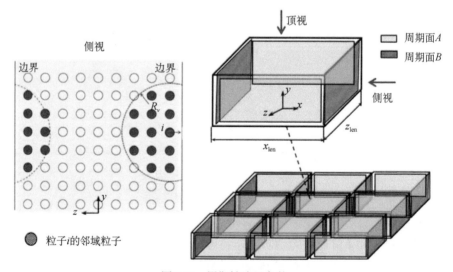

图 2.18　周期性边界条件

图 2.19 通过圆球撞击金属材料的算法来展示周期性边界下靶块的应力分布

情况。图中靶块的四个侧面两两成对施加周期性边界，图 2.19（a）中的撞击点为重心位置，图 2.19（b）中的撞击点为靶块的角点。由图 2.20 可知，撞击点 a（中心点）和 b（角点）的应力沿深度方向的分布完全一致，这说明了周期性边界的有效性。

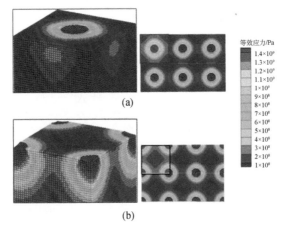

图 2.19　圆球打击金属材料时的应力分布

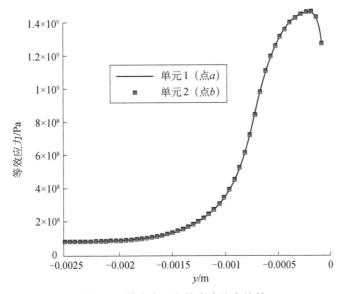

图 2.20　撞击点下方的应力分布比较

2.10 时间积分格式

2.10.1 蛙跳法

采用显式方法对控制方程组进行时间积分，时间积分格式采用蛙跳法（leap-frog）格式，如下式所示：

$$\begin{cases} \rho_{n+1/2} = \rho_{n-1/2} + \left(\dfrac{\mathrm{d}\rho}{\mathrm{d}t}\right)_n \cdot \Delta t \\[2mm] v_{n+1/2}^{\alpha} = v_{n-1/2}^{\alpha} + \left(\dfrac{\mathrm{d}v^{\alpha}}{\mathrm{d}t}\right)_n \cdot \Delta t \\[2mm] \tau_{n+1/2}^{\alpha\beta} = \tau_{n-1/2}^{\alpha\beta} + \left(\dfrac{\mathrm{d}\tau^{\alpha\beta}}{\mathrm{d}t}\right)_n \cdot \Delta t \\[2mm] x_{n+1}^{\alpha} = x_n^{\alpha} + v_{n+1/2}^{\alpha} \cdot \Delta t \end{cases} \tag{2-79}$$

式中，Δt 为时间步长，单位 s；n 代表时间 t 时的当前时间步；$n+1$ 代表时刻 $t+\Delta t$ 的时间步。稳定运算的时间步长由下式的 CFL 准则决定：

$$\Delta t = \min_{i-\text{thparticle}} \left\{ \frac{C_F h_i}{c_i + |v_i|} \right\} \tag{2-80}$$

式中，C_F 为系数，$C_F = 0.15$；c_i 为粒子 i 所代表的材料的声速；h_i 为 SPH 粒子 i 的光滑长度。

2.10.2 预测校正法

在一个时间步内，预测校正法的实施包含三个步骤，首先是预测步：

$$v_i^{n+1/2} = v_i^n + \left(\frac{\mathrm{d}v_i}{\mathrm{d}t}\right)_n \cdot \frac{\Delta t}{2}$$

$$\rho_i^{n+1/2} = \rho_i^n + \left(\frac{\mathrm{d}\rho_i}{\mathrm{d}t}\right)_n \cdot \frac{\Delta t}{2} \tag{2-81}$$

$$r_i^{n+1/2} = r_i^n + v_i^n \cdot \frac{\Delta t}{2}$$

式中，上标 n 和 $n+1/2$ 分别代表第 n 个和第 $n+1/2$ 时间步。通过状态方程预测 $n+1/2$ 时间步的压力 $P_i^{n+1/2}$。

随后，根据半时间步场变量计算变量的导数，并利用更新后的场变量导数对 $n+1/2$ 时间步的场变量进行修正：

$$v_i^{n+1/2} = v_i^n + \left(\frac{\mathrm{d}v_i}{\mathrm{d}t}\right)_{n+1/2} \cdot \frac{\Delta t}{2}$$

$$\rho_i^{n+1/2} = \rho_i^n + \left(\frac{\mathrm{d}\rho_i}{\mathrm{d}t}\right)_{n+1/2} \cdot \frac{\Delta t}{2} \tag{2-82}$$

$$r_i^{n+1/2} = r_i^n + v_i^{n+1/2} \cdot \frac{\Delta t}{2}$$

最终，在时间步结束时，按照下式计算 $n+1$ 时间步的变量值：

$$v_i^{n+1} = 2v_i^{n+1/2} - v_i^n$$

$$\rho_i^{n+1} = 2\rho_i^{n+1/2} - \rho_i^n \tag{2-83}$$

$$r_i^{n+1} = 2r_i^{n+1/2} - r_i^n$$

$n+1$ 时间步的压力值由状态方程计算得到。

本 章 小 结

本章介绍了弱可压缩 SPH 方法的基础知识。SPH 方法是一种拉格朗日无网格数值模拟方法，它通过核近似和粒子近似两个步骤将流体控制方程转化为可以数值求解的离散方程。在 SPH 方法中，场变量表达为对连续支持域内函数的加权积分形式，所采用的加权函数称为"光滑函数"。光滑函数需要满足三个基本条件，可以具有不同的形式。在弱可压缩 SPH 方法中，流体压力需要通过状态方程求解，状态方程一般表达为声速和密度的函数。通过恰当地选取人工声速值，来保证流体的弱可压缩性，人工声速值与流场中流体最大速度有关。

参 考 文 献

[1] Monaghan J J. Simulating free surface flows with SPH[J]. Journal of Computational Physics, 1994, 110（2）：399-406.

[2] Liu G R, Liu M B. Smoothed Particle Hydrodynamics：A Meshfree Particle Method[M]. Singapore：World Scientific Pub. Co. Inc., 2003.

[3] Gomez-Gesteira M, Dalrymple R A. Using a three-dimensional smoothed particle hydrodynamics method for wave impact on a tall structure[J]. J. Water. Port Coast. Oc. Asce., 2004, 130（2）：63-69.

[4] Gong K, Liu H. Water entry of a wedge based on SPH model with an improved boundary treatment[J]. J. Hydrodyn. Ser. B, 2009, 21（6）：750-757.

［5］Libersky L D，Petschek A G. High-strain Lagrangian hydrodynamics——a 3-dimensional SPH code for dynamic material response［J］. J. Comput. Phys.，1993，109（1）：67-75.

［6］Colagrossi A，Landrini M. Numerical simulation of interfacial flows by smoothed particle hydrodynamics［J］. J. Comput. Phys.，2003，191（2）：448-475.

［7］Morris J P，Fox P J，Zhu Y. Modeling low Reynolds number incompressible flows using SPH［J］. J. Comput. Phys.，1997，136（1）：214-226.

［8］Marrone S，Colagrossi A，Antuono M，et al. δ-SPH model for simulating violent impact flows［J］. Comput. Method. Appl. Mech. Eng.，2011，200（13-16）：1526-1542.

［9］Zhang Z L，Walayat K，Chang J Z，et al. Meshfree modeling of a fluid-particle two-phase flow with an improved SPH method［J］. International Journal for Numerical Methods in Engineering，2018，116（8）：530-569.

［10］Liu M B，Shao J R，Chang J Z. On the treatment of solid boundary in smoothed particle hydrodynamics［J］. Science China Technological Sciences，2012，55（1）：244-254.

［11］Dilts G A. Moving-least-squares-particle hydrodynamics—I. Consistency and stability［J］. International Journal for Numerical Methods in Engineering，1999，44（8）：1115-1155.

［12］Shao J R，Li H Q，Liu G R，et al. An improved SPH method for modeling liquid sloshing dynamics［J］. Computers & Structures，2012，100-101（6）：18-26.

第3章 多相界面流动的数值算法

3.1 引 言

采用弱可压缩SPH方法模拟自由表面流动问题时，通常忽略"自由液面"外部的"气相"的影响。但是，在许多情况下，剧烈的流固耦合会导致封闭自由液面内的空气滞留和多相流动。在海洋和近海工程应用中，撞击壁面时截留的空气可能在此过程中起主要作用，导致冲击压力增加或压力振荡。因此，在某些"自由表面流动"问题中，忽略冲击流中的空气影响可能会导致错误的计算结果，特别是在预测压力载荷时。为了解决该问题，有必要在SPH建模时考虑气相的影响。因为该类问题涉及多相流及多相界面，该类流动也称为界面流动。海洋工程中的界面流动属于宏观尺度问题。在介观尺度下，界面流动需要考虑表面张力的影响。例如，油水混合物中的分散相油滴运动，在表面张力作用下相邻油滴会产生变形、聚并等行为。本章主要关注介观尺度下的界面流动现象。

介观尺度的界面流动模拟需要考虑表面张力的影响。连续表面力（continuum surface force，CSF）模型是模拟表面张力的常用模型。本章将CSF模型与SPH方法结合，建立考虑表面张力效应的多相流SPH模型。首先，介绍大密度比多相流SPH模型的基本方程，包括控制方程和维持界面稳定的数值格式。模型采用"颜色函数法"计算相界面的曲率、法向量等参数，并引入人工界面力、背景压力等数值技术来保证大密度比条件下的界面稳定性。随后，基于所建立的多相流SPH模型，提出了模拟"气-液-固"接触角现象的虚拟界面方法，模拟不同润湿性表面上的多相液滴接触角。最后，采用多相流SPH模型模拟油滴在水中的上浮、聚并以及分离过程，为油水分离SPH模拟打下基础。

3.2 两相流模型及算法

3.2.1 控制方程及状态方程

1. 多相流的控制方程

本章所采用的多相流 SPH 模型是参考 Zhang 等[1]提出的适用于大密度比气液多相流 SPH 模型而建立的。密度比（density ratio）是指界面两侧的流体之间的密度之比，气液多相流是典型的大密度比多相流问题。定义界面两侧的流体分别为重质相和轻质相，各自的密度分别由 ρ_l 和 ρ_g 表示，则当 $\dfrac{\rho_l}{\rho_g} \geq 100$ 时，认为是大密度比问题。本章关注低雷诺数的多相流问题，采用 N-S 方程来描述不可压缩流体的流动，流体的连续性方程和运动方程分别表示为

$$\frac{\mathrm{d}\rho}{\mathrm{d}t} = -\rho \nabla \cdot \boldsymbol{v} \tag{3-1}$$

$$\rho \frac{\mathrm{d}\boldsymbol{v}}{\mathrm{d}t} = -\nabla P + \mu \nabla^2 \boldsymbol{v} + \boldsymbol{F}^B + \boldsymbol{F}^S \tag{3-2}$$

式中，ρ 为流体的密度，单位 $\mathrm{kg/m^3}$；$\boldsymbol{v}$ 为流体的速度，单位 m/s；t 为时间，单位 s；P 为压力，单位 Pa；μ 为流体的动力黏度，单位 Pa·s 或 N·s/m²；$\boldsymbol{F}^S$ 代表界面张力，$\boldsymbol{F}^B$ 代表体积力，单位 $\mathrm{N/m^3}$。

2. 多相流的状态方程

由于 N-S 方程并不是封闭的，需要引入压力状态方程来使控制方程组封闭。考虑流体的弱可压缩性，压力 P 是密度 ρ 的函数，采用如下形式的状态方程：

$$P = \frac{c^2 \rho_0}{\gamma}\left(\left(\frac{\rho}{\rho_0}\right)^{\gamma} - 1\right) + P_b \tag{3-3}$$

式中，c 为人工声速，单位 m/s；ρ_0 为流体的参考密度，单位 $\mathrm{kg/m^3}$；γ 为状态方程常数；P_b 代表背景压力。

本章对轻质相和重质相采用不同的状态方程常数。这里，以下标 l 代表重质相，以下标 g 代表轻质相，则重质相和轻质相对应的状态方程分别表达为[1]

$$P_l = \frac{c_{0l}^2 \rho_{0l}}{\gamma_l}\left(\left(\frac{\rho}{\rho_{0l}}\right)^{\gamma_l} - 1\right) + P_b \tag{3-4}$$

$$P_g = \frac{c_{0g}^2 \rho_{0g}}{\gamma_g}\left(\left(\frac{\rho}{\rho_{0g}}\right)^{\gamma_g} - 1\right) + P_b \qquad (3-5)$$

式中，重质相和轻质相的状态方程系数分别取为 $\gamma_l = 7$ 和 $\gamma_g = 1.4$；ρ_{0l} 和 ρ_{0g} 分别为重质相和轻质相的参考密度，单位 kg/m³；c_{0l} 和 c_{0g} 分别为重质相和轻质相的人工声速的参考值，单位 m/s。

3. 背景压力

由于界面张力的作用，界面附近的粒子会随着界面的运动出现"负压"现象，负压会引发张力不稳定性问题，因此，对于本章涉及的多相流模拟，背景压力的作用至关重要。背景压力 P_b 的取值应该随着密度比的变化而改变：

$$P_b = \alpha \frac{\rho_l - \rho_g}{\rho_l + \rho_g}\frac{\sigma}{R} \qquad (3-6)$$

式中，α 为背景压力系数，一般取 $10 \sim 60$；ρ_l 和 ρ_g 分别代表重质相流体和轻质相流体的密度，单位 kg/m³；R 为特征半径，单位 m。图 3.1 给出了液滴振荡-收缩某时刻的计算结果，采用了不同的背景压力系数，以展示背景压力对界面稳定性的影响。图中展示的多相流计算域包含了两种流体，它们的密度比和黏度比均设置为 1.0。如图 3.1 所示，当背景压力为零时（即 $\alpha = 0$），出现了粒子穿透界面的现象，使得界面变模糊，导致界面计算不稳定；逐渐增大背景压力的值，最终得到了稳定的界面粒子分布。在实际计算中，应适当选取 α 的值，在保证界面计算稳定的前提下，该值应该尽可能小。

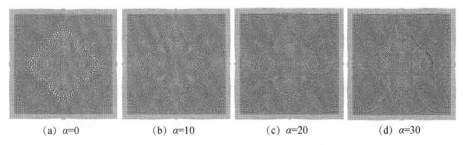

|(a) $\alpha=0$|(b) $\alpha=10$|(c) $\alpha=20$|(d) $\alpha=30$|

图 3.1　背景压力对界面稳定的影响

4. 人工声速的确定

在计算开始前，需要预估人工声速的值，以确保流体的压缩性控制在 1.0%以内。由马赫数对于流体压缩性的描述为

$$Ma^2 = \frac{V_b^2}{c^2} = \left| \frac{\rho - \rho_0}{\rho_0} \right| = \epsilon \rho \qquad (3\text{-}7)$$

式中，Ma 代表马赫数；V_b 代表特征速度；ϵ 代表流体密度的相对变化率，它表征了流体可压缩性的强弱。

在多相流中，由于存在相密度差，不同相之间的压缩性不同，因此对应的人工声速也不相同。在本节建立的多相流模型中，应当首先确定重质相的声速，然后根据比例关系计算其他相的声速。综合考虑惯性力、重力和表面张力的约束，重质相相流体声速的计算可依据以下关系式[2]：

$$\begin{cases} c_l \geqslant 10 U_{max} \\ c_l \geqslant 10\sqrt{gL_0} \\ c_l \geqslant 10\sqrt{\dfrac{2\sigma}{\rho_{0l}R}} \end{cases} \qquad (3\text{-}8)$$

其中，U_{max} 为流场的最大速度，单位 m/s；L_0 为特征长度，单位 m；最终选取的声速值 c_l 应当取上式中的各式计算的最大值。

轻质相流体的声速通过下式计算[2]：

$$c_g = \sqrt{c_l^2 \gamma_g \rho_{0l} / \left(\gamma_l \rho_{0g} \right)} \qquad (3\text{-}9)$$

式中，c_g 代表轻质相流体的声速，单位 m/s。

5. 光滑函数

在本章的多相流 SPH 模型中，采用重整化的 Gaussian 函数作为光滑函数，它的表达式为[1]

$$W(r,h) = \frac{1}{\pi h^2} \begin{cases} \dfrac{e^{-(r/h)^2} - C_0}{1 - C_1}, & r \leqslant 3h \\ 0, & r > 3h \end{cases} \qquad (3\text{-}10)$$

其中，r 表示粒子 i 与粒子 j 之间的空间距离，单位 m；h 为光滑长度，取为初始粒子间距的 1.4 倍，即 $h = 1.4\Delta x$；系数 $C_0 = e^{-9}$，$C_1 = 10C_0$，系数 C_0 和 C_1 的作用是使 Gaussian 函数不再无限趋近于零，从而保证了光滑函数的紧致性条件。图 3.2 给出了不同光滑长度对应的支持域半径，当 $h = 1.4\Delta x$ 时，对于初始均匀分布的粒子，支持域中包含 57 个粒子。

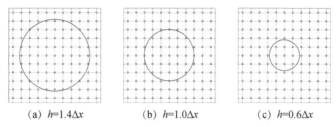

　(a) $h=1.4\Delta x$　　　　(b) $h=1.0\Delta x$　　　　(c) $h=0.6\Delta x$

图 3.2　不同光滑长度对应的支持域半径（采用重整化的 Gaussian 型光滑函数）

3.2.2　离散方程及数值技术

1. 密度方程

为了解决大密度比界面两侧粒子质量和密度突然变化的问题，采用基于粒子体积的粒子近似方程来代替密度导数形式的连续性方程。该方程也能保证计算域内物质的质量守恒，它表达为

$$\rho_i = m_i \sum_j W_{ij} \tag{3-11}$$

式中，ρ_i 代表 i 粒子的密度；m_i 代表 i 粒子的质量；W_{ij} 为光滑函数值，$W_{ij}=W(r_{ij}, h)$，$r_{ij}=|r_i-r_j|$ 代表粒子 i 和粒子 j 之间的距离。式（3-11）适用于具有封闭边界的多相流问题，在边界处采用虚粒子或镜像粒子技术，避免边界的粒子缺失问题。

2. 压力梯度项和黏性力项

对于压力梯度项的 SPH 离散方程，考虑到界面两侧密度突然变化，将压力梯度项中的密度由粒子体积来代替，则方程中压力梯度项的离散形式可以写为

$$(\nabla P)_i = -\frac{1}{V_i} \sum_j \left(P_i V_i^2 + P_j V_j^2 \right) \nabla_i W_{ij} \tag{3-12}$$

式中，P_i，V_i，P_j，V_j 分别代表粒子 i 和粒子 j 的压力和体积，单位分别为 Pa 和 m^3。

黏性力项的离散计算方程为

$$\left(\mu \nabla^2 \boldsymbol{u} \right)_i = \sum_j \frac{2\mu_i \mu_j}{\mu_i + \mu_j} \left(V_i^2 + V_j^2 \right) \frac{\left(\boldsymbol{u}_i - \boldsymbol{u}_j \right) \cdot \nabla_i W_{ij}}{\left| \boldsymbol{u}_i - \boldsymbol{u}_j \right|^2 + (\varepsilon h)^2} \frac{\left(\boldsymbol{u}_i - \boldsymbol{u}_j \right)}{V_i} \tag{3-13}$$

式中，μ_i 和 μ_j 分别代表 i 粒子和 j 粒子的动力黏度；系数 ε 的作用是防止分母为零，取值为 0.01。

3. 界面张力项

为了精确地计算两相之间的界面张力，需要引入合适的界面张力模型，目前采用的界面张力模型主要有两种，分别为连续表面力（CSF）模型和粒子间作

用力模型。CSF 模型由 Brackbill 等提出，它通过对界面流体施加与界面曲率、法向量等参数相关的模化力来实现对表面张力效应的模拟。在 CSF 模型中，单位质量的模化力表达为

$$\boldsymbol{F}^{S} = -\sigma \xi \boldsymbol{n} \lambda \tag{3-14}$$

式中，σ 为表面张力系数，单位 N/m；ξ 为界面上任意点的曲率；$\boldsymbol{n}$ 为界面的单位法向量；λ 为权重函数，该函数确保该 CSF 模型力只施加在位于界面的流体上。由式（3-14）可以看出，CSF 模型力与表面张力系数和界面曲率成正比，表面张力系数和曲率越大，CSF 模型力就越大。一般来讲，CSF 模型力作用在相界面上，总是存在使界面曲率降低的趋势，使得流体界面能趋于最小。

此外，本章采用"颜色函数"（color function）法来计算相界面参数。颜色函数定义为

$$c_i^j = \begin{cases} \dfrac{2\rho_i}{\rho_i + \rho_j}, & \text{如果粒子} i \text{和粒子} j \text{属于不同相} \\ 0, & \text{如果粒子} i \text{和粒子} j \text{属于相同相} \end{cases} \tag{3-15}$$

通过计算颜色函数的梯度 ∇c_i，可得界面粒子 i 处的法向向量，如下式所示：

$$\boldsymbol{n}_i = \frac{\nabla c_i}{|\nabla c_i|} \tag{3-16}$$

式中，$\boldsymbol{n}_i$ 为粒子 i 处的界面法向量；∇c_i 为颜色函数的梯度，它表达为

$$\nabla c_i = \frac{1}{V_i} \sum_j \left(V_i^2 + V_j^2 \right) \frac{c_i^i + c_i^j}{2} \nabla_i W_{ij} \tag{3-17}$$

式中，$c_i^i = 0.0$，c_i^j 通过式（3-15）计算。$|\nabla c_i|$ 具有狄拉克函数的作用，同时保证界面两侧粒子加速度的连续性，但是也使得 CSF 模型的计算更加依赖于界面处粒子的分布。

对于界面附近曲率的计算，引入另一个颜色函数：

$$\varphi_i^j = \begin{cases} -1, & \text{如果粒子} i \text{和粒子} j \text{属于不同相} \\ 1, & \text{如果粒子} i \text{和粒子} j \text{属于相同相} \end{cases} \tag{3-18}$$

则界面粒子 i 的曲率通过下式计算：

$$\xi_i = -\nabla \cdot \boldsymbol{n}_i = -d \frac{\sum_j \left(\boldsymbol{n}_i - \varphi_i^j \boldsymbol{n}_j \right) \nabla_i W_{ij} V_j}{\sum_j |\boldsymbol{r}_i - \boldsymbol{r}_j| |\nabla_i W_{ij}| V_j} \tag{3-19}$$

式中，d 为空间的维度；颜色函数 φ_i^j 的值按照式（3-18）计算。

将式（3-16）和式（3-19）代入式（3-14），得到界面粒子 i 表面张力 $\boldsymbol{F}_i^S$

的计算公式为

$$F_i^S = -\sigma\xi_i\boldsymbol{n}_i\left|\nabla c_i\right| \tag{3-20}$$

式中，带 i 下标的各项分别由式（3-19），式（3-16）和式（3-17）计算得到。

4. 界面数值力和粒子位置修正

界面（interface）是指两相之间的交界区域，在 SPH 模拟中，界面总是"显式"存在的，根据两种不同相（图 3.3 中的流体 A 和流体 B）粒子的位置即可判断出界面的位置。但是，在两相密度差较大的情况，两相之间的界面是不稳定的，会出现粒子互相穿透的现象（图 3.3（b）），导致相界面变模糊，而且会带来数值稳定性问题。因此，在多相流 SPH 模型计算时，尤其是存在高密度差时（如气液两相），需要采用特殊的处理技术或方法来防止粒子穿透界面，提升多相流计算的稳定性。

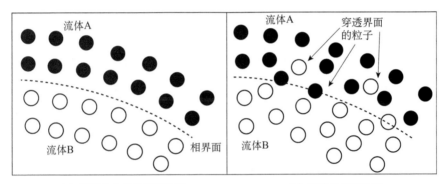

(a) 规则分布的相界面粒子　　　　　　(b) 紊乱的界面粒子

图 3.3　界面粒子分布示意图

为了得到一个清晰且光滑的界面，此处引入界面数值力 F_i^S，该力能够防止界面两侧粒子的互相穿透现象。界面数值力将以体积力的形式加入到动量方程的计算中，它通过下式计算：

$$F_i^S = \frac{\zeta}{\rho_i V_i}\sum_j\left(\left|P_i\right|V_i^2 + \left|P_j\right|V_j^2\right)\nabla_i W_{ij} \tag{3-21}$$

其中，ζ 为常数，一般取 0.01～0.1。

为解决界面大变形引起的粒子分布不均问题，采用粒子位移技术（particle shifting technique）对粒子的位置进行实时的修正，修正公式如下：

$$\delta\boldsymbol{r}_i = CU_{\max}\mathrm{d}t\boldsymbol{R}_i \tag{3-22}$$

$$R_i = \sum_j \frac{\overline{r_i}^2}{r_{ij}^2} e_{ij} \tag{3-23}$$

$$\overline{r_i} = \frac{1}{N} \sum_j r_{ij} \tag{3-24}$$

式中，C 为常数，取值范围 $0.01\sim0.1$；$U_{\max}$ 为流场的最大速度，单位 m/s；N 为邻域粒子的数量；$\mathrm{d}t$ 为时间步长，单位 s。

3.2.3 时间积分格式及算法流程

在多相流 SPH 模型中，采用预测校正法进行时间积分。在一个时间步内，首先计算预测步粒子的密度 $\rho_i^{n+1/2}$，速度 $v_i^{n+1/2}$，以及位移 $r_i^{n+1/2}$

$$\rho_i^{n+1/2} = m_i \sum_j W_{ij}^n \tag{3-25}$$

$$v_i^{n+1/2} = v_i^n + \left(\frac{\mathrm{d}u}{\mathrm{d}t}\right)_i^n \frac{\mathrm{d}t}{2} \tag{3-26}$$

$$r_i^{n+1/2} = r_i^n + v_i^{n+1/2} \frac{\mathrm{d}t}{2} \tag{3-27}$$

在预测步得到粒子新位置的基础上，对于预测步所得到的变量进行修正，得到校正步的密度 ρ_i^{n+1}，速度 v_i^{n+1}，以及位移 r_i^{n+1}

$$\rho_i^{n+1} = m_i \sum_j W_{ij}^{n+1/2} \tag{3-28}$$

$$v_i^{n+1} = v_i^n + \left(\frac{\mathrm{d}u}{\mathrm{d}t}\right)_i^{n+1/2} \mathrm{d}t \tag{3-29}$$

$$r_i^{n+1} = r_i^n + v_i^{n+1} \frac{\mathrm{d}t}{2} + \delta r_i^{n+1/2} \tag{3-30}$$

积分时间步长受 CFL 条件的约束，同时受重力、表面张力以及黏性力的约束。时间步长的计算公式为

$$\mathrm{d}t \leqslant \mathrm{CFL} \frac{h}{\max(c_i) + U_{\max}} \tag{3-31}$$

$$\mathrm{d}t \leqslant 0.25 \left(\frac{h}{|g|}\right)^{1/2} \tag{3-32}$$

$$\mathrm{d}t \leqslant 0.5 \left(\frac{\rho_g h^3}{2\pi\sigma}\right)^{1/2} \tag{3-33}$$

$$\mathrm{d}t \leqslant 0.125 \min\left(\frac{\rho h^2}{\eta}\right) \tag{3-34}$$

以上各式根据四类条件计算了四种时间步长，在计算时选取四个结果中的最小值作为时间积分步长。根据时间积分格式的计算流程，形成了多相流SPH数值算法的模拟流程图，如图3.4所示。

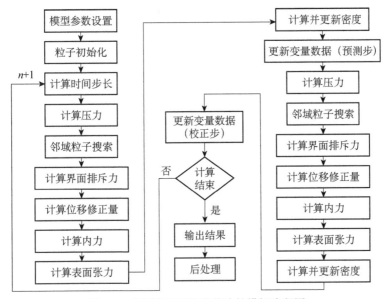

图3.4　多相流SPH数值算法的模拟流程图

3.2.4　模型验证与结果分析

1. 液滴的振荡与收缩

本小节对方形液滴在界面张力作用下的收缩和振荡过程进行模拟。图3.5给出液滴收缩-振荡模型及参数。如图3.5所示，边长为 D 的轻质相流体 g 在边长为 $2D$ 的重质相流体 l 中，轻质相流体在界面张力的作用下逐渐振荡和收缩成圆形。本小节首先进行了二维计算，并将二维SPH模型的计算结果与相场方法得到的结果进行了比对，计算得到界面两侧的平均压力差，并与拉普拉斯理论解进行对比，同时对数值因素的敏感性进行了分析。

首先关注二维空间中液滴振荡和收缩的过程。设定二维SPH模型中两种流体的密度比为1.0，黏度比为1.0，表面张力系数为0.01，背景压力通过式（3-6）计算，系数 α 取为60，界面数值力通过式（3-20）计算，ξ 取0.01，按照上文所述的滑移边界对封闭流场的边界进行处理。

图3.6（a）和（b）分别给出了多相流SPH模型和相场方法计算的方形液滴动态演化过程。由图3.6可知，与相场方法不同，SPH模型中界面两侧的粒子分

别代表了两相流体的分布情况，因此，在多相流 SPH 方法中，"相界面"是显式存在的，因此没有"界面厚度"的概念，两相界面之间也就不存在相场方法中所采用的"过渡区域"，因此 SPH 方法能更加清楚地表征界面的特征。

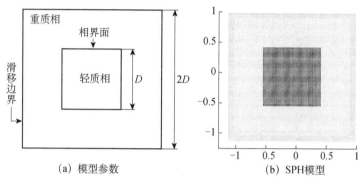

(a) 模型参数   (b) SPH模型

图3.5　液滴收缩-振荡模型及参数

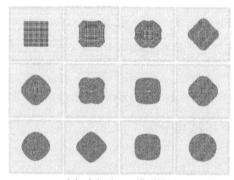

(a) 多相流SPH模型结果

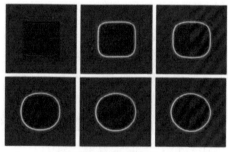

(b) 相场方法结果

图3.6　液滴的振荡-收缩模拟

以上对比说明了 SPH 在探究界面现象中的优势。为了验证建立的多相流 SPH 模型的精确性，下面将空间拓展到三维，模拟了三维条件下液滴振荡和收

缩的动态过程，计算结果如图3.7所示。本次模拟所用到的两种流体的密度比为
ρ_l/ρ_g=1.0，黏度比为 η_l/η_g=1.0，由拉普拉斯定律所得到的液滴内外压差的理论值
为 $\Delta P=\pi^{1/2}$（σ/D）≈1.62，对比了粒子数为 D/50，D/60，D/70，D/80，D/90时数
值解趋近于理论解的情况，如图3.8所示。

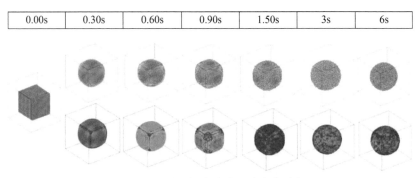

0.00s	0.30s	0.60s	0.90s	1.50s	3s	6s

图3.7　三维空间中液滴形貌演化过程

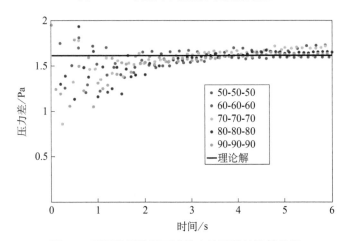

图3.8　不同粒子数量下液滴内外压差的计算结果

　　通过三维算例的模拟，可以更加清晰地观察到液滴的振荡和收缩过程。对
于SPH方法而言，其计算过程是一个准静态的过程。此外，粒子数对计算结果
的影响较大，由图3.8可得，当粒子数为50-50-50时，所得到的结果与解析解误
差最大，但当粒子数达到80-80-80或90-90-90时，其结果基本上与理论解重合。
本次模拟的结果可以为之后的模拟提供参考，在允许误差范围内，可以尽量地
减少粒子数，节约计算成本。

　　Krimi等在其论文提到，当流体黏性减小时，压力场将会变得不稳定，进而
引起计算误差。这是由于当流体黏性减小时，黏性力不能平衡由寄生虫

（parasitic currents）现象所引起的误差力的增量。因此，此处将密度比固定为
$\rho_l/\rho_g=2$，测试模型在不同黏度比 $\eta_l/\eta_g=1$，2，4，10下的计算结果，并与理论解
进行对比，如图3.9（a）所示。由模拟结果可知，在三维条件下，当黏度比减小
时，并没有出现Krimi 等所描述的压力波动，但模拟结果随着黏度比的增加，
误差会越来越大。值得注意的是，当密度比为2时，模拟结果趋于理论解的速度
更快且更加稳定。

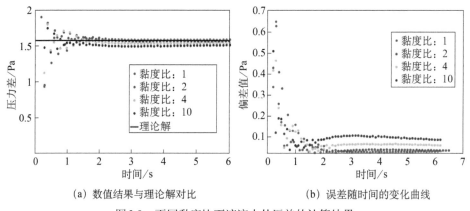

（a）数值结果与理论解对比　　　　（b）误差随时间的变化曲线

图3.9　不同黏度比下液滴内外压差的计算结果

2. 单个气泡上浮模拟

本小节将采用多相流SPH模型模拟单个气泡在水中的上浮过程。本次模拟
旨在检测在重力存在的情况下，多相流模型对于大密度比多相流体以及新的边
界处理方法的适用性。首先在二维空间中模拟了单个气泡上升的过程，分别应
用传统的边界条件处理方法和本章所采用的边界处理方法，并且与Krimi 等所得
到的结果进行了对比，证明本章所用方法的精度要优于传统的边界处理方法。
与此同时，分别对密度、空间尺度等因素进行敏感性分析。

如图3.10所示，初始圆形气泡位于方腔计算域的底部，方腔两侧的固壁设
置为滑移边界条件，上下底部为无滑移边界，流体的物性参数见表3.1。图3.10
（b）为气泡上升3s时的速度分布云图。

表3.1　气泡上浮计算的流体物性参数

参数	ρ_l	ρ_g	η_l	η_g	σ	g	ρ_l/ρ_g	η_l/η_g
单位	kg/m³	kg/m³	Pa·s	Pa·s	N/m	m/s²	无	无
值	1000.0	100.0	10.0	1.0	24.5	0.98	10.0	10.0

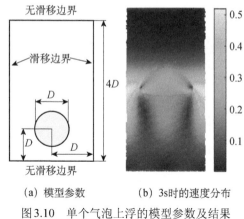

(a) 模型参数　　　(b) 3s时的速度分布

图3.10　单个气泡上浮的模型参数及结果

图3.11（a）和（b）分别展示了气泡上升过程中质心和平均速度随时间的变化曲线，并与Krimi等的结果进行对比。对比可知，相比于传统的边界处理方法，Krimi等所提出方法的精度有所提高，但从图3.11（a）可得，到计算后期，误差累积造成结果与参考解的差距越来越大。因此，可以认为Krimi的模型不利于时间历程较长的模拟，而本章所提出的边界模型能较好地解决以上问题，并且在引入了基于罚函数的边界力之后，使得粒子难以穿透边界，增加了整体模拟的稳定性。

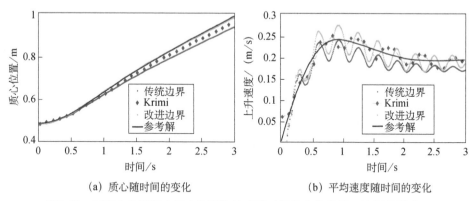

(a) 质心随时间的变化　　　　　　　　(b) 平均速度随时间的变化

图3.11　气泡上升过程中质心和平均速度随时间的变化曲线（边界的影响）

为了考虑密度对于模拟结果的影响，先后模拟了密度比为10、100及1000时（图3.12）气泡上升的动态过程。经过对比，随着密度比的升高，气泡的外形逐渐趋于稳定，密度比为100和密度比为1000时的气泡轮廓基本重合，这与Hua和Lee分别用相场以及格子玻尔兹曼方法所得结论一致，也进一步印证了本模型的正确性。通过给出气泡上升过程中质心和速度随时间的变化曲线

（图3.13），可以得出以下结论：在不同密度比下，虽然气泡的上升形态不同，但其质心和速度的变化规律却是相同的。由于大密度比条件下，时间约束十分紧，时间代价很大，因此对于特定问题而言，特别是当所研究的问题扩展域到三维空间时，通过小密度比的模拟能反映大密度比条件下的各类物理参量。

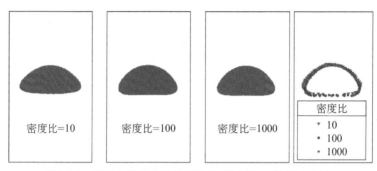

图3.12　气泡上升形态和轮廓的计算结果（时间3.0s时）

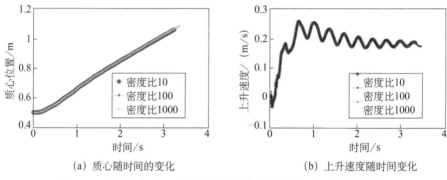

（a）质心随时间的变化　　　　　　（b）上升速度随时间变化

图3.13　气泡上升质心和速度随时间的变化曲线（密度比的影响）

　　通过施加不同的边界条件会得到不同的结果，因此可以合理推断出边界对于模拟结果是有影响的。针对不同方腔计算域宽度对气泡上升过程的影响进行了分析，如图3.14所示，当方腔宽度与气泡直径比值增加时，气泡逐渐变得扁平，气泡的上升速度也随之增加。如图3.15所示，但随着方腔宽度与气泡直径比值的增加，边界的影响也越来越小。

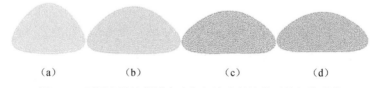

（a）　　　　　（b）　　　　　（c）　　　　　（d）

图3.14　不同方腔计算域宽度与气泡直径比值下的气泡形貌

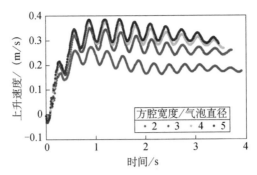

图 3.15　方腔宽度与气泡直径比为 2, 3, 4, 5 时气泡的上升速度

　　为了更直观地反映气泡的上升形态,本部分对三维空间中的气泡上升过程进行了模拟,如图 3.16 所示。由切面图可以看出,在表面张力作用下气泡内压力稍大于气泡外缘的压力。本节建立了模拟高密度差(如气液)两相流 SPH 模型,并将其应用于液滴振荡–收缩、气泡上升等界面现象的模拟,对模拟结果进行了验证和对比分析。结果表明,为了得到一个清晰分明的相界面,在多相流模型中加入数值界面力,可有效阻止粒子对界面的穿透。

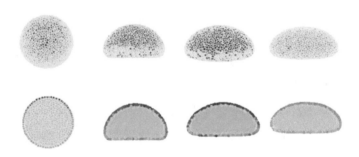

图 3.16　三维气泡上升过程模拟

3.3　三相流方程的调整

3.3.1　状态方程和界面张力

　　当多相流包含三相或三相以上的流体时,例如油气水混合物,需要对多相流 SPH 模型进行一些改动,以适用于三相流动计算。首先是状态方程,三个流体相的状态方程采用相同的形式,它们表达为

$$P_l = \frac{c_{0l}^2 \rho_{0l}}{\gamma_l} \left(\left(\frac{\rho}{\rho_{0l}} \right)^{\gamma_l} - 1 \right) + P_b \tag{3-35}$$

$$P_m = \frac{c_{0m}^2 \rho_{0m}}{\gamma_m} \left(\left(\frac{\rho}{\rho_{0m}} \right)^{\gamma_m} - 1 \right) + P_b \tag{3-36}$$

$$P_g = \frac{c_{0g}^2 \rho_{0g}}{\gamma_g} \left(\left(\frac{\rho}{\rho_{0g}} \right)^{\gamma_g} - 1 \right) + P_b$$

式中，下标 l，m，g 分别代表重质相、中间相和轻质相三种不同的相，其中 m 相的密度介于重质相和轻质相之间。轻质相和中间相的声速按照下式计算：

$$c_g = \sqrt{c_l^2 \gamma_g \rho_{0l} / (\gamma_l \rho_{0g})} \tag{3-37}$$

$$c_m = \sqrt{c_m^2 \gamma_m \rho_{0m} / (\gamma_l \rho_{0m})}$$

式中，轻质相的系数 $\gamma_g = 1.4$，中间相的系数 $\gamma_m = 3.5$，重质相的系数 $\gamma_l = 7.0$。对于三相流动，背景压力的作用仍然重要，有助于保持粒子的均匀分布，背景压力的计算可按照式（3-6）。

对于表面张力的计算，当计算域只包含两相时（如气-液），界面附近的粒子的表面张力表达为

$$\boldsymbol{F}_i^S = -\sigma^{l-g} \xi_i |\nabla c_i| \boldsymbol{n}_i \tag{3-38}$$

式中，σ^{l-g} 代表轻质相和重质相之间的界面张力，单位 N/m；曲率 ξ_i、颜色函数梯度 $|\nabla c_i|$ 和单位法向量 $\boldsymbol{n}_i$ 分别可按照式（3-19）、（3-17）和（3-16）计算。

对于油气水三相流动，在计算界面粒子的界面张力时，粒子的支持域内可能同时存在三相。本节采取 Sun 等提出的方法来计算三相界面的界面张力。假设粒子 i 属于重质相 l，在它的支持域内同时存在轻质相 g 和中间相 m，则定义任意两相之间的颜色函数梯度为 ∇c_i^{l-m} 和 ∇c_i^{l-g}，它们按照下式计算：

$$\nabla c_i^{l-m} = \frac{1}{V_i} \sum_{j \in l \cup m} \left(V_i^2 + V_j^2 \right) \frac{c_i^i + c_i^j}{2} \nabla_i W_{ij} \tag{3-39}$$

$$\nabla c_i^{l-g} = \frac{1}{V_i} \sum_{j \in l \cup g} \left(V_i^2 + V_j^2 \right) \frac{c_i^i + c_i^j}{2} \nabla_i W_{ij}$$

将 ∇c_i^{l-m} 和 ∇c_i^{l-g} 代入式（3-19）、（3-17）和（3-16）中，可以得到单位法向量 $\boldsymbol{n}_i^{l-m}$ 和 $\boldsymbol{n}_i^{l-g}$，以及界面曲率 ξ_i^{l-m} 和 ξ_i^{l-g}，则作用在 $l-m$ 和 $l-g$ 界面上的界面张力分别表达为

$$F_i^{S,l-m} = -\sigma^{l-m} \xi_i^{l-m} \mathbf{n}_i^{l-m} \left| \nabla c_i^{l-m} \right| \tag{3-40}$$

$$F_i^{S,l-g} = -\sigma^{l-g} \xi_i^{l-g} \mathbf{n}_i^{l-g} \left| \nabla c_i^{l-g} \right| \tag{3-41}$$

则最终作用在粒子 i 上的界面张力为两个界面张力之和

$$F_i^S = F_i^{S,l-m} + F_i^{S,l-g} \tag{3-42}$$

3.3.2　模型验证与结果分析

1. 漂浮油滴的接触角

本小节采用多相流 SPH 模拟一个漂浮油滴的稳定形貌。本次模拟的计算域中考虑了油、气、水三相分布，需要使用三相流 SPH 方程。如图 3.17 所示，初始时刻油滴（3 号相）为长方形，长和宽分别为 0.02m 和 0.01m；油滴位于气相（2 号相）和水相（1 号相）界面处。在首次计算中，设置油水、气水、水气之间的界面张力均为 0.05N/m，即 $\sigma^{1-2} = \sigma^{1-3} = \sigma^{2-3} = 0.05\text{N}/\text{m}$。需要说明，本算例忽略重力的影响，只考察位于气-液界面处的长方形油滴在界面张力作用下的形貌演化过程。总计算域的长和宽均为 0.06m，初始粒子间距设置为 0.0003m，共使用 40000 个 SPH 粒子。图 3.18 展示了稳定后的油滴形貌，由图可知，油-气-水交界处的油-水界面和油-气界面的夹角 $\theta_{eq} = 120°$，这与接触点受力平衡方程推导的结果是一致的。

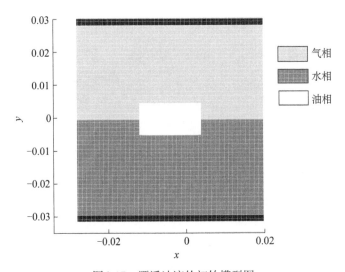

图 3.17　漂浮油滴的初始模型图

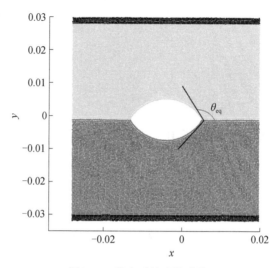

图 3.18　稳定后的油滴形貌

　　图 3.19 展示了长方形油滴演化的动态过程。如图 3.19 所示，在界面张力的作用下，长方形的四个角点变光滑；油–气–水接触点在三相之间界面张力的作用下开始向平衡状态演化。油滴的整体形貌在经过一系列的振荡之后，最终达到了一个准静态的稳定形貌。

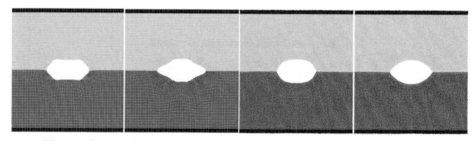

图 3.19　位于气–液界面处方形油滴的演化过程（$\sigma^{1-2} = \sigma^{1-3} = \sigma^{2-3} = 0.05\text{N}/\text{m}$）

　　当三相之间设置不同的界面张力时，油滴的稳定形貌也不相同。如图 3.20 所示，对比了不同界面张力得到的稳态油滴形貌。图 3.20（a）给出的是三相之间界面张力相等时的计算结果，即 $\sigma^{1-2} = \sigma^{1-3} = \sigma^{2-3} = 0.05\text{N}/\text{m}$。图 3.20（b）给出的是油–水界面张力小于油–气界面张力时的计算结果，即 $\sigma^{1-3} = 0.02\text{N/m}$，$\sigma^{2-3} = 0.08\text{N/m}$，此时，油滴表现出"亲水"特征，表现为油–水界面面积大于油–气界面面积；而且，在三相点处，为达到受力平衡状态，水–气界面呈现下凹的特征。图 3.20（c）给出的是油–水界面张力大于油–气界面张力时的计算结果，即 $\sigma^{1-3} = 0.08\text{N/m}$，$\sigma^{2-3} = 0.02\text{N/m}$，此时，油滴表现出"疏水"特征，表现为油-水界面面积小于油-气界面面积；而且，在三相点处，水-气界面呈现上凸的特征。

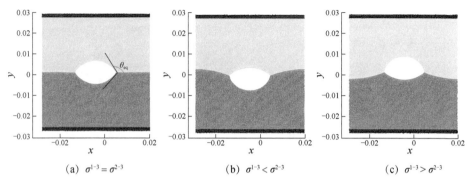

(a) $\sigma^{1\text{-}3}=\sigma^{2\text{-}3}$　　　　(b) $\sigma^{1\text{-}3}<\sigma^{2\text{-}3}$　　　　(c) $\sigma^{1\text{-}3}>\sigma^{2\text{-}3}$

图 3.20　不同界面张力得到的稳态油滴形貌

2. 单个气泡和油滴上浮时的相互作用

本小节采用多相流 SPH 模型模拟一个气泡和一个油滴上浮过程，初始时刻气泡在下，油滴在上，气泡的上浮速度快，因此会很快追赶上油滴，并和油滴产生相互作用。本次模拟考虑两种情况，使用不同的气泡和油滴直径。第一个算例采用小气泡和大油滴，小气泡的直径设置为 0.005m，大油滴的直径设置为 0.01m；第二个算例采用大气泡和小油滴，大气泡的直径为 0.01m，小油滴的直径为 0.005m。设置油-水、气-水、水-气之间的界面张力均为 0.05N/m，即 $\sigma^{1\text{-}2}=\sigma^{1\text{-}3}=\sigma^{2\text{-}3}=0.05\mathrm{N/m}$。油、气、水三相的密度分别设置为 800kg/m^3、10kg/m^3 和 1000kg/m^3。本次模拟考虑了重力的影响，重力加速度设置为 9.8m/s^2。计算域的长和宽均分别为 0.06m 和 0.03m，初始粒子间距设置为 0.0002m，共使用 45000 个 SPH 粒子。

图 3.21 给出了第一个算例的模拟结果。由图 3.21 分析，初始时刻小气泡位于油滴下方；计算开始后，气泡和油滴在浮力的作用下开始上浮。由于气体的密度小于油相，气泡的上浮速度更快，很快追赶上油滴，并与油滴贴合在一起共同上浮。气泡的嵌入使得油滴形状发生变化，油滴在气泡力的作用下变得更扁平。在到达气-水界面时，油滴浮力逐渐消失，气泡继续上浮，并从油滴中间穿过，导致油滴一分为二；气泡与上方的气相融合后，分裂的油滴在油-气界面张力的作用下又融合在一起，并漂浮在气-水界面处。

图 3.22 给出了第二个算例的模拟结果。由图分析，初始时刻大气泡位于小油滴的下方；开始上浮后，大气泡变形更严重，而且上浮速度要快于油滴；大

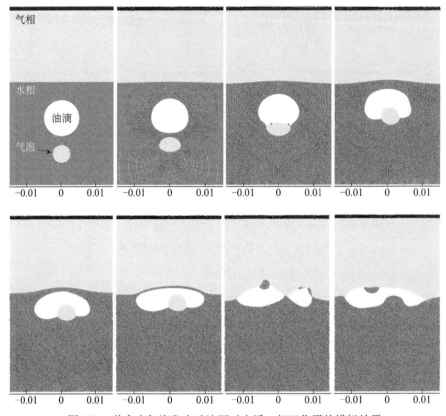

图3.21 单个小气泡和大油滴同时上浮、相互作用的模拟结果

气泡追赶上油滴，并与之贴合；由于油滴的阻挡，大气泡中间部分的上浮速度受到影响，气泡两侧上浮速度加快，有将油滴包围的趋势；随后，气泡两侧部分首先接触到水–气界面，气泡迅速地与气相融合；留下部分油滴和残留的水相悬置在气相中，它们在重力的作用下下沉，同时引起了水气界面的波动；最终，油滴稳定地漂浮在水–气界面处。

3.4 气–液–固接触角算法

本节将关注气、液、固三相交界处的流体界面行为。本节将在3.2节中建立的多相流SPH模型基础上，通过对气、液、固交界处（即三相接触线区域）流体界面进行处理，提出多相液滴的接触角模拟方法，从而将多相流SPH模型应用于接触角（contact angle）、毛细管上升（capillary rise）等表面张力现象。3.3节将该方法应用于模拟液滴在光滑和弯曲表面上的准静态形貌。

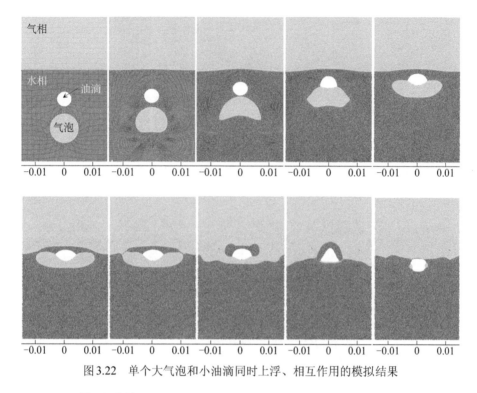

图 3.22 单个大气泡和小油滴同时上浮、相互作用的模拟结果

3.4.1 模型描述

本节提出的基于 SPH 多相流算法的接触角模拟方法，其关键步骤是在接触面上建立一个虚拟的液-气界面，为了减小虚拟界面之间交叉点处的曲率，液-气界面的界面张力驱使瞬时接触线向平衡接触角方向演化。该方法非常直观且易于实现，不需要对三相线处的界面法向量人工赋值。如图 3.23 所示，采用 3.1 节中的多相流 SPH 方法建立包含液滴、周围气体和固壁边界的数值模型。在三相接触线处，气-液界面与固-液界面之间存在一个角度 θ_{eq}，即"接触角"。本节提出的接触角模拟方法，是将接触角作为输入条件（input condition）。

如图 3.24 所示，固壁边界由虚粒子表示，共设置 6 层虚粒子。虚粒子被赋予了代表实际流体粒子的物理参数，在计算流体颗粒之间的内力时，位于流体颗粒支持域内的虚拟粒子也被纳入计算流体颗粒的核积分中。虚拟粒子能够产生排斥力来阻止流体粒子穿透固体表面。对于曲线边界，首先沿着曲面生成一组均匀分布的表面点，然后沿着这些表面点向边界外部延伸，得到其他各层的虚粒子分布。将靠近流体第一层边界点的位置信息进行存储，则任意点 k 处的法向量和切向量可利用下式计算：

$$\boldsymbol{n}_k = \left(n_x, n_y\right) = \left(-\frac{y_{k+1} - y_{k-1}}{\left|\boldsymbol{x}_{k+1} - \boldsymbol{x}_{k-1}\right|}, \frac{x_{k+1} - x_{k-1}}{\left|\boldsymbol{x}_{k+1} - \boldsymbol{x}_{k-1}\right|}\right) \tag{3-43}$$

$$\boldsymbol{\tau}_k = \left(\tau_x, \tau_y\right) = \left(\frac{x_{k+1} - x_{k-1}}{\left|\boldsymbol{x}_{k+1} - \boldsymbol{x}_{k-1}\right|}, \frac{y_{k+1} - y_{k-1}}{\left|\boldsymbol{x}_{k+1} - \boldsymbol{x}_{k-1}\right|}\right) \tag{3-44}$$

其中，k，$k-1$ 和 $k+1$ 代表相互毗邻的表面点；$\boldsymbol{n}_k$ 和 $\boldsymbol{\tau}_k$ 分别为 k 点处的单位法向量和切向量；$\boldsymbol{x}_k$ 为 k 点的位置向量。基于式（3-43）和（3-44）可以求得基底表面任一表面点处的表面向量，为复杂边界上接触角的模拟打下基础。

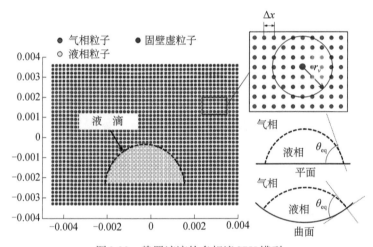

图 3.23　静置液滴的多相流 SPH 模型

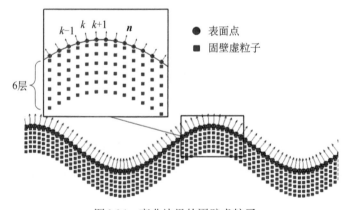

图 3.24　弯曲边界的固壁虚粒子

3.4.2　气液固三相接触点

如图 3.25 所示，根据杨氏方程，气液固三相接触线上的力平衡方程可以表

示为

$$\sigma \cos \theta_{eq} + \gamma_{sl} - \gamma_{sv} = 0 \qquad (3\text{-}45)$$

式中，σ，γ_{sl} 和 γ_{sv} 分别代表气-液、固-液和固-气界面的界面张力。

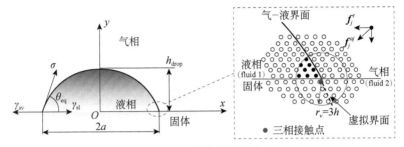

图 3.25　液滴受力分析

需要注意，由于 SPH 方法的拉格朗日特性，本章所建立的多相流 SPH 模型本质上是一种动力学模型，它需要通过显式时间积分方法进行求解。因此，受流体动力学特性的影响，液滴的接触角在计算时间内是"动态"变化的（注意：该"动态"并不是指物理上的动态接触角）。在模拟过程中，如果液滴的"动态"接触角 θ 与稳态接触角 θ_{eq} 不一致，则为了使接触角向稳态接触角演化，需要引入如下式所示的调节力：

$$F^a = \sigma \left(\cos \theta_{eq} - \cos \theta \right) \qquad (3\text{-}46)$$

该调节力可以看作是作用于接触线区域的集中力，但是分散在三相接触线区域内的 SPH 粒子上，如下式所示：

$$F^a = \sum_{j \in \Omega_{tri}} f_j^a \qquad (3\text{-}47)$$

式中，f_j^a 为作用于流体相（液体或气体）第 j 个粒子上的力；Ω_{tri} 代表三相接触线区域。

为了恰当地引入接触角的调节力，本节提出了一种"虚拟界面"方法，即在三相接触点的固壁边界内部创建一个虚拟的气-液界面。采用 CSF 模型计算三相接触线附近的"气-液"界面张力时，需要将虚拟的气-液界面考虑在内，则作用在三相接触线区域的流体粒子上的界面张力表现为接触角的"调节力"。由于虚拟气-液界面是真实气-液界面在固壁内部的延伸，这个"调节力"总是试图将三相接触线处的气-液界面调整到与"虚拟气-液界面"重合，从而使得"动态"接触角逼近给定的接触角。

根据 CSF 模型表述的气-液界面张力的表达式，三相接触线区域内任意粒子

上作用的"调节力"的表达式可以写为

$$\boldsymbol{f}_i^a = -\sigma^{1-2}\xi_i\left|\nabla C_i\right|\boldsymbol{\tau}_w \tag{3-48}$$

其中，$\boldsymbol{\tau}_w$ 表示为固壁表面的单位切向量；σ^{1-2} 为气-液界面张力，单位 N/m；ξ_i 为粒子 i 处的界面曲率，它由颜色函数法计算得到。

3.4.3 虚拟界面构建

虚拟界面法的基本原理如图 3.26 所示，稳态接触角（θ_{eq}）对应的气-液界面在固壁内部延伸，延伸后的"虚拟界面"流体粒子分成两部分，每一部分与其所接触的流体（气相或液相）属性相对应。在虚拟界面靠近液体的一侧，粒子被认为是"液体"，而另一侧的粒子则被认为是"气体"。

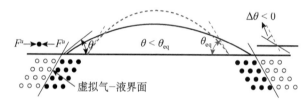

（a）瞬时接触角小于稳态接触角时（即 $\theta < \theta_{eq}$）

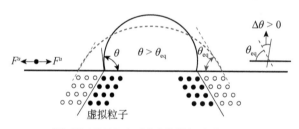

（b）瞬时接触角大于稳态接触角时（即 $\theta > \theta_{eq}$）

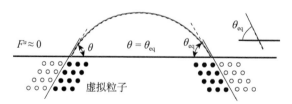

（c）瞬时接触角等于稳态接触角时（即 $\theta = \theta_{eq}$）

图 3.26 不同瞬态接触角时的虚拟界面粒子的分布示意图

由于虚拟界面的存在，调节力总是试图使液-气界面光滑，从而使靠近固壁的气-液界面不断演化。若瞬时接触角 θ 的值大于稳态接触角 θ_{eq}，如图 3.26

（b）所示，调节力将驱使气-液界面向液滴外侧拉伸；反之，当$\theta < \theta_{eq}$时，调节力将驱使气液界面向液滴内侧拉伸（图 3.26（a））；当$\theta = \theta_{eq}$时，气-液界面处于平衡位置（图 3.26（c）），此时，调节力的值接近零。

综上所述，所建立的"虚拟界面"可以看作是真实气-液界面在固壁内部的延伸，该种延伸需要借助于虚粒子来实现。如图 3.27 所示可以构建虚拟气-液界面的两种方式。

（1）方式 1：沿着气-液界面线的两侧生成与界面线平齐分布的虚粒子。

（2）方式 2：利用已有的固壁虚粒子来定义虚拟气-液界面。

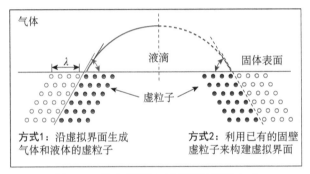

图 3.27　构建虚拟气-液界面的两种方式

方式 1 实施较复杂，需要在每一步专门生成计算调节力用的虚拟气-液界面两侧的虚粒子，但是由该方式计算得到的界面法向量的分布更规则；方式 2 的实施相对较简单，可以依托已存在的固壁虚粒子，在虚拟界面线两侧对固壁粒子分别赋液相和气相属性，但是，由于固壁虚粒子的位置关系已经确定，界面两侧的虚粒子很难与"虚拟气-液界面"线完美平齐，影响了界面粒子处法向量的计算结果。

图 3.28 展示了三相交界处的气-液界面法向量的计算结果，当不采用虚拟气-液界面时，三相线区域的气-液界面法向量计算结果是不正确的；采用两种方式建立虚拟气-液界面，并对三相交界处的气-液界面法向量进行计算后，可以看出方式 1 得到的法向量结果要优于方式 2。

我们接下来关注"调节力"与接触角的偏差值之间的定量关系。式（3-48）表示的调节力的大小与接触角的偏差值（$\Delta\theta = \theta - \theta_{eq}$）相关。为了测试调节力值与偏差值$\Delta\theta$之间的关系，设置了数值测试算例。所采取的方式是，根据不同$\Delta\theta$值设置虚拟界面的虚粒子，然后根据式（3-48）直接计算调节力的值。分别测试不同的稳态接触角 60°，90° 和 120°，则调节力与偏差角的关系如图 3.29 所

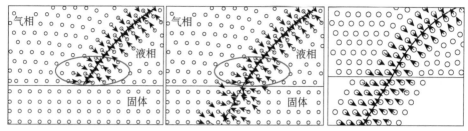

（a）无虚拟气-液界面　（b）采用方式2建立虚拟气-液界面　（c）采用方式1建立虚拟气-液界面

图3.28　三相接触线区域的气-液界面的法向量

示。可以看出，作用于三相接触线附近的调节力随 $\Delta\theta$ 增加而增加，瞬时接触线偏离稳态接触线越多，对应的调节力越大。当瞬时接触角达到平衡接触角时，调节力趋近于零。

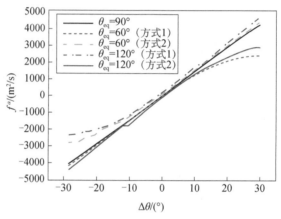

图3.29　调节力与偏差角（$\Delta\theta$）的关系

3.4.4　接触点的确定

设置虚拟气-液界面的另一个关键步骤是三相接触点的确定，然后根据接触点的位置构建虚拟气-液界面。三相接触点定义为气-液界面与固体表面的交点。如图3.30所示，本节提出以下流程来寻找三相接触点：

（1）分别寻找液相和气相的边界粒子；

（2）分别找出气相和液相最靠近固体表面处的边界粒子，标记为粒子 g 和 l。

（3）按照粒子 g 和 l 位置坐标的平均值定义点 p，则点 p 在固体表面上的投影点 p' 视为三相接触点。

由以上步骤可知，要精确确定接触点的位置，需要首先对边界的"单层"粒子进行检测。根据 Dilts 提出的方法，可以通过扫描 SPH 粒子周围半径为 h 的

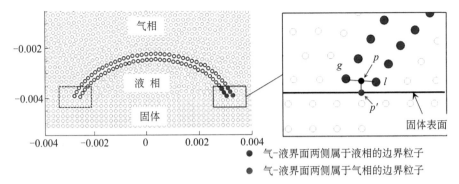

图 3.30　三相接触点的检测

圆来检测边界粒子，如果 SPH 粒子的圆没有完全被其相邻粒子的圆所覆盖，则将该粒子标记为边界粒子；否则，它被认为是一个内部粒子。根据上述步骤，可以准确地确定三相接触点的位置。需要注意的是，三相接触点的位置不是固定的，而是随着液滴位置的变化而变化的。因此，需要在每个时间步内执行上述的检测过程。

　　本章的接触角模拟方法是在多相流 SPH 模型基础上提出的，需要对原始多相流 SPH 算法进行调整，图 3.31 给出了包含接触角算法的多相流 SPH 算法的实施流程。本小节在多相流 SPH 算法框架下，提出了一种接触角的模拟方法。通过设置虚粒子的属性，在三相接触点处沿实际的气-液界面生成虚拟的气-液界面，从而使得 CSF 模型的模化力表现为三相接触线处的调节力，该力促使瞬时接触角向稳态接触角演化。此外，本方法不需要对三相接触线附近的界面法向量进行修正，流场的计算直接引起了接触角及液滴形貌的演化。在 3.4.5 小节中，将此接触角算法用于模拟方形液滴在平面、粗糙表面上的演化过程，并测试接触角算法的适用性。

3.4.5　模型验证与结果分析

1. 光滑表面上的液滴形貌

　　本小节采用所提出的接触角模拟方法，模拟液滴在不同润湿性固体表面的演化过程。液滴的初始形状为矩形，液滴流体和周围气体的材料性质分别根据水和空气设定，其中，密度比为 1000.0，黏度比为 10.0，气-液界面张力系数为 0.072N/m。整体计算域长和宽分别为 8.8mm 和 4.0mm，计算域下方 2.0mm×1.0mm 的矩形区域被设定为液滴流体，而其他区域的粒子被设定为气体。

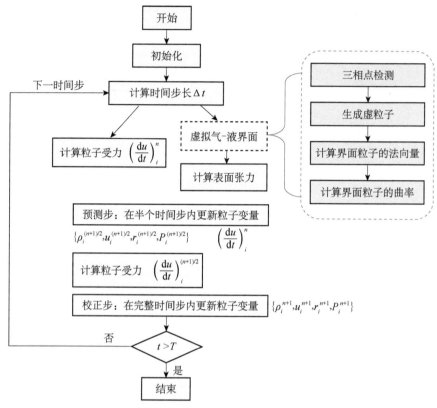

图 3.31 接触角算法的实施流程

不同的润湿性基底通过设置不同的接触角来实现。本节分别测试了 60°、90°、120°等不同的接触角，对应的多相 SPH 模型预测的结果如图 3.32 所示。图中未显示固壁虚粒子，只展示了流体粒子和构成虚拟界面的虚粒子。计算开始后，如图 3.32 所示，初始为方形的液滴在表面张力的作用下开始变形，液滴尖角逐渐被消除（$t=0.5$ms）。同时，液滴在三相接触线调节力的作用下向外拉伸（$t=0.5\sim2.0$ms）。在经历了几个周期的振荡和收缩之后，方形液块演变成它的最终形貌，以设定的接触角静置在固体表面上。在演化过程中，构成虚拟界面的虚粒子也随着三相接触点的变化而变化。

为了评估 SPH 粒子分辨率对计算结果的影响，分别采用三种粒子间距（0.15mm，0.1mm，0.05mm）建立初始化模型。采用三种粒子间距计算得到的液滴形貌的演化结果，如图 3.33 所示。可以看出，三种分辨率模型得到的不同时刻的液滴轮廓基本一致，说明了液滴形貌的计算结果对粒子初始间距并不敏感。

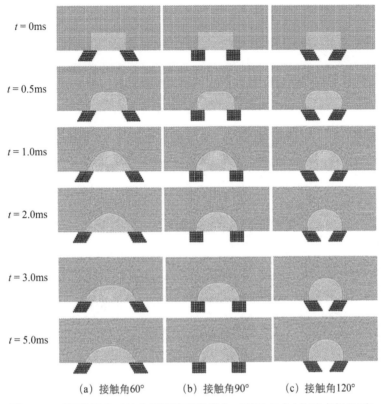

　　（a）接触角60°　　　（b）接触角90°　　　（c）接触角120°

图3.32　不同接触角时的方形液滴形貌演化（采用方式1构建虚拟界面）

　　图3.34（a）和（b）分别给出了三种模型计算的液滴动能和瞬时接触角随时间的关系曲线。可以观察到液滴动能的振荡特征，然后趋于平稳，达到准静态状态。在此过程中，瞬时接触角也在稳态静态值附近振荡，调节力导致了瞬时

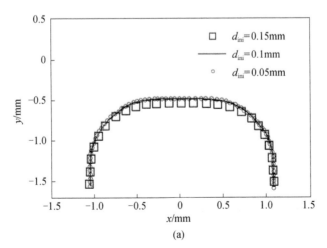

（a）

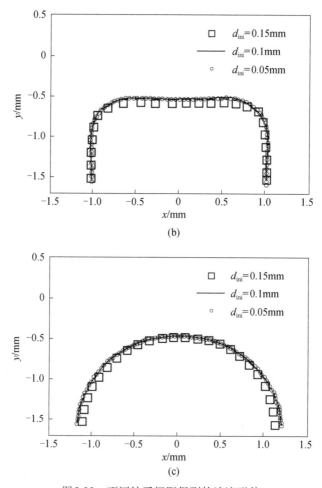

图3.33　不同粒子间距得到的液滴形貌

接触角的这种变化。粒子分辨率较高时，尖角附近曲率计算精度得到了提高，导致CSF模型计算的模化力要高于低分辨率模型，使得在图3.34（a）中观察到较高的初始动能。由图3.34（b）所示的瞬时接触角曲线可知，液滴达到稳态时的接触角与期望接触角（60°）还存在一个偏差，而且三种粒子分辨率模型得到的准静态结果基本一致。

　　图3.35展示了接触角为90°时，采用"弯曲"虚拟界面的计算结果。其中，通过调整"虚拟界面"的弯曲半径，实现对"调节力"的微调。可以认为，弯曲半径越小，在相同的角度差条件下，接触角调节力应当越大，从而补偿调节力不足的问题，使得模拟得到的稳态接触线位置与期望接触线位置更接近。对于弯曲虚拟界面，虚粒子在界面两侧生成，图中蓝色粒子为虚拟的气相粒子，

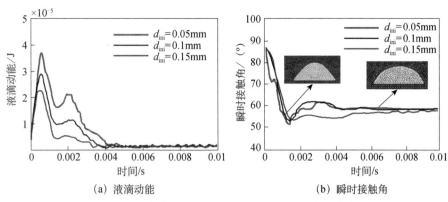

（a）液滴动能　　　　　　　　　　（b）瞬时接触角

图 3.34　液滴动能和瞬时接触角随时间的变化曲线

红色为虚拟的液相粒子。由图 3.35 可以看出，当 R 减小时，最终接触角也更符合期望接触角。当 $R=0.25l_x$ 时，得到的模拟接触角是最精确的，这表明接触角的模拟结果可以通过 R 进行调整。

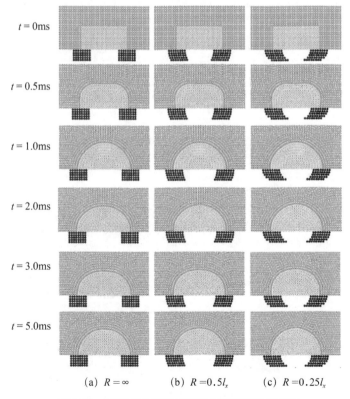

（a）$R=\infty$　　　　（b）$R=0.5l_x$　　　　（c）$R=0.25l_x$

图 3.35　调整虚拟界面的参数 R 得到的计算结果

　　图 3.36 展示了采用方式 2 建立虚拟界面的计算结果。如前所述，方式 2 中的虚拟界面是基于固壁虚粒子建立的，按照虚拟气-液界面位置将固壁虚粒子划分为"虚拟气相粒子（蓝色）"和"虚拟液相粒子（浅绿色）"。随着液滴由方形向稳态形貌（接触角为 60°）的演化，虚拟气-液界面的位置也随着三相接触点的移动而变化。图 3.37 给出采用方式 2 构建的虚拟界面得到的不同接触角的演化过程。如前所述，采用方式 2 建立虚拟气-液界面的优点在于算法简单，对复杂形状的固壁表面有更好的适用性。

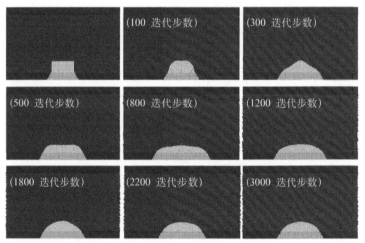

图 3.36　采用方式 2 构建虚拟气-液界面的计算结果（$\theta_{eq} = 60°$）

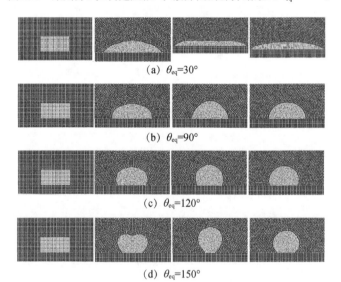

(a)　$\theta_{eq}=30°$

(b)　$\theta_{eq}=90°$

(c)　$\theta_{eq}=120°$

(d)　$\theta_{eq}=150°$

图 3.37　不同接触角的液滴演化形貌（采用方式 2 构建虚拟界面）

2. 弯曲表面上的液滴形貌

本小节采用所提出的接触角模拟方法模拟液滴在弯曲表面上的形貌。如图 3.38 所示，假定弯曲表面的几何轮廓表达式为

$$y(x) = b\left[1 - \cos(qx)\right] \tag{3-49}$$

其中，b 可以看作是粗糙表面的幅值，单位为 m；$q = 2\pi / L$ 是波数，L 为波长，单位为 m。

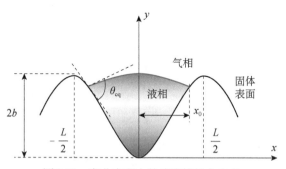

图 3.38　弯曲表面上的液滴接触角定义

弯曲表面具有复杂的曲线（2D）或曲面（3D）轮廓，其建立虚拟气-液界面的流程比光滑表面更复杂。若考虑弯曲表面的轮廓尺寸与液滴直径相同量级的情况，则液滴在表面上某点的接触角定义与接触点处的表面法向量有关，如图 3.39 所示，据此定义弯曲表面上的液滴接触角为接触点处切向量与液滴接触线之间的夹角。在创建虚拟界面时，应该根据接触点位置和稳态接触角对应的气-液界面位置来划分虚粒子的"气相"和"液相"属性。下面来展示弯曲表面上的液滴接触角及液滴形貌演化的计算结果。

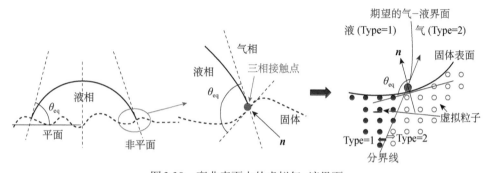

图 3.39　弯曲表面上的虚拟气-液界面

首先考虑液滴在单个正弦曲面凹槽中的演化过程。如图 3.40 所示，粗糙表

面的赋值 b 设置为 1.0mm，表面弯曲轮廓的波长 L 设置为 8.0mm。初始时刻生成的液滴表面为平面，平面的宽度 l_x 为 5.2mm，接触角 θ_{eq} 设置为 80°。初始粒子间距 $\Delta x = 0.1$mm，在初始情况下，由于接触角调节力的作用，液体处于非平衡状态，并在计算开始后逐渐演化。

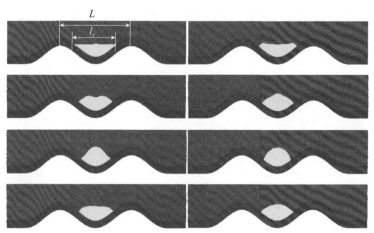

图 3.40　弯曲边界上的液滴形貌演计算结果

（$b=1.0$mm，　$L=8$mm，　$l_x=5.2$mm，　$\theta_{eq}=80°$）

图 3.41 给出了复杂形状表面上液滴形貌的计算结果。具有初始形状和大小的液滴在表面张力及接触角调节力的综合作用下，向各自稳态的液滴形貌演化，最终稳定在某形貌，此时液滴的接触角与输入接触角一致，气-液界面也达到某平衡位置，形成一个独特的形状。图 3.41 中为采用了方式 2 建立的虚拟界面，从图中也可以看出固壁粒子区分为虚拟的"气相"和"液相"。

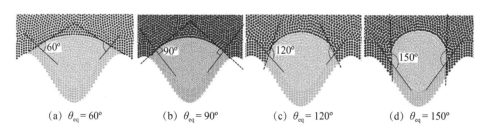

(a) $\theta_{eq}=60°$　　(b) $\theta_{eq}=90°$　　(c) $\theta_{eq}=120°$　　(d) $\theta_{eq}=150°$

图 3.41　复杂形状表面上液滴形貌的计算结果

当液滴初始位于凹槽的非平衡位置时，初始液滴的演化动力来自界面张力、重力和接触角调节力。如图 3.42 所示，初始时刻的液块位于偏离凹槽中心的位置，此时液滴所受的重力、表面张力、调节力导致液滴受力处于非平衡状态。在这些力的联合作用下，液滴形貌开始演化，液滴整体向左移动到达凹槽中心（图3.42（c）），在惯性作用下还会继续向左摆动（图3.42（d））。最终，液滴达到所设定的接触角（90°），并且稳定在凹槽内部，各种作用力达到平衡。

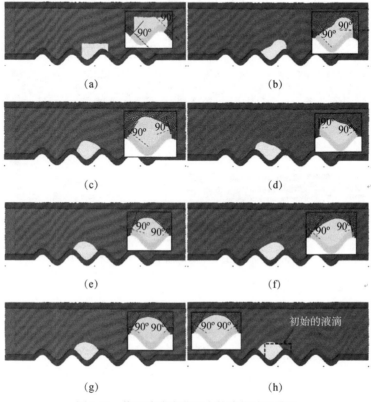

图3.42　偏置液滴在曲面上的演化过程模拟

　　进一步减小弯曲表面的波长，使得弯曲表面具有粗糙表面的特征。如图3.43所示，展示了小波长弯曲曲面上的方形液滴形貌演化的计算结果。液滴的特征尺寸大于弯曲表面的波长，使得液滴覆盖了2～3个正弦波峰。弯曲表面上的液滴的接触角定义由三相接触点处弯曲表面的局部矢量决定。设置液滴的接触角为90°，如图3.43所示，由于初始时刻液接触角小于90°，接触角调节力使得液滴向内"收缩"；收缩过程中的液滴克服重力向上移动，随后又在重力的作用下，液滴重心开始下移，并向两侧铺展；经历收缩、铺展的振荡过程后，液滴逐渐形成一个稳定的形貌。

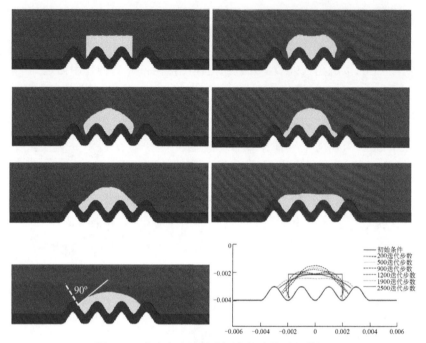

图 3.43　液滴在小波长曲面上的演化过程模拟

3. 模拟结果与理论解对比

二维液滴形貌的解析解可以根据经典的拉普拉斯方程推导得到。如图 3.25 中所示的笛卡儿坐标系 $O\text{-}xy$，固−液界面的半径定义为 a，液滴的最大高度为 h_{drop}，则可以给定半侧液滴的边界条件为

$$y(0) = h_{drop}, \quad y'(0) = h_{drop} \tag{3-50}$$

$$y(a) = 0, \quad y'(a) = -\tan\theta_{eq} \tag{3-51}$$

式中，θ_{eq} 为稳态接触角。

液滴的体积可以表达为以下积分式：

$$S = \int_{-a}^{a} y\,\mathrm{d}x \tag{3-52}$$

式中，S 为液滴的体积。

经过一系列的推导和转换，液滴形貌的理论解可以表达为以下两式：

$$\kappa x = 2\big[E(k_0, \varphi) - E(k_0, \varphi_0)\big] - \big[F(k_0, \varphi) - F(k_0, \varphi_0)\big] \tag{3-53}$$

$$\kappa y = c_0 \kappa^{-1} - 2k_0 \cos\varphi \tag{3-54}$$

式中，$\kappa^{-1} = \sqrt{\sigma/(\rho g)}$ 为毛细长度，$E(k_0, \varphi)$ 和 $F(k_0, \varphi)$ 分别为第一类和第二类椭圆积分表达式，它们分别表达为以下两式：

$$F(k_0, \varphi) = \int_0^\varphi \frac{1}{\sqrt{1 - k_0^2 \sin^2 \varphi}} \mathrm{d}\varphi \tag{3-55}$$

$$E(k_0, \varphi) = \int_0^\varphi \sqrt{1 - k_0^2 \sin^2 \varphi} \, \mathrm{d}\varphi \tag{3-56}$$

其中，c_0 为三相接触点处的曲率，k_0 是由边界条件决定的变量。因此液滴外轮廓上任意一点的坐标 x 和 y 值可以表达为变量 φ 的函数。此外，θ_{eq}，c_0 和 κ^{-1} 都是解析模型的输入参数。

图 3.44（a）给出了不同液滴体积下得到的液滴形貌的准静态结果，并在图 3.44（b）中与液滴形貌的解析解进行对比。对比可知，SPH 模型得到的液滴形貌与解析解非常吻合。由图 3.44（a）可知，随着液滴体积的减小，液滴顶部的曲率逐渐增大，使得液滴形状接近球冠；当液滴体积增大时，液滴的形貌逐渐变扁平。当液滴体积增大到一定值时，液滴形貌将变成液膜。

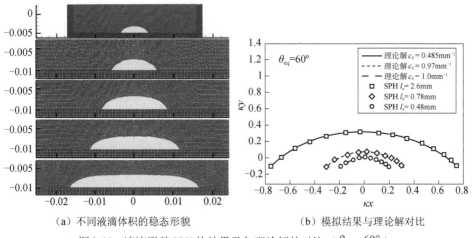

（a）不同液滴体积的稳态形貌　　　　　（b）模拟结果与理论解对比

图 3.44　液滴形貌 SPH 的结果及与理论解的对比（$\theta_{eq} = 60°$）

4. 液滴向液膜的转变

本小节关注多个液滴分散置于凹槽内的演化形貌。如图 3.45 所示，假定凹槽内的液体形状为方形冠，液体填满凹槽，则通过设定不同的接触角，来模拟表面张力作用下液体最终的演化形貌。当设置不同的接触角条件时，在各个凹槽内的液滴演化过程中，一旦两个相邻凹槽的液滴发生接触，则在表面张力作用下液滴可能会融合成液膜。如图 3.46 所示，分别设置液滴的接触角为 60° 和 90°，两种接触角的液滴对应了不同形貌。接触角为 60° 时，液滴形貌轮廓更扁平，此时相邻液滴的三相接触点是重叠的，意味相邻液滴可能发生融合。下面我们将图 3.45 所示的液体分布当做初始条件，来模拟不同接触角条件下液滴向液膜的转化过程。

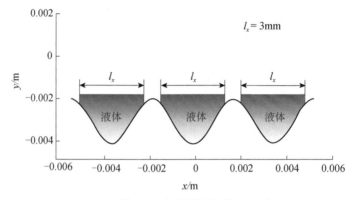

图 3.45　初始模型参数

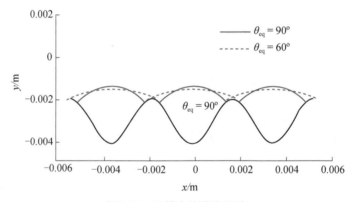

图 3.46　凹槽内的液滴形貌

如图 3.47 所示，接触角设置为 60°时，初始时刻单个凹槽内的液体在表面张力和接触角调节力的综合作用下，向两侧铺展；相邻两液滴的接触线发生接触，液滴接触线处的气–液界面随之消失，然后接触角调节力也消失。此时，液滴开始融合，并在表面张力的作用下形成稳定的液膜。

当接触角设置为 90°时，凹槽内的液体形貌在演化过程中，相邻两个液滴的接触点始终不接触，各液滴在各自的凹槽内演化至稳定形貌。最终达到如图 3.48 所示的液滴形貌。

5. 拉普拉斯压力差

静置在固体基底上的液滴在拉普拉斯压差和范德瓦耳斯力作用下，会引起固体基底的变形，液滴与变形基底的相互作用过程是一个流固耦合问题，通常

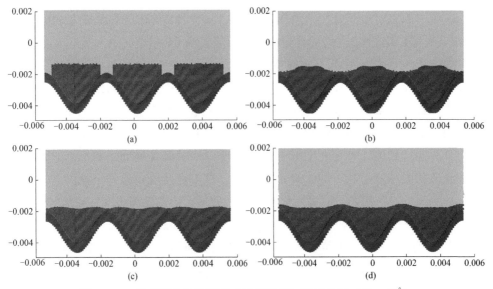

图 3.47　正弦表面上的液膜形成过程的 SPH 模拟结果（$\theta_{eq} = 60°$）

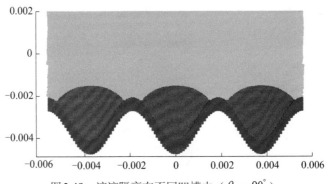

图 3.48　液滴隔离在不同凹槽内（$\theta_{eq} = 90°$）

被称为"毛细弹性现象"（elasto-capillary phenomena）。该类流固耦合问题与宏观尺度的流固耦合问题不同，它是由毛细尺度的作用力决定的，通常发生在毛细尺度以下（水的毛细长度为 2.7mm）。因此，毛细弹性现象又可以看作是考虑界面效应的流固耦合问题。采用 SPH 模型模拟毛细弹性问题的一个关键在于拉普拉斯压差的计算。

　　在本节的模拟中，不考虑重力的影响，并且假定基底是刚性的。计算域是尺寸为 3.0×1.0 的矩形框，离散粒子的数量为 150×50。计算域的顶部和底部固体壁由六层固定的虚拟粒子表示，在计算域两侧施加周期性边界条件。在模型初始化时，将 50×25 个 SPH 粒子按照流体 1 赋予属性值，并且将填充在计算域其他区域中的SPH粒子分配给流体2。流体1和流体2的密度均设置为1.0，黏度为0.2。流体1和流体2之间的界面张力系数设置为1.0。

如图3.49所示，展示了三种不同的接触角（60°，90°和120°）条件下的方形液滴的演化过程。系统最初处于静止状态（t=0.0s），在界面张力的作用下开始演化，直到获得平衡状态（t=8.0s）。根据杨-拉普拉斯方程，界面上的压降是局部曲率的函数。在本次模拟中，未考虑重力的影响，因此稳定后液滴内部的压力分布是一致的，不存在明显的压力梯度。当液滴发展到平衡状态时，对应的液滴形状为球冠形状。图3.50展示了在三种不同接触角条件下液滴的最终形貌，其中颜色分布代表了液滴内部不同的压力值。由图3.50可知，在流体1和流体2之间存在压力差，液滴内部的压力高于外部压力，该压力差即拉普拉斯压差，由图可知拉普拉斯压差值随着接触角的增加而增大。

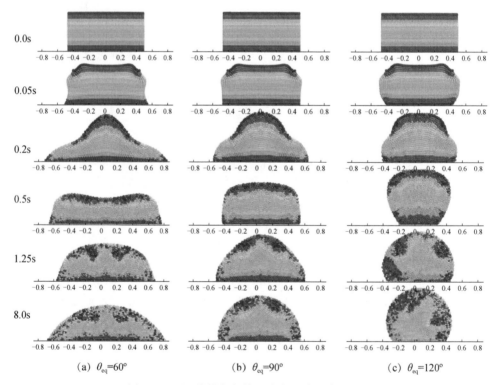

(a) θ_{eq}=60°　　　　　(b) θ_{eq}=90°　　　　　(c) θ_{eq}=120°

图3.49　不同接触角条件下液滴形貌的演化过程

考虑到平衡状态的液滴具有球冠形状，液滴直径和高度可以表达为以下几何关系式：

$$D = 2R\sin\theta , \quad H = R(1 - \cos\theta) \tag{3-57}$$

式中，D 为直径，单位 mm；H 为液滴高度，单位 mm；系数 R 为曲率半径，它是液滴截面积 A 的函数：

$$R = \sqrt{A / (\theta - \sin\theta\cos\theta)} \qquad (3\text{-}58)$$

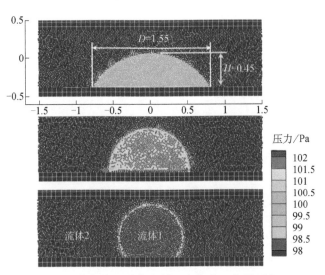

图 3.50　不同接触角的液滴内部压力分布（背景压力 90Pa）

　　基于上式，可以对比液滴几何尺寸的演化结果和理论结果，从而对模型进行验证。图 3.51 对比了球冠液滴的平铺直径和最大高度的理论结果以及 SPH 模拟结果。由图 3.51 可知，随着接触角的增大，静置液滴的平铺直径减小，最大高度增加。SPH 模拟得到的两个液滴参数与理论结果吻合较好。图 3.52 给出了液滴由方形至球冠演化过程中拉普拉斯压差随演化时间的变化曲线，压力差随着液滴的收缩-铺展，展现出了波动特征，但是最终趋向于一个稳定值，这个稳

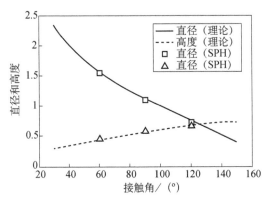

图 3.51　液滴尺寸的模拟结果和理论解对比

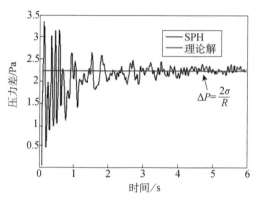

图3.52　拉普拉斯压差的模拟结果和理论解对比

定值即稳态液滴的拉普拉斯压差。

本 章 小 结

本章建立了多相流SPH模型，通过定义颜色函数，求解界面过渡区域的颜色函数梯度，使得界面参数附着在界面附近的粒子上，从而避免了跨越相界面的突变问题。在状态方程中添加背景压力项，一方面使得流场压力始终为正值，避免了张力不稳定性问题；另一方面由于粒子之间始终存在排斥力，使得粒子分布更加均匀，提升了多相界面的稳定性。此外，模型中还使用了界面数值力和位移修正等数值处理技术，使得多相流模型能够有效处理高密度差问题。在多相流SPH模型基础上，提出了气、液、固接触角的模拟方法，通过虚粒子技术在固壁边界内制造一个虚拟气-液界面，使得连续表面力模型在三相接触线处表现为接触角的调节力，从而使动态接触角向稳态接触角演化。虚拟界面方法不需要对三相接触线处界面法向量进行调整，计算结果验证了该方法在计算接触角和液滴形貌等问题方面的准确性及数值稳定性。

参 考 文 献

[1]Zhang A，Sun P，Ming F. An SPH modeling of bubble rising and coalescing in three dimensions[J]. Computer Methods in Applied Mechanics and Engineering，2015，294（SEP.1）：189-209.

[2]Ming F R，Sun P N，Zhang A M. Numerical investigation of rising bubbles bursting at a free surface through a multiphase SPH model[J]. Meccanica，2017，52（11-12）：2665-2684.

第4章　自由液面的表面张力算法

4.1　引　　言

　　液滴冲击现象广泛存在于自然界中，同时在许多工业领域也扮演了重要角色。当采用传统的计算流体力学方法模拟液滴冲击现象时，一般需要建立同时包含气相和液相的多相流模型，并且需要对气-液界面实时追踪和处理，在处理液滴大变形或飞溅等气-液界面变化剧烈的情况时，收敛性和稳定性变差。学者针对液滴冲击现象进行了大量数值模拟工作，建模方法大致可以分为两类：欧拉法和拉格朗日法。其中，欧拉法（例如流体体积法（VOF）[1]、水平集方法（LSM）[2]），需要在多相流框架内建模，计算空间是固定的，而且需要划分各相的空间，并实时追踪相界面。尽管采用高阶的修正格式可以提高欧拉法对液滴自由表面问题模拟的适用性[3]，但仍难以解决考虑弹性基底变形的可动边界问题。拉格朗日法是另一类数值方法，例如光滑粒子动力学（SPH）法、格子-玻尔兹曼法等。SPH方法在模拟大变形、动边界问题时要优于传统方法[4]，已经被应用于液滴冲击液膜[5]，液滴冲击可润湿固壁[6]，表面张力驱动下的液滴运动[7]和熔融液滴冲击后的铺展和凝固过程[8]等。

　　本章在自由表面流SPH模型基础上，引入连续表面力（CSF）模型模拟自由表面流体的表面张力效应。考虑液滴的自由表面边界条件，通过表面粒子鉴定和表面几何重构，通过插值计算液滴表面的法向量和曲率，进而根据CSF模型计算表面粒子上的表面张力。本章将所建立的模型应用于液滴冲击问题模拟研究，包括液滴冲击固壁、液滴冲击液面以及液滴冲击弹性基底。

4.2　基　本　方　程

　　有关于自由表面流动问题的弱可压缩SPH方程已经在第2章中详细介绍，本节简要回顾建模所用的方程。其中，SPH离散形式的连续性方程和运动方程分别表达为

$$\frac{\mathrm{d}\rho_i}{\mathrm{d}t} = \rho_i \sum_{j=1}^{N} \frac{m_j}{\rho_j} v_{ij}^{\beta} \cdot \frac{\partial W_{ij}}{\partial x_i^{\beta}}$$

$$\frac{\mathrm{d}v_i^{\alpha}}{\mathrm{d}t} = \sum_{j=1}^{N} m_j \left[-\left(\frac{P_i + P_j}{\rho_i \rho_j} \right) \delta^{\alpha\beta} + \Pi_{ij} \delta^{\alpha\beta} \right] \cdot \frac{\partial W_{ij}}{\partial x_i^{\beta}} + f_{gi}^{\alpha}$$

（4-1）

式中，ρ_i 为粒子 i 的密度，单位 kg/m^3；v_{ij} 为速度差，$v_{ij} = v_i - v_j$，单位 m/s；Π_{ij} 为人工黏性项。

采用如下形式的状态方程计算流体压力：

$$P = \frac{c^2 \rho_0}{\gamma} \left(\left(\frac{\rho}{\rho_0} \right)^{\gamma} - 1 \right)$$

（4-2）

式中，P 为流体压力，单位 Pa；c 为流体声速，单位 m/s；ρ 和 ρ_0 为流体的密度和参考密度，单位 kg/m^3；γ 为状态方程常数，$\gamma = 7$。

如式（4-1）所示，为了适应自由表面边界条件，模型采用了密度导数形式的连续性方程；采用人工黏性项（Π_{ij}）作为运动方程中的耗散项，其中，人工黏性系数设定为 $\alpha = 0.01$。采用三次样条函数作为光滑函数。在计算过程中，光滑长度保持不变，光滑长度与粒子间距的关系为 $h = 1.2\Delta x$。初始时刻，计算域粒子的背景压力和初始压力均设置为零。

对于自由表面流动问题，由于流体的背景压力设置为 0，在计算过程中靠近自由液面的位置可能出现压力为负的区域。压力为负的区域容易产生张力不稳定性，导致粒子的非物理性集聚，产生数值空穴等现象。在液滴冲击问题中，计算过程包含了液滴铺展、收缩、回弹，需要引入修正算法，以削弱张力不稳定性的影响。采用 Sun 提出的修正方式，对式（4-1）中的压力求和项 $(p_i + p_j)$ 进行如下修正[10]：

$$K_{ij} = \begin{cases} p_j + p_i, & p_i \geqslant 0 \\ p_j - p_i, & p_i < 0 \end{cases}$$

（4-3）

式中，K_{ij} 代表粒子压力求和项。式（4-3）只对内部粒子进行修正，而对于边界粒子，不进行修正。

采用具有二阶精度的蛙跳法来对离散方程进行时间积分运算，其中时间步长 Δt 由以下公式计算得到

$$\Delta t_v = 0.125 \min_i \frac{h_i}{v}$$

$$\Delta t_a = 0.25 \min_i \sqrt{\frac{h_i}{\|a_i\|}} \qquad (4-4)$$

$$\Delta t_c = \mathrm{CFL} \min_i \frac{h_i}{c_0}$$

$$\Delta t = \min\left(\Delta t_v, \Delta t_a, \Delta t_c\right)$$

式中，$\|a_i\|$ 为粒子 i 的加速度绝对值，单位为 m/s^2；CFL 为库朗数，本文取为 0.1；Δt_v，Δt_a，Δt_c 为根据不同限制条件下计算得到的最小时间步长，单位为 s，最终采用的时间步长 Δt 取三者最小值。

4.3 表面张力算法

在弱可压缩 SPH 自由表面流模拟中，通常不需要对自由液面进行处理，自由液面处自动满足零压力边界条件。但是，当计算尺度降低到毛细长度时（例如，水的毛细长度约为 2.7mm），表面张力的影响不可忽略。此时，需要引入表面张力模型。连续表面力（CSF）模型为常用的表面张力模型，该模型描述的表面张力仅作用于表面或界面处，表面张力的大小与曲率和表面张力系数有关，在忽略切向分量的假设下，CSF 表面张力的方向与表面法向量重合。在 CSF 表面张力作用下，如图 4.1 所示，液面的曲率降低，表面能下降，其作用效果与物理的表面张力类似。

图 4.1 数值模型中表面张力的作用方式

4.3.1 相间作用力模型介绍

弱可压缩 SPH 方法中通常采用两种表面张力模型，分别为 CSF 模型和相间作用力模型。在第 3 章，我们介绍过多相流 SPH 模型与 CSF 表面张力模型结合，来模拟多相界面流动的问题。在第 4 章，我们介绍了自由表面流 SPH 模型与 CSF 表面张力模型结合，来模拟液滴冲击问题。这里将介绍另一种表面张力模型，即相间作用力模型。相间作用力模型将 SPH 粒子比拟为物质的分子，在它们之间引入相互作用力。相间作用力模型具有以下特点：

（1）不需要计算界面的法向量和曲率，因此其实施过程相对简单；

（2）可以同时应用于流体和固体之间，通过调整流体粒子和固体粒子之间的相互作用力，来实现不同润湿性固壁效应的模拟。

1. Tartakovsky 模型

目前，学者提出了多种用在 SPH 方法中的相间作用力模型，它们在数学表达式上具有不同的形式，但总体上呈现一种"长程吸引、短程排斥"的力学特征。例如，Tartakovsky 等提出两粒子之间的相间作用力如下式所示：

$$F\left(r_{ij}\right) = \begin{cases} s_{ij}\cos\left(\dfrac{1.5\pi}{3h}\left|\boldsymbol{r}_j - \boldsymbol{r}_i\right|\right)\dfrac{\boldsymbol{r}_j - \boldsymbol{r}_i}{\left|\boldsymbol{r}_j - \boldsymbol{r}_i\right|}, & \left|\boldsymbol{r}_j - \boldsymbol{r}_i\right| \leqslant h \\ 0, & \left|\boldsymbol{r}_j - \boldsymbol{r}_i\right| > h \end{cases} \tag{4-5}$$

式中，s_{ij} 为相间作用力的强度系数，s_{ij} 参数的确定取决于不同流体的特性，该参数的值与表面张力大小成正比。

2. Li 模型

Li 等提出的相间作用力模型，该模型定义了势能函数和相间作用力函数。其中，势能函数 $U(r)$ 和相间力 $\boldsymbol{F}_{ij}^{\text{inter}}$ 分别表达为

$$U\left(r\right) = \alpha^{\text{inter}}\left[AW^e\left(r,h_1\right) + BW^e\left(r,h_2\right)\right], \qquad h_1, h_2 \leqslant 0.5h \tag{4-6}$$

$$\boldsymbol{F}_{ij}^{\text{inter}} = -\frac{\mathrm{d}U\left(r\right)}{\mathrm{d}r}\frac{\boldsymbol{r}_i - \boldsymbol{r}_j}{\left\|\boldsymbol{r}_i - \boldsymbol{r}_j\right\|}, \quad i \neq j \tag{4-7}$$

$$\boldsymbol{F}_i^{\text{inter}} = \sum_j \frac{2\rho_0}{\rho_i + \rho_j}\boldsymbol{F}_{ij}^{\text{inter}} \tag{4-8}$$

式中，r 代表两个粒子之间的距离，单位为 m；α^{inter} 为势能函数的强度系数，A 和 B 为经验系数，W^e 为势能函数，条件 $h_1, h_2 \leqslant 0.5h$ 确保当粒子位于目标粒子光滑域之外时势能函数 $U(r)$ 的值为零；$\boldsymbol{F}_{ij}^{\text{inter}}$ 代表粒子 i 和粒子 j 之间的相间作用力，$\boldsymbol{F}_i^{\text{inter}}$ 代表作用在 i 粒子上的所有相间作用力之和，单位为 N。

势能函数 W^e 采用如下的三次样条函数形式：

$$W^e\left(r,h\right) = \alpha_d \begin{cases} 1 - \dfrac{3}{2}q^2 + \dfrac{3}{4}q^3, & 0 \leqslant q < 1 \\ \dfrac{1}{4}\left(2 - q\right)^3, & 1 \leqslant q < 2 \\ 0, & q \geqslant 2 \end{cases} \tag{4-9}$$

式中，无量纲距离 q 表达为 $q = r/h$，其中 r 为实际距离，h 为光滑长度。α_d 为

正则化系数，对于二维和三维问题，该系数分别为 $\dfrac{10}{7\pi h^2}$，$\dfrac{1}{\pi h^3}$.

将势能函数 $U(r)$ 的导数 $\dfrac{\mathrm{d}U(r)}{\mathrm{d}r}$ 代入，得到两粒子间作用力的表达式为

$$\boldsymbol{F}_{ij}^{\text{inter}} = -\alpha^{\text{inter}}\left[A\frac{\mathrm{d}W^e(r, h_1)}{\mathrm{d}r} - B\frac{\mathrm{d}W^e(r, h_2)}{\mathrm{d}r}\right]\frac{\boldsymbol{r}_i - \boldsymbol{r}_j}{\left\|\boldsymbol{r}_i - \boldsymbol{r}_j\right\|},\ i \neq j \qquad (4\text{-}10)$$

$$\frac{\mathrm{d}W^e(r, h)}{\mathrm{d}r} = \alpha_d \begin{cases} -\dfrac{3q}{h} + \dfrac{9}{4}\dfrac{q^2}{h}, & 0 \leqslant q < 1 \\[2mm] -\dfrac{3(2-q)^2}{4h}, & 1 \leqslant q < 2 \\[2mm] 0, & q \geqslant 2 \end{cases} \qquad (4\text{-}11)$$

下面通过绘图展示势能函数值和相间作用力量值随粒子间距离 r 的变化规律。由于只是展示曲线的变化规律，这里不对与量值大小有关的系数值做要求。在本测试中，系数 α_d 设置为 1.0，系数 α^{inter} 设定为 1.0，A 设定为 1.5，B 设定为 1.0，光滑长度 h 设定为 $3.0\Delta x$，Δx 代表粒子间距，选择不同的势能函数的系数 h_1 和 h_2，令 $h_1, h_2 \leqslant 0.5h$。

公式（4-10）所示的相间力可以同时作用在流体和固体粒子上，从而实现不同相之间的相互影响。注意，在式（4-10）中，i 始终代表流体粒子，而 j 可以是流体粒子，也可以是固体粒子。当 j 为流体粒子时，系数 α^{inter} 取为 α_1；当 j 为固体粒子时，系数 α^{inter} 取为 α_2。由此，通过该流体-流体和流体-固体之间采用不同的相间力系数 α_1 和 α_2，来获得不同的表面张力特性和壁面润湿性。此外，为了防止粒子穿透固壁，在流体粒子和固体粒子之间还施加动态 SBT 边界条件。

考虑了相间作用力之后，动量方程式转化为

$$\frac{\mathrm{d}\boldsymbol{v}_i}{\mathrm{d}t} = -\sum_{j=1}^{N} m_j\left(\frac{P_i}{\rho_i^2} + \frac{P_j}{\rho_j^2} + \Pi_{ij}\right)\nabla W(r_{ij}, h) + \boldsymbol{f}_i + \sum_{j=1}^{N}\frac{\boldsymbol{F}_{ij}^{\text{inter}}}{m_i} \qquad (4\text{-}12)$$

式中，最后一项为 i 粒子所承受的相间作用力之和。

图 4.2 和图 4.3 给出了势能函数曲线和相间力函数曲线图。由图 4.3 可以看出该函数描述了"长程吸引、短程排斥"的相间力的特征。但是，在 Li 提出的相间作用力模型中，包含了许多模型参数，在实际计算中必须细致地选择这些参数的值，来满足所模拟问题的需要，大量参数的选择也为计算结果带了诸多不确定性。此外，采用 Li 模型模拟表面张力，通常需要较大的支持域半径，例如，对于三次样条函数，支持域半径可达 6 倍的粒子间距，这必定会增加计算量，

对于三维模拟效率较低；而且，过大的支持域半径也会弱化流场的局部效应。

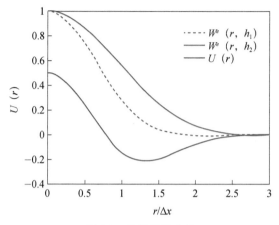

图 4.2 势能函数曲线

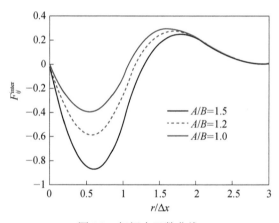

图 4.3 相间力函数曲线

3. Akinci 模型

Akinici 建立的相间作用力模型中，也采用了"长程吸引、短程排斥"相间力函数，同时引入了表面面积最小化算法，两者配合来模拟液滴的表面张力效应。Akinici 等在分析了 Tartakovsky 等模型的劣势之后，提出了一种相间作用力的替代公式，它表达为

$$\boldsymbol{F}_{ij}^{\text{inter}} = -\gamma m_i m_j C\left(\left|\boldsymbol{r}_i - \boldsymbol{r}_j\right|\right) \frac{\boldsymbol{r}_i - \boldsymbol{r}_j}{\left|\boldsymbol{r}_i - \boldsymbol{r}_j\right|}, \quad i \neq j \tag{4-13}$$

式中，i 和 j 互为邻域粒子，m_i 和 m_j 分别为粒子的质量，$\boldsymbol{r}_i$ 和 $\boldsymbol{r}_j$ 分别为粒子的位置矢量，γ 定义为表面张力系数，C 为修正的三次样条函数，它表达为

$$C(r) = \frac{32}{\pi h^9} \begin{cases} (h-r)^3 r^3, & \dfrac{h}{2} < r \leqslant h \\[2mm] 2(h-r)^3 r^3 - \dfrac{h^6}{64}, & 0 < r \leqslant \dfrac{h}{2} \\[2mm] 0, & r > h \end{cases} \tag{4-14}$$

式中，r 为两粒子之间的距离，h 为光滑长度，$C(r)$ 只在半径为 h 的区域内起作用，在半径为 h 的范围，对相互靠近的两粒子提供一个"长程吸引、短程排斥"的相间作用力。

在 Akinici 模型中，除了式（4-13）表达的相间作用力，还包括一个附加的力项，来使表面面积最小化，该附加力表达为

$$\boldsymbol{F}_{ij}^{\text{surface}-\min} = -\gamma m_i (\boldsymbol{n}_i - \boldsymbol{n}_j), \quad i \neq j \tag{4-15}$$

式中，$\boldsymbol{n}_i$ 和 $\boldsymbol{n}_j$ 分别为粒子 i 和 j 的法向量，由下式计算：

$$\boldsymbol{n}_i = h \sum_j \frac{m_j}{\rho_j} \nabla W \left(|\boldsymbol{r}_i - \boldsymbol{r}_j| \right) \tag{4-16}$$

式中，W 为光滑函数，ρ_j 为粒子 j 的密度。对内部粒子来讲，粒子的法向量值为零，只在自由表面处该值有意义，而且法向量的值与表面曲率成正比。

4.3.2　连续表面力模型

在连续表面力（CSF）模型中，表面张力表达为曲率、法向量、表面张力系数的函数。在多相流 SPH 模型中，可以通过定义"颜色函数"来计算相界面的曲率和法向量等参数。然而，对于自由表面流动问题，由于自由表面处邻域粒子的缺失问题，采用颜色函数来计算界面参数的计算误差较大。因此，需要提出适用于自由表面流的表面力算法。本节将表面张力等效为作用于表面粒子上的体积力，通过几何方法，利用表面粒子的位置信息，插值求解自由表面的界面参数。

根据 CSF 模型，表面粒子 i 所受的表面力表达为[7]

$$f_i = \frac{\sigma \kappa_i \boldsymbol{n}_i}{\rho_i \Delta x}, \quad i \in \text{液滴的边界粒子（单层）} \tag{4-17}$$

式中，下标 i 代表液滴的边界粒子；κ_i 为粒子 i 处的界面曲率；$\boldsymbol{n}_i$ 为粒子 i 处的界面法向量；Δx 为粒子的初始间距；σ 为表面张力系数，单位为 N/m。

本节采用 Zhang 等[7]提出的表面粒子鉴定以及几何插值重构方法，计算作用在表面粒子上的 CSF 表面张力。图 4.4 表面张力的计算流程如图 4.5 所示：首

先，根据Dilts[9]提出的边界粒子的鉴定算法，确定液滴的边界粒子；然后基于边界粒子的位置信息，采用离散点插值方法，对液滴表面进行几何重构；根据重构后的表面曲线的解析式，计算表面粒子位置处的表面曲率和法向量，代入式（4-17）完成CSF表面力的计算。

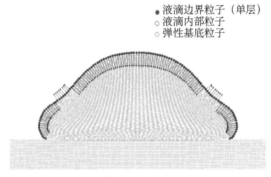

● 液滴边界粒子（单层）
○ 液滴内部粒子
○ 弹性基底粒子

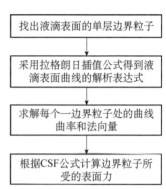

图4.4 表面粒子示意图

图4.5 表面张力的计算流程

4.3.3 表面粒子的鉴定

由于CSF模型表述的表面张力直接作用在表面粒子上，因此施加表面张力模型的第一步就是确定位于表面的SPH粒子。然后，计算表面粒子处的曲率和法向量的值。下面介绍两种鉴定表面粒子的方法。

1. 采用位置向量的散度确定表面粒子

通过计算粒子位置向量的散度可以判定某粒子是否为表面粒子，其表达式为

$$\nabla \cdot \boldsymbol{x}_i = \sum_j \frac{m_j}{\rho_j} (\boldsymbol{x}_i - \boldsymbol{x}_j) \cdot \nabla_i W (\boldsymbol{x}_i - \boldsymbol{x}_j, h) \qquad (4\text{-}18)$$

式中，$\nabla \cdot \boldsymbol{x}_i$为粒子$i$位置向量的散度，$\boldsymbol{x}_i$为粒子$i$的位置向量，$\boldsymbol{x}_j$为粒子$j$的位置向量，粒子$j$为粒子$i$的邻域粒子。对于二维问题，位于内部区域的粒子$i$的散度值$\nabla \cdot \boldsymbol{x}_i$等于2；而位于表面附近的粒子，由于支持域的截断，其散度值$\nabla \cdot \boldsymbol{x}_i$总是小于2。因此，通常选取1.2～1.5，作为确定是否为边界粒子的阈值，如果粒子i的$\nabla \cdot \boldsymbol{x}_i$值小于阈值，则认为该粒子为表面粒子，反之，则为内部粒子。

采用位置向量的散度检测表面粒子的优点是实施过程相对简单，它通过代数运算即可判断某粒子是否为表面粒子。但是，该种方法的缺点是不能精确地检测出表面粒子，即它能够识别大多数的表面粒子，极易存在检测误差。而且，阈值参数对检测结果的影响很大，需要根据具体算例进行选择。

2. 采用几何方式确定表面粒子

采用几何方式检测表面粒子的基本流程如下：如图 4.6 所示，以任意粒子 i 为中心，建立半径为 $1-h$ 的外圆，扫描粒子 i 的邻域粒子，并确定每个邻域粒子与粒子 i 外圆的交叉区域。随后，将粒子 i 的外圆铺平（图 4.7），以外圆上某点 (a, b) 作为起始点，遍历每一段与粒子 i 外圆有交叉的曲线，并按照距离起点的距离进行排序，从而确定是否存在未覆盖外圆的区域。如果所有的交叉区域能够完全覆盖粒子 i 的外圆，则认为粒子 i 为内部粒子；否则，为表面粒子。通过该方法，能够精确地确定液滴的表面粒子。

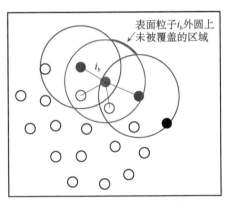

图 4.6　表面粒子检测示意图

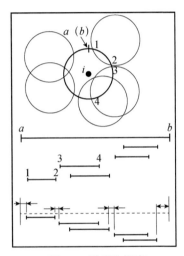

图 4.7　铺平和排序

铺平和排序的方式虽然精确，但是算法实施较困难。此处介绍一种更为简洁的方式，如图 4.8 所示，将整圆划分为 16 段，当检测该圆与临近粒子的所属圆弧的交线时，将相交的圆弧段进行标记。如果检测完毕后，所有 16 段线段都被标记，则认为该粒子为内部粒子，否则为表面粒子。

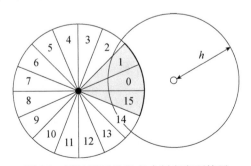

图 4.8　通过圆弧分段方式判定表面粒子

利用检测出的表面粒子，可以计算表面粒子处的法向量。如图4.9所示，对某表面粒子i，根据与其相邻的表面粒子的位置关系，可以计算得到该粒子处的表面法向量。我们通过算例测试表面粒子检测方法是否有效。

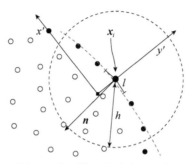

图4.9　表面粒子的法向量计算

图4.10给出了两组较规则形状计算域的表面粒子的检测结果，其中黑色实心粒子为检测得到的表面粒子。图4.10（a）中的SPH粒子按照维诺图结构生成，由图可知，本算法正确检测到了表面粒子，而且计算得到的表面粒子的法向量符合正确的分布趋势。图4.10（b）中的SPH粒子进行了一定的打乱，由图可知，本算法虽然准确地找到了表面粒子，但是基于"局部"粒子位置得到的法向量值并不完全符合实际。

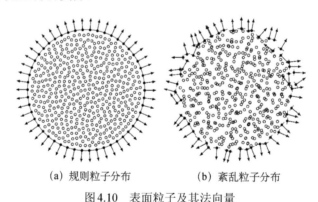

（a）规则粒子分布　　　　（b）紊乱粒子分布

图4.10　表面粒子及其法向量

4.3.4　表面曲率和法向量的计算

在施加表面张力算法时，还需要计算表面曲率。利用表面粒子的位置点信息，将这些粒子作为插值的离散点，得到表面曲线的插值公式。任意表面粒子i处的曲率可由下式计算：

$$\kappa_i = \frac{\left|P''(x_i)\right|}{\left(1 + P'^2(x_i)\right)^{3/2}} \tag{4-19}$$

式中，$P''(x_i)$ 和 $P'(x_i)$ 分别为插值的表面曲线在表面粒子 i 位置上的二阶和一阶导数值。

同样的，任意表面粒子 i 位置上的法向量表达为下式：

$$n_i = \begin{cases} \left\langle P'(x_i), -1 \right\rangle, & \text{如果} P''(x_i) \leqslant 0 \\ \left\langle -P'(x_i), 1 \right\rangle, & \text{如果} P''(x_i) > 0 \end{cases} \tag{4-20}$$

上式中求解的法向量对于凹曲线（$P''(x_i) < 0$）方向指向曲线外部，对于凸曲线（$P''(x_i) > 0$）方向指向曲线内部，如图4.11所示。注意，式（4-20）计算得到的法向量是在局部坐标系下，还需要将其转换为全局坐标系，将转换公式代入上式，当 $P''(x_i) \leqslant 0$ 时：

$$n_i = \left\langle P'(x_i)\cos\alpha + \sin\alpha, P'(x_i)\sin\alpha - \cos\alpha \right\rangle \tag{4-21}$$

当 $P''(x_i) > 0$ 时：

$$n_i = \left\langle -P'(x_i)\cos\alpha - \sin\alpha, -P'(x_i)\sin\alpha + \cos\alpha \right\rangle \tag{4-22}$$

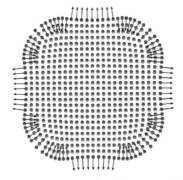

图4.11　自由表面液滴的边界粒子及表面力的方向

至此，液滴表面粒子 i 处的曲率和法向量计算完毕，代入式（4-17）即可得到表面张力的值。通过以上步骤和方程，可以计算所有表面粒子的 CSF 表面张力。

4.3.5　表面张力模型验证

1. 真空中液滴收缩和振荡

本节通过方形液滴收缩-振荡算例，来验证表面张力模型的正确性。初始形状为方形的液滴的边长为1.0mm，物性参数按照水进行设置，密度为1000kg/m³，表面张力系数为0.072 N/m。采用了三种粒子间距，边粒子的数目分别为25，40，80个粒子，对应的间距分别为0.04mm，0.025mm，0.0125mm，粒子数量分别为625，1600，6400。计算开始后，液滴在表面张力作用下开始收缩-变形-振荡，液滴动能在黏性力等作用下逐渐耗散至最低，液滴最终达到准静态的圆形，如图4.12所示。

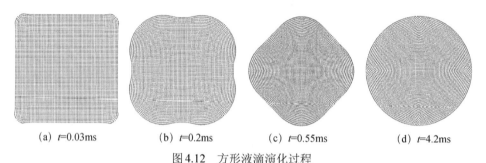

(a) t=0.03ms   (b) t=0.2ms   (c) t=0.55ms   (d) t=4.2ms

图4.12　方形液滴演化过程

图4.13给出了不同时刻表面粒子处的曲率分布情况。在0.03ms时刻，尽管方形液滴的尖角已经在表面力的作用下变平滑，但角点处仍具有较高的曲率值；在达到准静态后（4.2ms），液滴形貌接近圆形，表面粒子的曲率与理论值$1/R$（=1772.5）非常接近。

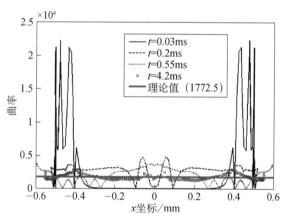

图4.13　方形液滴变形过程中表面粒子处的曲率分布

图4.14给出了不同粒子间距下液滴动能随时间的变化关系。初始时刻，在表面张力作用下液滴动能迅速达到峰值，液滴形貌逐渐向表面能最小的形貌（即圆形）演化，经历几个周期的振荡后，动能逐渐降低，系统达到准静态状态。

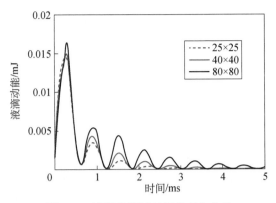

图 4.14　液滴动能随时间的变化曲线

2. 拉普拉斯压力差

在液滴经过几次收缩振荡之后，液滴演化至准静态。液滴达到准静态后呈现圆形形状，此时液滴的表面能降至最低，自由表面力作用在液滴表面，各表面粒子的表面力近似相等。根据拉普拉斯定律，液滴内部的压力平均值的理论解为132.9 Pa。图 4.15 给出了方形液滴演化过程中内部平均压力随时间的变化曲线。由图 4.15 可知，随着液滴形貌的演化，压力也趋近某一稳定值，最终在137Pa附近呈现微小波动，达到准静态过程，与理论解吻合较好。

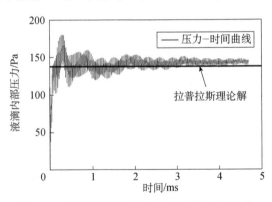

图 4.15　液滴内部平均压力随时间的变化曲线

4.4　液滴冲击固壁和液面

4.4.1　液滴冲击固壁

液滴冲击固体表面后的运动行为与液滴的冲击参数、液体的物性参数以及固体表面的化学、物理性质有关，例如液滴的直径、密度、黏度、表面张力、冲击速度、冲击角度以及基底的润湿性（亲水、疏水或超疏水）、粗糙度、温度等。一般情况下，在低韦伯数（We）下，液滴冲击超疏水表面（super-hydrophobic surface）后会出现反弹现象。反弹现象的发生一般都是由于固体表面具有较好的疏水性，水珠回缩过程受到表面的黏附作用比较小，水珠容易完全脱离固体表面。在高韦伯数下，由于液体惯性效应远强于表面张力效应，液滴撞击后容易出现冠状飞溅（splashing）、指状溅射等现象。

图 4.16 给出了直径 1.0mm 的液滴以 0.5m/s 速度冲击固体表面的 SPH 模拟结果。图中展示了液滴接触、铺展、回缩以及回弹的完整过程。本次模拟未考虑液-固界面的黏附力效应和移动接触线，因此只能用于模拟液滴冲击超疏水表面。

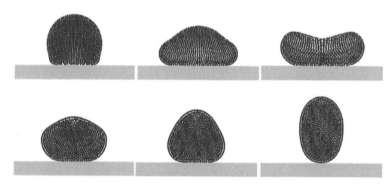

图 4.16　液滴冲击固体表面的 SPH 模拟结果（D=1.0mm，V=0.5m/s，σ=0.072N/m）

图 4.17 对比了表面张力算法的影响，如图所示，左侧为使用了表面张力模型的结果，液滴在铺展过程中，液滴铺展的前端在表面张力作用下具有较圆滑的形貌；而未使用表面张力模型时，液滴铺展的前端具有较大的曲率。实际上，图 4.17（a）所示的液滴铺展形貌与低韦伯数下水滴冲击超疏水表面的实验结果非常相似。增大液滴冲击速度至 1.0m/s，如图 4.18 所示，由于液滴最大铺展直径变大，至液滴回弹时，液滴的回缩过程被抑制，液滴最终以扁平形状回弹。

如图 4.19 所示，测试了 1.0mm 直径的液滴以不同速度（0.5～1.0m/s）碰撞固体表面时液滴铺展直径随时间的变化曲线。从图中可以看出液滴的铺展、回缩以及回弹后的振荡过程。相同直径的液滴在不同冲击速度下的变形行为展现出了相似特性，表现为液滴在最大半径 D_{max} 时对应的时刻相同，而且液滴振荡-收缩的频率也相同。

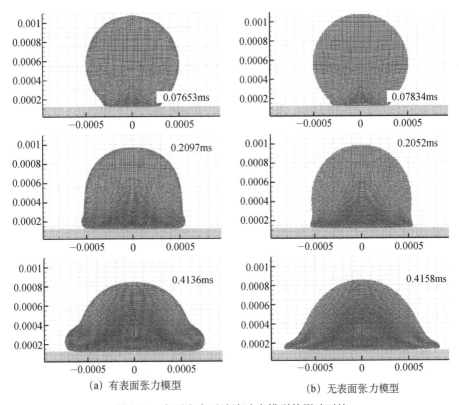

(a) 有表面张力模型   (b) 无表面张力模型

图 4.17 表面张力对液滴冲击模型的影响对比

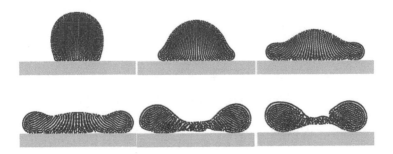

图 4.18 液滴冲击固体表面的 SPH 模拟结果（D=1.0mm，V=1.0m/s）

图 4.20 进一步测试了高韦伯数液滴冲击的模拟结果。如图所示，在 3.0m/s 的冲击速度下，液滴出现了飞溅现象，即液滴在碰撞过程中破碎为许多小液滴。SPH 模型的模拟结果显示，模型捕捉到了大液滴破碎的过程，而且在液滴外围也出现即将分散的小液滴。另一方面，图 4.20 的模拟结果显示，本模型能够处理液滴飞溅、破碎等非线性现象。

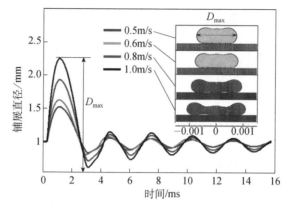

图 4.19　液滴铺展直径随时间的变化曲线

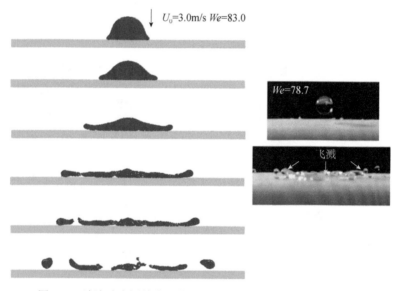

图 4.20　液滴冲击固体表面的飞溅现象（V_i=3.0m/s，We=83.0）

4.4.2　液滴冲击液面

本小节采用弱可压缩 SPH 模型模拟液滴冲击自由液面的过程。如图 4.21 所示，初始时刻液滴置于液面上方，液滴以一定角度和初始速度飞向液面。液面层的厚度固定为 0.5m，液滴的直径为 1.0m，流体密度设置为 1.0kg/m^3，黏度设置为 0.1Pas，表面张力设置为 1.0N/m。选取不同的液滴初始速度 10.0～100.0m/s，对应了韦伯数范围为 100～10000。下面展示 SPH 模型对于液滴冲击液面问题的模拟结果。

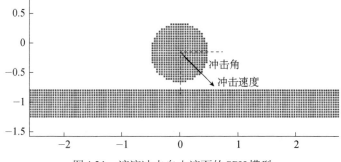

图4.21　液滴冲击自由液面的SPH模型

如图4.22所示，液滴接触到液面后，液滴底部与液面迅速融合，液滴的自由表面与液膜的自由表面相连接。在惯性作用下，液滴与液面连接的部分突破表面张力的限制，向液滴冲击的反方向溅出。当液滴完全铺展在液面内时，自由液面的形貌变为类似于"皇冠"的形貌。图4.23给出了液体表面粒子的法向量。弱可压缩SPH模型结合本章建立的"自由液面的连续表面力算法"能够捕捉到液滴冲击液面导致的"皇冠"状形貌。由图4.24的矢量图可以看出冲击过程中的液滴和液膜内部的流动结构。

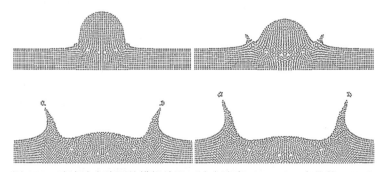

图4.22　液滴冲击液面的模拟结果（冲击速度100.0m/s，韦伯数10000）

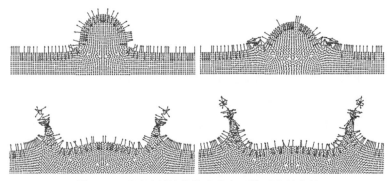

图4.23　不同时刻计算的液体表面粒子的法向量

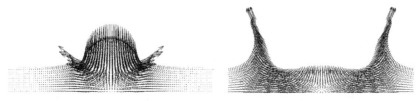

图 4.24   速度矢量

冲击速度越高,液滴的惯性效应越强,引起的飞溅现象就越明显。如图 4.25 所示,在较低的冲击速度下 (10m/s),液滴的惯性效应被表面张力效应所抑制,未出现飞溅行为;随着冲击速度的提升 (50m/s),液滴向远离液滴方向溅出的程度逐渐增大,表现为溅出的流体形貌变"尖锐";随着速度进一步增加 (100.0m/s),飞溅行为进一步增强,并且伴随着卫星液滴的产生。图中对表面粒子和液体内部粒子采用了不同的颜色,由图 4.25 (c) 可以看出,卫星液滴产生后,算法捕捉到了卫星液滴的表面粒子,说明表面张力算法仍然在起作用。

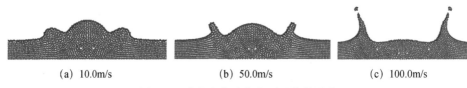

(a) 10.0m/s   (b) 50.0m/s   (c) 100.0m/s

图 4.25   冲击速度对自由面形貌的影响

液滴冲击液面现象是具有挑战性的实例,本小节的测试证明,所提出的弱可压缩 SPH 模型,能够模拟液滴冲击液膜时的融合、飞溅以及卫星液滴产生的过程。

4.5   液滴冲击弹性基底建模

在很多实际应用过程中,液滴所冲击的表面不能完全理想化地等效为刚性基底,柔性或者软基底的弹性变形扮演了更为重要的角色,例如:雨水冲击昆虫的翅膀、植物的叶子和雨滴能量捕获器表面。由于基底的变形与界面张力的相互耦合,该过程实质上是一个包含界面效应的流固耦合问题,也可以看作是毛细尺度下的流固耦合问题。如何利用基底弹性变形精确预测或控制液滴的黏着和反弹行为是相关工程领域亟待解决的基础性问题。本节将采用弱可压缩 SPH 方法建立液滴冲击弹性基底的数值模型。

4.5.1　控制方程

如图 4.26 所示，液滴冲击弹性基底模型的计算域包含液滴和弹性基底两部分。液滴以一定速度冲击基底造成基底的弹性变形。模型中将液滴和弹性基底均视为连续介质，其中液滴为黏性流体，基底为弹性材料。连续介质的控制方程，包括连续性方程和动量方程，可以写成如下统一的形式：

$$\frac{\mathrm{d}\rho}{\mathrm{d}t} = -\rho \frac{\partial v^\alpha}{\partial x^\alpha} \tag{4-23}$$

$$\frac{\mathrm{d}v^\alpha}{\mathrm{d}t} = \frac{1}{\rho}\frac{\partial \sigma^{\alpha\beta}}{\partial x^\beta} + f^\alpha \tag{4-24}$$

式中，t 为时间，单位 s；ρ 为材料密度，单位 kg/m³；v^α 为速度矢量，单位 m/s；x^α 为位置坐标，单位 m；$\sigma^{\alpha\beta}$ 为应力张量，单位 Pa；f^α 代表外力，单位 m/s。

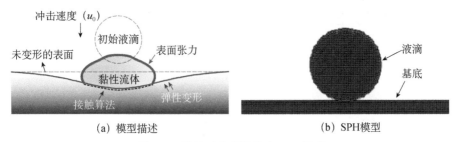

图 4.26　液滴冲击弹性基底 SPH 模型

(a) 模型描述　　　　(b) SPH模型

应力张量 $\sigma^{\alpha\beta}$ 可以分解为各向同性压力 P 和剪切应力张量 $\tau^{\alpha\beta}$：

$$\sigma^{\alpha\beta} = -P\delta^{\alpha\beta} + \tau^{\alpha\beta} \tag{4-25}$$

式中，$\delta^{\alpha\beta}$ 为 Kronecker 张量，如果 $\alpha = \beta$，$\delta^{\alpha\beta} = 1$；否则 $\delta^{\alpha\beta} = 0$。

对于流体，采用如下形式的压力状态方程：

$$\{P\}_f = c_f^2\left(\rho - \rho_f^0\right) \tag{4-26}$$

式中，下标 f 代表流体，c_f 和 ρ_f^0 分别为流体的声速和参考密度。

对于固体，采用如下形式的压力状态方程：

$$\{P\}_s = c_s^2\left(\rho - \rho_s^0\right) \tag{4-27}$$

式中，下标 s 代表固体；c_s 为固体声速，有 $c_s = \sqrt{\dfrac{K}{\rho_s^0}}$，其中，参数 K 为体积模量，它与杨氏模量的关系为 $K = \dfrac{E}{3(1-2v)}$；ρ_s^0 代表固体的参考密度，单位 kg/m³。

固体的剪切应力张量采用增量形式的胡克定律通过时间积分得到，剪切张量的时间变化率表达为

$$\left\{ \dot{\tau}^{\alpha\beta} \right\}_s = 2G\left(\dot{\varepsilon}^{\alpha\beta} - \frac{1}{2}\delta^{\alpha\beta}\dot{\varepsilon}^{\gamma\gamma} \right) + \tau^{\alpha\gamma} \cdot \dot{r}^{\beta\gamma} + \tau^{\gamma\beta} \cdot \dot{r}^{\alpha\gamma} \tag{4-28}$$

式中，$\dot{\tau}^{\alpha\beta}$ 为剪切应力张量的时间变化率；G 为固体的剪切模量；$\dot{\varepsilon}^{\alpha\beta}$ 为固体的应变率张量：

$$\left\{ \dot{\varepsilon}^{\alpha\beta} \right\}_s = \frac{1}{2}\left(\frac{\partial v^\alpha}{\partial x^\beta} + \frac{\partial v^\beta}{\partial x^\alpha} \right) \tag{4-29}$$

$\dot{r}^{\alpha\beta}$ 为旋转率张量，表达为

$$\left\{ \dot{r}^{\alpha\beta} \right\}_s = \frac{1}{2}\left(\frac{\partial v^\alpha}{\partial x^\beta} - \frac{\partial v^\beta}{\partial x^\alpha} \right) \tag{4-30}$$

4.5.2 离散方程

1. 流体方程

黏性流体运动方程的SPH离散方程表达为

$$\left\{ \frac{\mathrm{d}v_i^\alpha}{\mathrm{d}t} \right\}_f = \sum_{j=1}^{N_i^f} m_j \left[-\left(\frac{P_i + P_j}{\rho_i \rho_j} \right)\delta^{\alpha\beta} + \Pi_{ij}\delta^{\alpha\beta} \right] \cdot \frac{\partial W_{ij}}{\partial x_i^\beta} + \left\{ f_{\mathrm{ni}}^\alpha \right\}_{s \to f} + \left\{ f_{\mathrm{si}}^\alpha \right\}_f + f_{\mathrm{gi}}^\alpha \tag{4-31}$$

式中，N_i^f 为流体粒子 i 邻域内流体粒子的数量；f_{ni}^α，f_{si}^α 和 f_{gi}^α 分别代表了接触力、表面张力和重力，单位 $\mathrm{m/s}^2$。接触力项 f_{ni}^α 可由接触算法计算得到。

2. 固体方程

弹性固体运动方程的SPH离散方程表达为

$$\left\{ \frac{\mathrm{d}v_i^\alpha}{\mathrm{d}t} \right\}_s = \sum_{j=1}^{N_i^s} m_j \left[-\left(\frac{P_i + P_j}{\rho_i \rho_j} \right)\delta^{\alpha\beta} + \frac{\tau_i^{\alpha\beta} + \tau_j^{\alpha\beta}}{\rho_i \rho_j} + \Pi_{ij}\delta^{\alpha\beta} + R_{ij}^{\alpha\beta} f_{ij}^n \right] \cdot \frac{\partial W_{ij}}{\partial x_i^\beta} + \left\{ f_{\mathrm{ni}}^\alpha \right\}_{f \to s} + f_{\mathrm{gi}}^\alpha \tag{4-32}$$

式中，N_i^s 为支持域内固体粒子的数量；剪切应力张量 $\tau_i^{\alpha\beta}$ 通过对式（4-28）积分得到。

应变率张量 $\dot{\varepsilon}^{\alpha\beta}$ 和旋转率张量 $\dot{r}^{\alpha\beta}$ 的SPH离散形式分别表达为

$$\left\{ \dot{\varepsilon}_i^{\alpha\beta} \right\}_s = \frac{1}{2}\sum_{j=1}^{N_i^s}\left(\frac{m_j}{\rho_j} v_{ji}^\alpha \frac{\partial W_{ij}}{\partial x_i^\beta} + \frac{m_j}{\rho_j} v_{ji}^\beta \frac{\partial W_{ij}}{\partial x_i^\alpha} \right) \tag{4-33}$$

和

$$\left\{\dot{r}_i^{\alpha\beta}\right\}_s = \frac{1}{2}\sum_{j=1}^{N_i^s}\left(\frac{m_j}{\rho_j}v_{ji}^{\alpha}\frac{\partial W_{ij}}{\partial x_i^{\beta}} - \frac{m_j}{\rho_j}v_{ji}^{\beta}\frac{\partial W_{ij}}{\partial x_i^{\alpha}}\right) \tag{4-34}$$

式中，v_{ji}^{β} 为粒子 i 和粒子 j 速度矢量的差值，即 $v_{ji}^{\beta} = v_j^{\beta} - v_i^{\beta}$。

3. 人工应力

弹性固体运动方程（式（4-32））中的 $R_{ij}^{\alpha\beta}f_{ij}^{n}$ 定义为"人工应力"（artificial stress）项，它最初由 Gray 提出用以消除 SPH 固体力学计算中的张力不稳定性现象。人工应力的基本原理是通过在两个相邻粒子间引入不同排斥力，来阻止拉伸状态下的两个粒子相互靠近，从而抑制粒子的非物理集聚。人工应力项 $R_{ij}^{\alpha\beta}f_{ij}^{n}$ 完整的表达式为

$$\left\{R_{ij}^{\alpha\beta}f_{ij}^{n}\right\}_s = \left(R_i^{\alpha\beta} + R_j^{\alpha\beta}\right)\left(\frac{W_{ij}}{W\left(d_{\mathrm{ini}},h\right)}\right)^n \tag{4-35}$$

式中，系数 n 取决于所采用的光滑函数，Gray 建议选用 $n=4$；d_{ini} 代表粒子间距；参考坐标系 (x, y) 中粒子 i 的 $R_i^{\alpha\beta}$，可通过主坐标系 (x', y') 对应对象 $R_i'^{\alpha\beta}$ 的坐标变换计算得到

$$\begin{cases} R_i^{xx} = R_i'^{xx}\cos^2\theta_i + R_i'^{yy}\sin^2\theta_i \\ R_i^{yy} = R_i'^{yy}\cos^2\theta_i + R_i'^{xx}\sin^2\theta_i \\ R_i^{xy} = \left(R_i'^{xx} - R_i'^{yy}\right)\sin\theta_i\cos\theta_i \end{cases} \tag{4-36}$$

式中，旋转角 θ_i 由下式计算：

$$\tan\theta_i = \frac{2\sigma_i^{xx}}{\sigma_i^{xx} - \sigma_i^{yy}} \tag{4-37}$$

式中，σ_i^{xx} 和 σ_i^{yy} 为主应力分量。

式（4-36）中的项 $R_i'^{\alpha\beta}$ 由下式计算：

$$R_i'^{\alpha\beta} = \begin{cases} -\varepsilon\dfrac{\sigma_i'^{\alpha\beta}}{\rho_i^2}, & \sigma_i'^{\alpha\beta} > 0 \\[2mm] 0, & \sigma_i'^{\alpha\beta} \leqslant 0 \end{cases} \tag{4-38}$$

式中，ε 为缩放系数，取 $\varepsilon = 0.5$；$\sigma_i'^{\alpha\beta} > 0$ 意味着当前为拉伸状态，主坐标系下的粒子 i 的应力张量 $\sigma_i'^{\alpha\beta}$ 由下式计算：

$$\begin{cases} \sigma_i'^{xx} = \sigma_i^{xx}\cos^2\theta_i + \sigma_i^{yy}\sin^2\theta_i + 2\sin\theta_i\cos\theta_i\sigma_i^{xy} \\ \sigma_i'^{yy} = \sigma_i^{yy}\cos^2\theta_i + \sigma_i^{xx}\sin^2\theta_i - 2\sin\theta_i\cos\theta_i\sigma_i^{xy} \end{cases} \tag{4-39}$$

4.5.3 接触算法

在液滴和基底之间引入"粒子-面"（particle-to-surface）接触算法，来处理液滴与弹性基底的相互作用。当液滴与弹性基底接触时，如图 4.27 所示，位于基底表面一定距离内的流体粒子被认定为处于接触状态，此时施加在该粒子上的接触力表达为

$$f_{\mathrm{ni}}^{\alpha} = 0.1\left[\frac{\left(d_0 - d_p\right)}{\left(\Delta t\right)^2}\right] \cdot n_{\mathrm{oi}}^{\alpha} \qquad (4\text{-}40)$$

式中，Δt 为时间步长，单位为 s；d_0 为接触检测的阈值，一般选取与初始粒子间距相同，即 $d_0=\Delta x$；参数 d_p 代表流体粒子距离固体表面的垂直距离，点 O 为垂足。单位法向量 n_{oi}^{α} 表达为下式：

$$n_{\mathrm{oi}}^{\alpha} = \frac{x_i^{\alpha} - x_o^{\alpha}}{\left|\boldsymbol{x}_i - \boldsymbol{x}_O\right|} \qquad (4\text{-}41)$$

式中，$\boldsymbol{x}_i$ 为当前处于接触状态的流体粒子 i 的位置坐标矢量；$\boldsymbol{x}_o$ 为垂足 O 的位置坐标矢量。

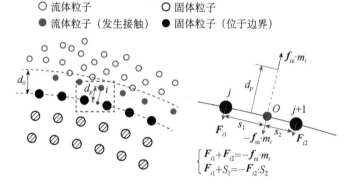

图 4.27　液滴和基底之间的接触算法示意图

4.5.4 时间积分格式及算法流程

下面对上述的流体和固体 SPH 方程进行梳理，其中，流体模型的计算方程概括为

$$
\begin{cases}
\left\{\dfrac{\mathrm{d}\rho_i}{\mathrm{d}t}\right\}_f = \displaystyle\sum_{j=1}^{N_i} m_j v_{ij}^{\alpha} \cdot \dfrac{\partial W_{ij}}{\partial x_i^{\alpha}} \\[4mm]
\left\{\dfrac{\mathrm{d}v_i^{\alpha}}{\mathrm{d}t}\right\}_f = \displaystyle\sum_{j=1}^{N_i^f} m_j \left[-\left(\dfrac{P_i + P_j}{\rho_i \rho_j}\right)\delta^{\alpha\beta} + \varPi_{ij}\delta^{\alpha\beta} \right] \cdot \dfrac{\partial W_{ij}}{\partial x_i^{\beta}} + \left\{f_{\mathrm{ni}}^{\alpha}\right\}_{s\to f} + \left\{f_{\mathrm{si}}^{\alpha}\right\}_f + f_{\mathrm{gi}}^{\alpha} \\[4mm]
\left\{P\right\}_f = c_f^2\left(\rho - \rho_f^0\right) \\[4mm]
\left\{f_{\mathrm{si}}^{\alpha}\right\}_f = \displaystyle\sum_{s=1}^{N} f_{s-i}^{\alpha}
\end{cases}
$$

$$(4\text{-}42)$$

固体模型的计算方程概括为

$$
\begin{cases}
\left\{\dfrac{\mathrm{d}\rho_i}{\mathrm{d}t}\right\}_s = \displaystyle\sum_{j=1}^{N_i} m_j v_{ij}^{\alpha} \cdot \dfrac{\partial W_{ij}}{\partial x_i^{\alpha}} \\[4mm]
\left\{\dfrac{\mathrm{d}v_i^{\alpha}}{\mathrm{d}t}\right\}_s = \displaystyle\sum_{j=1}^{N_i^s} m_j \left[-\left(\dfrac{P_i + P_j}{\rho_i \rho_j}\right)\delta^{\alpha\beta} + \dfrac{\tau_i^{\alpha\beta} + \tau_j^{\alpha\beta}}{\rho_i \rho_j} + \varPi_{ij}\delta^{\alpha\beta} + R_{ij}^{\alpha\beta} f_{ij}^{n} \right] \\[4mm]
\qquad\qquad\quad \times \dfrac{\partial W_{ij}}{\partial x_i^{\beta}} + \left\{f_{\mathrm{ni}}^{\alpha}\right\}_{f\to s} + f_{\mathrm{gi}}^{\alpha} \\[4mm]
\left\{P_i\right\}_s = c_s^2\left(\rho_i - \rho_s^0\right) \\[4mm]
\left\{\dfrac{\mathrm{d}\tau_i^{\alpha\beta}}{\mathrm{d}t}\right\}_s = 2G\left(\dot{\varepsilon}_i^{\alpha\beta} - \dfrac{1}{2}\delta^{\alpha\beta}\dot{\varepsilon}_i^{\gamma\gamma}\right) + \tau_i^{\alpha\gamma}\cdot\dot{r}_i^{\beta\gamma} + \tau_i^{\gamma\beta}\cdot\dot{r}_i^{\alpha\gamma} \\[4mm]
\left\{\dot{\varepsilon}_i^{\alpha\beta}\right\}_s = \dfrac{1}{2}\displaystyle\sum_{j=1}^{N_i^s}\left(\dfrac{m_j}{\rho_j}v_{ji}^{\alpha}\dfrac{\partial W_{ij}}{\partial x_i^{\beta}} + \dfrac{m_j}{\rho_j}v_{ji}^{\beta}\dfrac{\partial W_{ij}}{\partial x_i^{\alpha}}\right) \\[4mm]
\left\{\dot{r}_i^{\alpha\beta}\right\}_s = \dfrac{1}{2}\displaystyle\sum_{j=1}^{N_i^s}\left(\dfrac{m_j}{\rho_j}v_{ji}^{\alpha}\dfrac{\partial W_{ij}}{\partial x_i^{\beta}} - \dfrac{m_j}{\rho_j}v_{ji}^{\beta}\dfrac{\partial W_{ij}}{\partial x_i^{\alpha}}\right)
\end{cases}
$$

$$(4\text{-}43)$$

为了求解以上方程，采用蛙跳法时间积分格式，场变量按照下式进行更新：

$$\rho_{n+1/2} = \rho_{n-1/2} + \left(\frac{\mathrm{d}\rho}{\mathrm{d}t}\right)_n \cdot \Delta t \qquad (4\text{-}44)$$

$$v_{n+1/2}^{\alpha} = v_{n-1/2}^{\alpha} + \left(\frac{\mathrm{d}v^{\alpha}}{\mathrm{d}t}\right)_n \cdot \Delta t \qquad (4\text{-}45)$$

$$\tau_{n+1/2}^{\alpha\beta} = \tau_{n-1/2}^{\alpha\beta} + \left(\frac{\mathrm{d}\tau^{\alpha\beta}}{\mathrm{d}t}\right)_n \cdot \Delta t \qquad (4\text{-}46)$$

$$x_{n+1}^{\alpha} = x_n^{\alpha} + v_{n+1/2}^{\alpha} \cdot \Delta t \qquad (4\text{-}47)$$

式中，Δt 为时间步长，单位 s；n 代表当前时间步。

4.5.5 计算结果分析

本小节将建立的流固耦合模型用于模拟水滴冲击不同长度的微悬臂梁（L=8.0mm，12.0mm，15.0mm，20.0mm）。图4.28展示了液滴冲击微悬臂梁的 SPH 模型。悬臂梁由 SPH 固体粒子描述，液滴由 SPH 流体粒子描述，液滴初始形状为圆形，液滴初始时刻与梁表面不接触。给定液滴一个初始速度 U_0（或 V_l）。计算开始后，液滴向悬臂梁运动，液滴和悬臂梁之间的接触算法使得液滴引起悬臂梁变形。在本节的模拟中，水滴的直径固定为 1.0mm，冲击速度 U_0 在 0.5～1.0m/s 调整。计算中所采用的其他参数如下：表面张力 σ =72mM/m，密度 ρ =1000kg/m^3。悬臂梁厚度 d=0.25mm，弹性模量 E_1=300MPa，泊松比 μ=0.3，剪切模量 G 和体积模量 K 分别为115MPa 和250MPa。

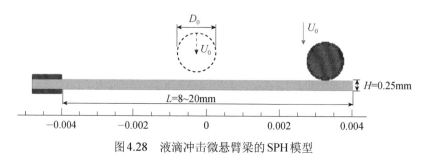

图4.28   液滴冲击微悬臂梁的 SPH 模型

1. 液滴冲击动态过程模拟结果

图4.29展示了液滴冲击长度为8.0mm 的悬臂梁的模拟结果，图中云图颜色代表了悬臂梁的应力分布。初始时刻液滴与悬臂梁表面不接触。计算开始后，液滴向下接触到梁表面并引发变形，液滴在悬臂梁表面开始铺展；与此同时，梁端部在液滴作用下向下运动，在固支端造成较大的应力分布。在 1.44ms 时刻，悬臂梁接近最大变形位置，此时液滴的铺展直径也接近最大。随后，液滴开始回缩，悬臂梁也开始从最大变形状态恢复，梁自由端部开始向上运动，直至液滴脱离悬臂梁表面并完成反弹过程。液滴反弹后，悬臂梁开始自由振动。

图4.30展示了液滴冲击20.0mm 长悬臂梁的计算结果。随着梁长度的增加，梁的刚度降低，在液滴冲击作用下发生更大的变形。当液滴到达最大铺展直径时（1.44ms 左右），梁的变形尚未结束，梁自由端仍然向下运动。之后液滴开始回缩，至3.24ms 左右时弹离梁表面。随后，悬臂梁的变形也达到最大，开始恢复过程，悬臂梁在回复的过程中又与因自重回落的液滴发生了"二次撞击"（secondary collision）。

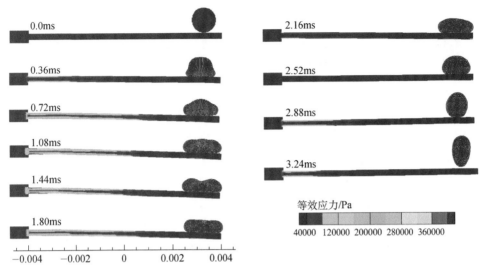

图 4.29　液滴冲击悬臂梁 SPH 模拟结果（L=8.0mm，V_i=0.8m/s）

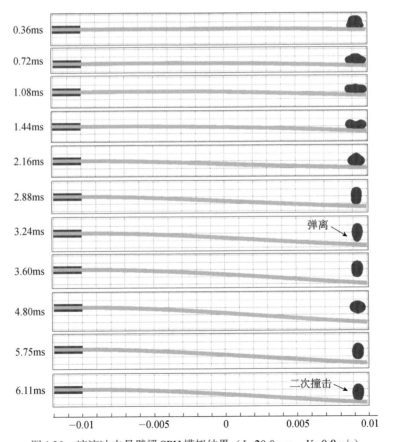

图 4.30　液滴冲击悬臂梁 SPH 模拟结果（L=20.0mm，V_i=0.8m/s）

2. 液滴冲击诱发的微悬臂梁振动

液滴弹离悬臂梁后,悬臂梁开始自由振动。梁的振动频率与悬臂梁长度、厚度以及弹性模量等参数有关,其一阶振动频率表达为

$$\omega_0 = 3.52 \sqrt{\frac{EI}{M_b L^3 \left(1 - \mu^2\right)}} \tag{4-48}$$

式中,M_b,I 和 L 分别代表悬臂梁的质量、惯性矩和长度;μ 为泊松比。悬臂梁的振动周期表达为

$$\tau_0 = 2\pi / \omega_0 \tag{4-49}$$

式中,τ_0 为梁的特征时间,即振动周期,单位 s。

图4.31给出了液滴冲击四种不同长度(L=8.0mm,12.0mm,15.0mm,20.0mm)悬臂梁的时间曲线。其中,$D(t)$ 代表液滴铺展直径随时间的变化曲线,$\delta(t)$ 代表悬臂梁自由端位移随时间的变化曲线。如图4.31(a)所示,液滴在达到最大铺展直径时($D(t)$曲线的第一个峰值),悬臂梁也接近最大挠度($\delta(t)$曲线的第一个波谷);随着悬臂梁长度的增加,悬臂梁最大挠度对应的时间点开始滞后于液滴最大直径的时间点。对于图4.31(a)所示的算例,当液滴由最大直径收缩时,恰好悬臂梁也开始从最大变形回复,表现为自由端上行;上行过程中的悬臂梁会给液滴的回弹引入一个额外的附加力,将促使液滴更快地弹离梁表面。

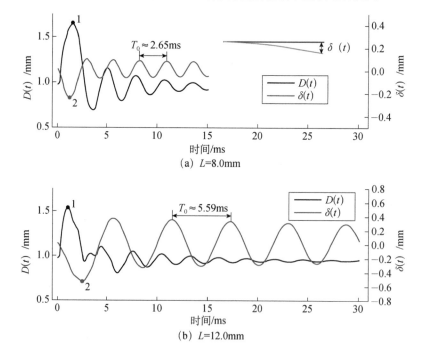

(a) L=8.0mm

(b) L=12.0mm

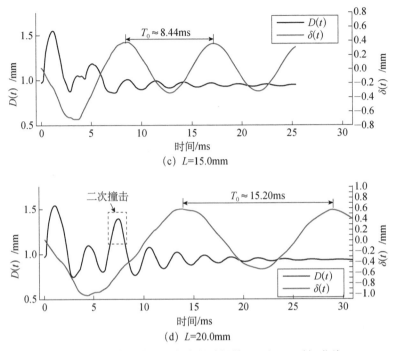

(c)　L=15.0mm

(d)　L=20.0mm

图 4.31　液滴冲击不同长度悬臂梁的 $D(t)$ 和 $\delta(t)$ 时间曲线

在图 4.31 中，测量 $\delta(t)$ 曲线可以得到悬臂梁的振动周期，并与式（4-49）计算的理论值进行对比。图 4.32 展示了 SPH 计算得到的四种长度悬臂梁的特征时间与理论结果的对比。由图可知，SPH 计算得到的特征时间与理论值吻合较好，特别是在悬臂梁长度较短时。随着悬臂梁长度的增加，理论值和 SPH 结果之间的差值逐渐变大。

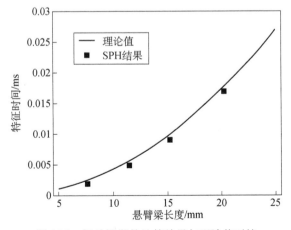

图 4.32　振动周期的计算结果与理论值对比

3. 基底变形的理论模型及对比

考虑液滴与悬臂梁之间的动量交换，可以得到以下关系式：

$$mU_0 = \frac{4\delta_{\max}}{\tau_0}\left(m_d + \frac{M_b}{2} \right) \tag{4-50}$$

式中，m_d 为液滴质量，单位 kg 或 g；$\delta_{\max}$ 为悬臂梁最大挠度时端部的位移，单位 m 或 mm。

对式（4-50）变换后得到悬臂梁自由端最大变形 $\delta_{\max}$ 的理论表达式：

$$\delta_{\max} = \frac{\tau_0 m U_0}{4\left(m_d + \frac{M_b}{2} \right)} \tag{4-51}$$

注意，式（4-51）成立的前提是悬臂梁自由端最大变形时液滴恰好损失掉其所有的动能（即液滴达到最大铺展直径），图 4.31 中悬臂梁 L=8.0mm 时的计算结果即属于该种情况。针对 L=8.0mm 长度的悬臂梁，我们进一步模拟了不同冲击速度下的冲击过程，得到对应的自由端的最大位移 $\delta_{\max}$。同时，利用式（4-51）计算了 $\delta_{\max}$ 的理论值，并与 SPH 模拟结果对比。如图 4.33 所示，悬臂梁长度为 8.0mm 时，SPH 模拟结果与理论结果非常吻合。但是，当悬臂梁长度为 15.0mm 时，SPH 模拟结果与理论结果偏差较大，这是因为对于 L=15.0mm 的悬臂梁，液滴达到最大铺展直径时（动能接近于零），悬臂梁尚未达到最大挠度位置，因此不符合式（4-38）的假定条件，使得式（4-39）的理论结果小于模拟结果。

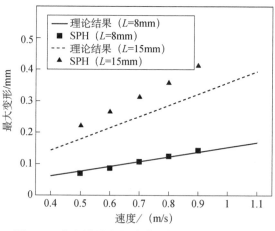

图 4.33　自由端最大位移 $\delta_{\max}$ 与冲击速度的关系

4. 等质量液滴与刚球冲击悬臂梁的对比分析

本小节对比相同质量的刚球和液滴冲击悬臂梁的过程。刚性球和液滴的直径均为 1.0mm，冲击速度为 0.8m/s，材料密度为 1000kg/m³。梁的长度 L 和厚度 d 分别为 8mm 和 0.25mm。梁材料的弹性模量 E 为 300MPa，泊松比为 0.3。图 4.34 (a) 给出了刚球和液滴冲击悬臂梁的动态过程计算结果。图 4.34 (b) 给出了悬臂梁端部的位移-时间曲线。从图 4.34 (a) 可以看出，刚性球和液滴都可以从梁基底上反弹，且刚球比液滴更早地离开基底表面。图 4.34 (b) 比较了梁自由端位移的时间历程。结果表明，刚球冲击引起的最大挠度大于液滴冲击引起的最大挠度。对于刚性梁系统，刚性球的大部分初始动能转换为梁的应变能。然而，对于液滴-梁系统，由于在液滴变形过程中存在表面积的变化，一部分动能被存储为液滴的表面能。这种动能向表面能的转换机理抑制了液滴冲击诱发弹性梁变形的能力。

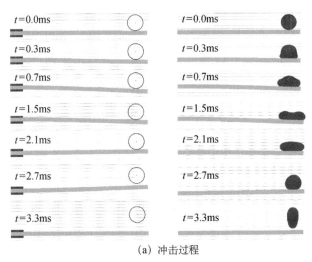

(a) 冲击过程

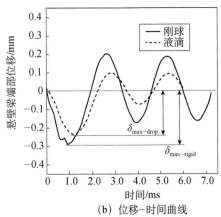

(b) 位移-时间曲线

图 4.34　等质量刚球和液滴冲击悬臂梁的结果对比

5. 模拟结果与实验结果对比

为了描述悬臂梁的变形程度，我们引入了无量纲参数 χ，即

$$\chi = \frac{\delta_{\max}}{L} \tag{4-52}$$

式中，$\delta_{\max}$ 为悬臂梁自由端的最大位移，单位 m 或 mm；L 为悬臂梁的长度，单位 m 或 mm。本节前述的模拟中所对应的 χ 的值都小于 0.1，可以认为属于小变形范畴。这里我们将悬臂梁的杨氏模量降低为 6.0MPa，冲击速度设置为 1.0m/s，来测试液滴冲击诱发悬臂梁的大变形过程。

图 4.35 给出了液滴冲击悬臂梁的实验和模拟结果。实验采用的参数如下所示：冲击速度为 U_0=1.48m/s，液滴直径为 D_0=2.6mm。实验用的悬臂梁由聚酯薄片制备而成，其长、宽和厚度为 33.0mm×10.0mm×0.05mm。在悬臂梁表面与液滴接触的区域喷涂商业喷剂 Neverwet，从而形成特定的超疏水表面。采用高速相机观察液滴冲击过程。注意，尽管实验参数和模拟参数并不完全相同，但实验与模拟对应的 χ 值较接近，其中冲击实验测得的 χ=0.33，SPH 模拟结果得到的 χ 值为 0.294。因此，实验和模拟结果具有一定的可比性。

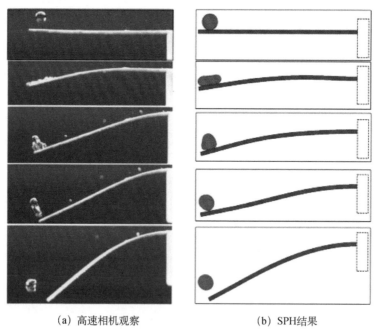

(a) 高速相机观察　　　　　　　(b) SPH结果

图4.35　液滴冲击悬臂梁端部的实验和模拟结果

如图 4.35 所示，液滴冲击引起了悬臂梁的大变形，液滴最终由悬臂梁的自

由端滑落。SPH 模型模拟得到的液滴行为和基底变形特征与实验基本一致。我们进一步对比了液滴冲击悬臂梁中部的结果，如图 4.36 所示，模拟得到的液滴运动行为和悬臂梁的变形与实验观测结果也具有良好的一致性。

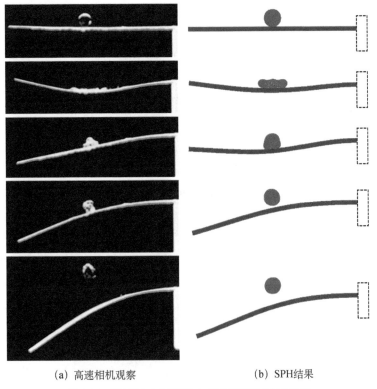

（a）高速相机观察　　　　　（b）SPH结果

图 4.36　液滴冲击悬臂梁中部的实验和模拟结果

4.6　液滴冲击粗糙基底

4.6.1　问题描述

表面张力以微弱的作用就能够引起很多奇特的物理现象，例如油滴自动输运、荷叶表面的超疏水等。目前，关于荷叶等植物叶片的超疏水机理已经基本得到澄清，即归之于表面特有的多级微纳米结构，并且其宏观接触角可以由经典的 Wenzel 和 Cassie 等浸润模型得到定量计算，如图 4.37 所示。荷叶表面的特殊结构不仅能够使其保持静态超疏水状态，而且在受到雨滴冲击时仍然能够保持不被浸润，这种动态疏水稳定性却很难通过理论建模予以定量解释。而且，植物叶片作为一种弹性表面，在雨滴冲击下会产生变形，这种变形对表面浸润特性的影响程度目前还没有系统的研究。

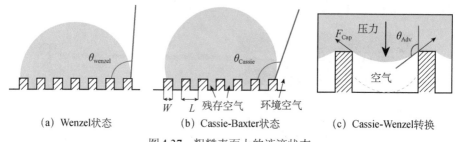

θ_{wenzel}

θ_{Cassie}

W L 残存空气 环境空气

F_{Cap} 压力 θ_{Adv} 空气

（a）Wenzel状态　　　　（b）Cassie-Baxter状态　　　（c）Cassie-Wenzel转换

图4.37　粗糙表面上的液滴状态

此外，自然界和工业领域中很多其他材料也是弹性（如防水织物、纤维、昆虫翅膀等）的，研究液滴冲击这些材料的黏着或回弹行为，对理解和掌握这些材料的动态疏水机理和提升仿生超疏水表面的疏水稳定性具有指导作用。液滴冲击会导致液体"刺穿"表面微结构，引起浸润类型的 Cassie-Wenzel 转换（图4.37（c）），该类微观作用过程很难通过实验观察，尤其是在基底变形的条件下。因此，有必要建立数值模型，揭示一些实验无法捕捉的细节和现象，辅助实验加深对物理机制的理解。本小节针对液滴冲击粗糙弹性基底现象，建立包含流体黏性及惯性、固体弹性以及表面张力效应的 SPH 数值模型，该模型可以对液滴冲击弹性基底的流固耦合过程进行模拟，同时尝试模拟表面粗糙结构附近的微尺度行为，还原液滴在高韦伯数情况下"刺穿"粗糙结构的流动行为，分析基底的弹性变形对液滴冲击行为的影响，为揭示粗糙弹性基底上的动态疏水稳定性机理提供参考。

4.6.2　模型描述

考虑矩形形式的表面粗糙结构类型，如图4.38所示，微矩形结构的结构参数包括凹槽宽度 w_1 和 w_2，以及凹槽的深度 h。采用自由表面流动 SPH 算法建立液滴模型，采用弹性固体 SPH 算法建立弹性基底模型。液滴的直径 D_0 固定为 1.0mm，冲击速度 U_0 在 0.5～3.0m/s 调整，表面张力系数 σ 设置为 0.072N/m。弹性基底的长度和厚度分别设置为 5.0mm 和 0.25mm，弹性模量为 3.0×10^7Pa，在弹性基底的表面按照粗糙结构的尺寸生成一系列的矩形凹槽结构，微矩形结构的宽度 w_1 和 w_2 均为 50μm，凹槽的深度设置为 50μm。

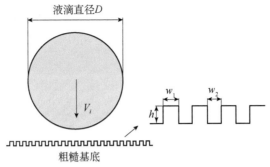

图 4.38　粗糙基底的结构参数

图 4.39 展示液滴冲击粗糙弹性基底的 SPH 模型，其中初始的粒子间距设置为 5μm，共生成了 93000 个粒子，根据 CFL 准则，时间步长设置为 7.5×10^{-9}s，共计算了 20 万步，对应的物理时间为 1.5s，完整地捕捉了液滴的铺展、回缩和回弹过程。

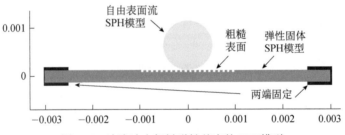

图 4.39　液滴冲击粗糙弹性基底的 SPH 模型

为了表征液滴流体进入微结构凹槽内的程度，定义了"刺穿深度"和"刺穿比率"两个参数。如图 4.40 所示，刺穿深度定义为液滴液面刺入流体的最下端距离凹槽外表面的距离。刺穿比率定义为进入凹槽内液体体积的占比。刺穿比率 δ_{impal} 表达为下式：

$$\delta_{\text{impal}} = \frac{A_{\text{impal}}}{A_g} \tag{4-53}$$

式中，A_{impal} 为进入凹槽内的液体体积，A_g 为凹槽内部空间体积。

为了便于在 SPH 模拟过程中追踪刺穿参数随时间的变化规律，刺穿比率可以通过如下的方式计算：

$$\left[\delta_{\text{impal}}\right] = \frac{\sum_j m_j / \rho_j}{w_2 h} \tag{4-54}$$

式中，j 为进入到凹槽内部的液体粒子，m_j 为粒子 j 的质量，ρ_j 为粒子 j 的密度，则 m_j/ρ_j 代表粒子 j 的体积；w_2 为凹槽的宽度，h 为凹槽的深度。

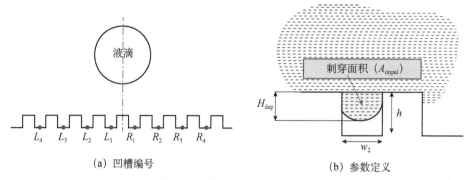

(a) 凹槽编号　　　　　　　　　(b) 参数定义

图 4.40　刺穿深度和刺穿比率

4.6.3　液滴的铺展及回弹过程

图 4.41 和图 4.42 分别展示了 0.5m/s 和 1.5m/s 液滴冲击粗糙基底动态过程的计算结果，本次计算采用了刚性基底。如图 4.41 和图 4.42 所示，计算结果显示，尽管液滴会刺入微结构内部，但是宏观上的铺展变形行为与光滑表面是一致的。图 4.42 中 1.4ms 结果显示，液滴完全刺入了下方的微结构中，随后在表面张力的作用下，刺入的液体又随着液滴的宏观变形而从微结构内部被带出，被带出的过程发生在液滴的铺展过程中。随后，在液滴的回缩过程中，由于缺乏刺入的动能，液滴不会再刺入微结构内部。

图 4.41 中的放大图展示了液滴流体"刺穿"微结构内部的过程。由图 4.41 可知，在较小的冲击速度下（0.5m/s），液滴有限地"刺入"微结构内部，对应的"刺入深度"（impalement depth）较小；随着液滴的铺展，刺入部分的流体在表面张力的作用下被再次"带出"，整个液滴在宏观上表现出与光滑基底一致的铺展行为。图 4.42 给出了较高冲击速度的计算结果（1.5m/s），随着液滴冲击速度的增加，流体的动压力升高，使得液滴流体的刺入深度和刺入范围变大。由于本节未考虑结构表面的润湿性，尽管液滴完全刺入了微结构内部，在表面张力作用下，这些刺入的流体最终被带出微结构外，液滴在宏观上仍具有一般的铺展行为。

图 4.43 展示了液滴冲击粗糙弹性基底动态变形过程的计算结果，其中基底的弹性模量设置为 $3.0\times10^7\mathrm{Pa}$。图中给出了不同时刻液滴和基底的位置关系，固体基底的颜色代表弹性固体的应力分布。从图 4.43 中结果可以看出，液滴铺展达到最大半径之前，基底变形首先到达最大，随后液滴继续铺展，而基底开

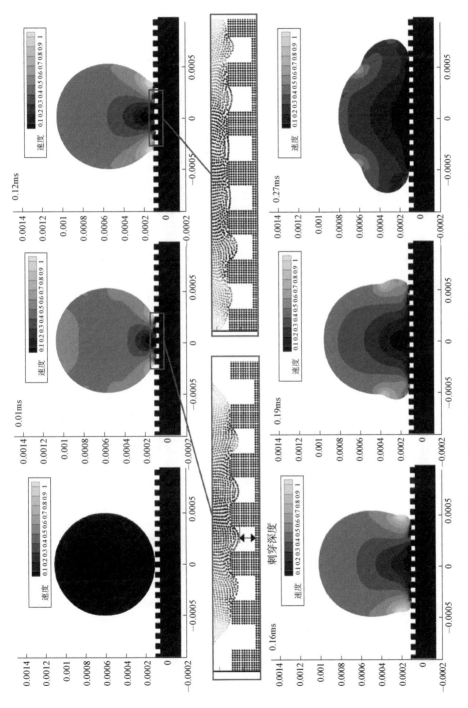

图 4.41　液滴冲击粗糙基底的过程（$V=0.5\text{m/s}$，$D=1.0\text{mm}$）

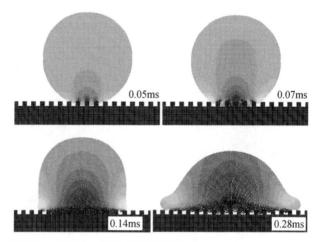

图 4.42　液滴冲击粗糙基底的过程（V=1.5m/s，D=1.0mm）

始回弹；液滴达到最大铺展半径时，基底的回弹作用使得液滴在未收缩的情况下发生反弹，即所谓的"饼状反弹"（pancake bouncing）行为。这种饼状反弹行为有可能发生在刚性基底上，但是弹性基底的弹力，会增强这种效应，有助于提升超疏水表面的斥水能力。

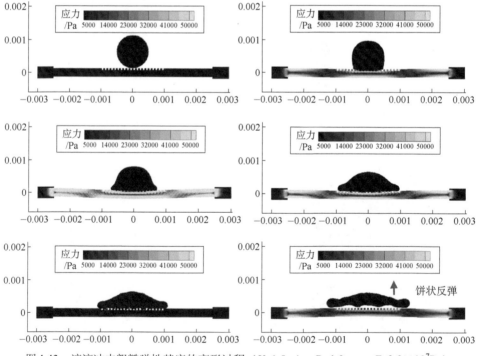

图 4.43　液滴冲击粗糙弹性基底的变形过程（V=1.5m/s，D=1.0mm，E=3.0×10^7Pa）

4.6.4　液滴的刺穿行为分析

显而易见，液滴刺穿微结构的能力与液滴的冲击速度和冲击动能有关。保持其他参数不变，只改变液滴的冲击速度，来观察不同冲击速度的液滴的刺穿行为。由图 4.44 可知，随着液滴冲击速度的增加，液滴刺穿微结构凹槽内的部分也随之扩大。如图 4.44（a）所示，当冲击速度为 0.5m/s 时，铺展过程中的液滴少量进入到凹槽内部；当冲击速度提升至 1.0m/s 时，液滴刺入微结构的体积开始增加，正对液滴中心位置的刺穿深度要略小于两侧；当冲击速度提升至 1.5m/s 时，液滴刺入凹槽的范围进一步扩大。

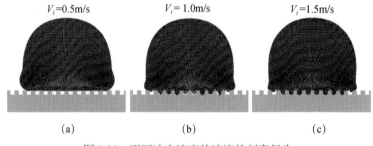

图 4.44　不同冲击速度的液滴的刺穿行为

下面以 1.0m/s 冲击速度为例，分析液滴冲击、铺展过程中液滴刺入微结构的动态行为。图 4.45（a）和（b）分别给出了微结构凹槽内的刺穿深度和刺入比率随时间的变化曲线。图 4.46 给出了不同时刻的液滴冲击光滑基底和粗糙基底的对比，从图中可以观察到微结构内的液体分布；同时，图中右侧也给出了相同条件下液滴冲击光滑基底的计算结果，便于对比分析。由图 4.45 可知，靠近液滴中心的凹槽（即 L_1）最先由刺入的液体填满，表现为刺穿比率接近 1，刺穿深度接近凹槽深度（50μm）；在液滴铺展过程中，液体逐渐开始刺入凹槽 L_2、L_3、L_4、L_5；对比图 4.45（a）和（b），刺穿比率和刺穿深度基本呈相同的变化规律；由刺穿比率和刺穿深度曲线，可以得到两个参数的峰值，由峰值大小可知，靠近液滴中心的凹槽被刺入液体填满的概率更高。当刺入比率和刺入深度达到峰值以后，两个参数都开始随时间降低，刺入液体的部分在表面张力作用下开始被"带出"凹槽。由图 4.46 可以看出，1.0~1.8ms，液体逐渐刺入靠近液滴中心的几个凹槽，至 2.6ms 时，随着液滴铺展半径的增大，刺入凹槽的液体基本全部被"带出"；在随后的时间内，由于液滴冲击动能逐渐转化为液滴铺展动能，液滴失去了再次刺入微结构凹槽的动力。通过对比图 4.46 中的光滑基底和粗糙基底，可以看出两种基底对应的液滴铺展时的形貌大致相同。

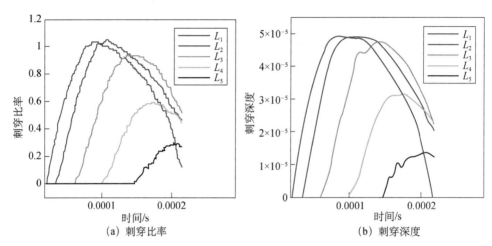

(a) 刺穿比率　　　　　　　　　(b) 刺穿深度

图 4.45　不同凹槽内刺穿比率和刺穿深度随时间的变化曲线（冲击速度 1.0m/s）

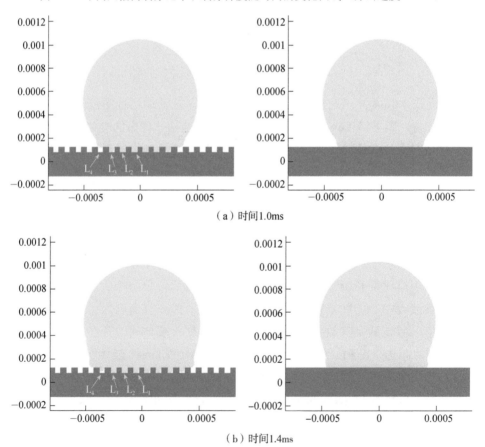

（a）时间 1.0ms

（b）时间 1.4ms

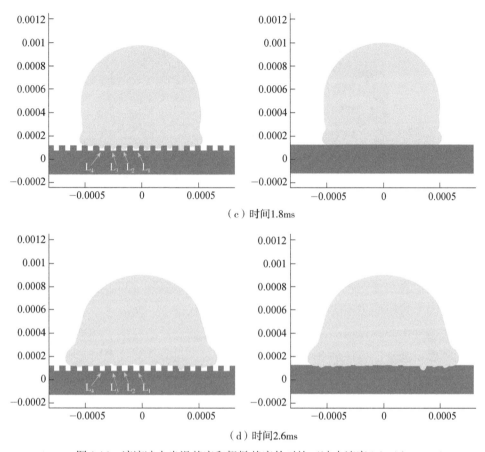

（c）时间1.8ms

（d）时间2.6ms

图4.46　液滴冲击光滑基底和粗糙基底的对比（冲击速度1.0m/s）

为了进一步测试基底弹性对于液滴刺穿行为的影响，固定冲击速度不变，模拟对比液滴冲击粗糙刚性和弹性基底的过程。图4.47 对比了刚性基底和弹性基底的液滴刺穿行为。其中，冲击速度设置为1.0m/s，弹性基底的弹性模量设置为$3.0 \times 10^7 \text{Pa}$。如图4.47所示，液滴流体填满了大部分刚性基底凹槽空间，对比同时刻的弹性基底可知，只有个别凹槽内部进入了部分流体，说明了基底的弹性变形对于液滴刺穿具有抑制作用。这种抑制作用可以理解为是弹性基底的变形储存了部分液滴的冲击动能，减少了用于"刺穿"的液滴动能，减弱了液滴对于微结构表面的刺穿效应。

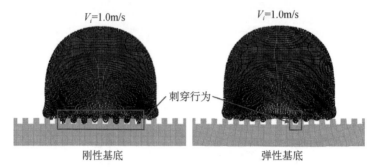

图4.47　刚性基底和弹性基底的液滴刺穿行为对比

本 章 小 结

本章采用弱可压缩SPH模型模拟液滴冲击问题。考虑液滴的自由表面边界条件，通过表面几何重构计算表面粒子的法向量和曲率，利用CSF表面张力模型计算表面粒子的表面张力。在标准SPH算法基础上，发展了一套适用于自由表面液滴冲击问题模拟的SPH算法，通过模拟液滴冲击液面、液滴冲击刚性和弹性基底，验证了算法的效果和适用性，总结了几个主要技术要点如下：采用与当地压力相关的修正公式抑制液滴流体的张力不稳定性，采用人工应力解决弹性基底的张力不稳定性问题；修正格式提升了计算稳定性，对液滴形貌影响较小；提出的表面力模型关联了流体的实际物理参数，有效地模拟了冲击液滴的表面张力效应，通过精确检测边界粒子，采用拉格朗日插值方式计算曲率和法向量，得到边界粒子的表面力；液滴冲击弹性基底涉及水滴和基底的相互作用过程，包括液滴铺展、收缩、反弹，基底振动、变形等，本章建立的模型可以在完整的时间跨度内完成计算模拟。

参 考 文 献

[1]Gunjal P R，Ranade V V，Chaudhari R V. Dynamics of drop impact on solid surface：experiments and VOF simulations [J]. AIChE Journal，2005，51（1）：59-78.

[2]Zheng L L，Zhang H. An adaptive level set method for moving-boundary problems：application to droplet spreading and solidification[J]. Numerical Heat Transfer，Part B：Fundamentals，2000，37（4）：437-454.

[3]赵西增，叶洲腾. 液面冲击引起液滴飞溅问题的CIP方法数值模拟[J]. 计算物理，2016，33（1）：39-48.

[4] 骆钊，汪淳. 改进的 SPH 边界处理方法与土体大变形模拟[J]. 计算力学学报，2018，35（3）：364-371

[5] Xu X，Ouyang J，Jiang T，et al. Numerical analysis of the impact of two droplets with a liquid film using an incompressible SPH method [J]. Journal of Engineering Mathematics，2014，85（1）：35-53.

[6] 王志超，李大鸣，李杨杨，等. 基于 SPH 方法的液滴撞击可湿润固壁模拟[J]. 科学通报，2017（24）：91-98.

[7] Zhang M. Simulation of surface tension in 2D and 3D with smoothed particle hydrodynamics method [J]. Journal of Computational Physics，2010，229（19）：7238-7259.

[8] Fang H S，Bao K，Wei J A，et al. Simulations of droplet spreading and solidification using an improved SPH model[J]. Numerical Heat Transfer，Part A：Applications，2009，55（2）：124-143.

[9] Dilts G A. Moving least-squares particle hydrodynamics Ⅱ：conservation and boundaries[J]. International Journal for Numerical Methods in Engineering，2000，48（10）：1503-1524.

[10] 杨秀峰，刘谋斌. 光滑粒子动力学 SPH 方法应力不稳定性的一种改进方案[J]. 物理学报，2012，61：224701.

第 5 章　颗粒冲击损伤问题的数值算法

5.1　引　　言

微小固体颗粒冲击材料表面导致材料去除的过程存在于许多领域中，称为固体颗粒冲蚀（solid particle erosion），是一种常见的磨损（wear）现象。冲蚀磨损是指夹杂在液流或气流中的松散的微小颗粒按一定速度或角度对材料表面进行冲击所造成的一种材料损耗现象或过程。研究冲蚀磨损，需要考虑携带颗粒的流体介质的运动规律，流体驱动颗粒运动，使得颗粒具有动能，在撞击材料表面时发生能量转换，转换的比例由颗粒的撞击速度、入射角度以及形状、材料特性等参数决定。研究者通过研究液固两相流场捕捉颗粒在流体介质中的运动轨迹，考虑颗粒与部件内壁的相互作用（碰撞、反弹），来研究特定部件在特定流场条件下的冲蚀磨损规律。

微小颗粒的冲击损伤过程可能是有害的（如携砂液冲刷管道），也可能是有利的（如磨料射流切割）。实际冲蚀过程中涉及的颗粒大多为形状不规则的角型颗粒，本章将采用弱可压缩SPH方法，建立角型颗粒冲击靶体的数值模型，利用SPH方法的优势，模拟角型颗粒冲击导致的材料脱落、塑性凹坑以及微裂纹等非线性现象，为冲蚀机理研究提供参考。

5.2　影响因素及参数定义

5.2.1　影响因素

影响冲蚀磨损的因素有很多，如图5.1所示主要包括冲击速度、冲蚀角度、颗粒特性、颗粒硬度、基体材料类型、环境温度等。冲击速度是指冲蚀颗粒冲击材料表面时具有的速度，它代表了入射颗粒所具有的动能，入射颗粒的动能与冲蚀磨损量之间有着直接的关联。从颗粒撞击的角度来讲，是否发生冲蚀磨损取决于冲击是否导致塑性变形，当颗粒的冲蚀速度低于某个值时，只可能发生弹性变形。研究表明，冲蚀磨损量与冲蚀速度存在一个指数关系，表达为下式：

$$E_{\text{loss}} = C \cdot V_i^n \qquad\qquad (5\text{-}1)$$

式中，C 为与实际使用工况相关的常数；n 为与基体材料相关的常数，一般 n 在 2~3，金属材料的 n 值要低于陶瓷等脆性材料。

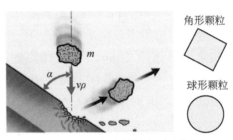

图 5.1　颗粒冲蚀材料表面示意图

冲蚀角度，又称冲击角，是颗粒冲击速度与材料表面之间的夹角。不同类型的材料，例如延性材料和脆性材料对冲蚀角的敏感性也不相同。冲蚀磨损量与冲蚀角度具有以下关系：

$$E_{\text{loss}} = C_1 \cdot (\cos\alpha)^2 \cdot \sin n\alpha + C_2 \cdot (\sin\alpha)^2 \qquad (5\text{-}2)$$

式中，C_1，C_2 以及 n 为常数，如果材料属于脆性材料，则系数 C_1 为零，如果材料为延性材料，则 C_2 为零。事实上，大多数材料是介于延性材料和脆性材料之间的，且具体表现为，当冲击角度较小时，以延性材料特性为主；当冲击角度较大时，以脆性材料特性为主。

颗粒的形状也是冲蚀磨损的主要影响因素。角型颗粒的冲蚀速率要普遍高于球形的颗粒，且角型颗粒在低冲击角下的冲蚀速率相对于球形颗粒成倍增加。这是因为角型颗粒和球形颗粒去除材料的机理并不相同——角型颗粒倾向于切屑机理，而球形颗粒更多的是通过耕犁作用去除材料。在本章建立的模型中，颗粒被描述为具有给定几何形状、尺寸以及材料特性的运动体，给定运动体初始速度（即碰撞速度）、入射角度等参数；被冲蚀的材料被考虑为无限长平板（相对于颗粒而言）。单个固体颗粒冲击材料表面主要涉及三方面的内容：

（1）颗粒的入射参数：包括冲击速度、入射角度等；

（2）颗粒的反弹参数：包括反弹速度、反弹角度、反弹角速度等；

（3）材料的变形或损伤形式：包括压痕、凹坑、成片脱落等。

5.2.2　颗粒碰撞假设

如果颗粒的硬度远高于基体材料，可以认为颗粒在撞击过程中不变形或产生很小的变形。此时，固体颗粒可以考虑为刚体，基体材料考虑为弹塑性材料，该假设即"硬–塑性假设"（rigid-plastic assumption）。当颗粒–基体之间的撞击满足硬–塑性假设时，基体材料的变形将变得显著且便于观测，有利于研究颗粒参数如颗粒形状、颗粒尺寸等对冲蚀机理的直接影响。

如图 5.2 所示，为实验测试的角型颗粒冲击造成凹坑形态，使用了发射装置发射单个角型颗粒，颗粒冲击速度 25m/s，颗粒硬度远高于基体材料（铝合金），在撞击过程中基本不变形。本章建立的冲蚀模型也是基于刚塑性假设，将颗粒考虑为刚体，将基体材料考虑为弹塑性材料。然后采用弹塑性本构模型描述基体材料在角型颗粒冲击下的变形行为，借助于 SPH 方法，对弹塑性固体模型进行求解。

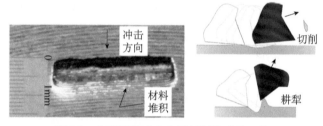

图 5.2　角型颗粒冲击金属材料造成的凹坑

5.2.3　颗粒运动参数及方位角

颗粒的运动学参数包括冲击速度（V_i）、入射角度（α_i）、反弹速度（V_r）、反弹角度（α_r）。颗粒与平板发生撞击，在两者的碰撞接触下，材料发生塑性变形，在材料表面产生冲蚀凹坑。要描述材料在撞击下的塑性变形行为，需要建立材料塑性变形与撞击力之间的关系，需要引入材料的本构关系方程。角型颗粒撞击瞬间与材料表面之间的方位角是影响冲蚀机理的重要因素，这也是角型颗粒与球形颗粒的不同之处之一。图 5.3 定义了角型颗粒的特征参数。其中，A 为颗粒最下端角点（即碰撞时接触表面的角点）的角度值；θ_i 为颗粒的方位角，该角定义为质心–角点连线与垂直方向的夹角，方位角决定了颗粒撞击时的姿态，对于角型颗粒而言，θ_i 的变化范围为 $-180° \sim 180°$；不同的方位角可能对应了不同的颗粒接触角点，方位角也决定了撞击前刀角（θ_{rake}）的大小。

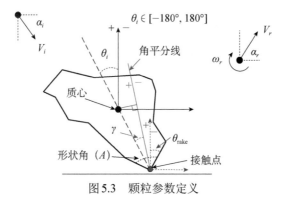

图 5.3　颗粒参数定义

冲击参数：冲击速度（V_i），冲击角度（α_i），初始方位角（θ_i），倾角（刀面角）（$\theta_{\text{rake}} \in \left(-\dfrac{\pi}{2}, \dfrac{\pi}{2} - A \right)$）；

反弹参数：反弹速度（V_r），反弹角速度（ω_r），反弹角度（α_r）；其他参数：撞击角点的角度（A），

质心偏移角（γ）

5.3　颗粒运动方程

5.3.1　运动方程

假定颗粒为刚体，其运动方程遵循牛顿第二定律，分为平动和转动。平动方程可以写为

$$
\begin{cases}
\dfrac{\mathrm{d}\boldsymbol{V}_c}{\mathrm{d}t} = \dfrac{\boldsymbol{F}_{\text{tol}}}{M} \\[2mm]
\dfrac{\mathrm{d}\boldsymbol{X}_c}{\mathrm{d}t} = \boldsymbol{V}_c
\end{cases}
\tag{5-3}
$$

式中，$\boldsymbol{X}_c$ 为刚体质心位置坐标，单位 m；$\boldsymbol{V}_c$（$\boldsymbol{V}_c = \left(V_x, V_y, V_z \right)$）为质心的速度矢量，单位 m/s；$\boldsymbol{F}_{\text{tol}}$（$\boldsymbol{F}_{\text{tol}} = \left(F_x, F_y, F_z \right)$）为刚体所受的力的总和，单位 N；$M$ 为刚体的质量，单位 kg。

颗粒的转动方程可以写为

$$
\begin{cases}
\dfrac{\mathrm{d}\varOmega_x}{\mathrm{d}t} = \dfrac{T_x}{I_x} \\[2mm]
\dfrac{\mathrm{d}\varOmega_y}{\mathrm{d}t} = \dfrac{T_y}{I_y} \\[2mm]
\dfrac{\mathrm{d}\varOmega_z}{\mathrm{d}t} = \dfrac{T_z}{I_z}
\end{cases}
\tag{5-4}
$$

式中，$\boldsymbol{\Omega}_c = \left(\Omega_x, \Omega_y, \Omega_z\right)$ 为质心的角速度矢量，单位 1/s；$\boldsymbol{T}_{\mathrm{tol}} = \left(T_x, T_y, T_z\right)$ 为作用于刚体质心的力矩总和，单位 N•m；I_x，I_y，I_z 分别为刚体绕过质心 x，y，z 轴的转动惯量，单位 kg•m^2。

位于刚体内的任意一点 k 的速度矢量表达为下式：

$$\boldsymbol{v}_k = \boldsymbol{V}_c + \boldsymbol{\Omega}_c \times \left(\boldsymbol{x}_K - \boldsymbol{X}_c\right) \tag{5-5}$$

式中，$\boldsymbol{x}_k$ 为刚体上点 k 处的位置向量，单位 m。

5.3.2 颗粒建模

如图 5.4 所示，任意形状的角型颗粒的建模步骤为：

（1）根据角型颗粒的实际形状找出颗粒的角点；

（2）根据角点生成对应的多边形；

（3）在两两角点之间依次生成一系列均布的表面节点，用来求解表面的法向量；

（4）颗粒的特性参数如体积、质量可以通过对多边形进行三角剖分来计算。

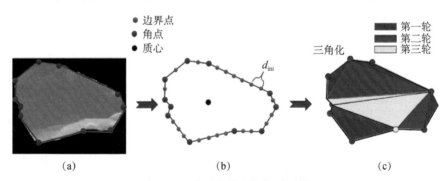

图 5.4　由表面点描述的角型颗粒

如图 5.5 所示，表面节点 k 处的表面法向量可以表达为下式：

$$\boldsymbol{n}_k = \pm\left(\frac{y_{k+1} - y_{k-1}}{|\boldsymbol{x}_{k+1} - \boldsymbol{x}_{k-1}|}, -\frac{x_{k+1} - x_{k-1}}{|\boldsymbol{x}_{k+1} - \boldsymbol{x}_{k-1}|}\right) \tag{5-6}$$

式中，$k+1$ 和 $k-1$ 分别为与 k 点相邻的表面节点，$\boldsymbol{x}_{k+1} = \left(x_{k+1}, y_{k+1}\right)$，$\boldsymbol{x}_{k-1} = \left(x_{k-1}, y_{k-1}\right)$。

在对多边形进行三角剖分之后，质心坐标 $\boldsymbol{X}_c$ 可以表达为下式：

$$\boldsymbol{X}_c = \frac{\sum A_m \cdot \boldsymbol{x}_{mc}}{\sum A_m} \tag{5-7}$$

式中，$\boldsymbol{x}_{mc}$ 为子三角形 m 的质心坐标；$\sum A_m$ 代表刚体截面的总面积。颗粒的质量和转动惯量可以通过下式计算：

$$\begin{cases} M = \sum m_m \\ I_z = \sum \left(i_{zm} + m_m \left(x_{mc} - X_c \right)^2 \right) \end{cases} \tag{5-8}$$

式中，i_{zm} 为第 m 个子三角形的转动惯量，$i_{zm} = \dfrac{m_m}{36}\left(a_m^2 + b_m^2 + c_m^2 \right)$；$m_m$ 为子三角形 m 的质量；a_k，b_k，c_k 为子三角形 m 三个边的边长。

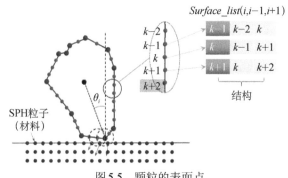

图 5.5　颗粒的表面点

对于复杂形状的三维颗粒，可以采用网格剖分方法建模。如图 5.6 所示，首先建立颗粒的几何模型，对颗粒的几何域进行网格划分，提取网格节点和单元信息，取四面体中心点（四个节点坐标的平均值）作为计算节点。

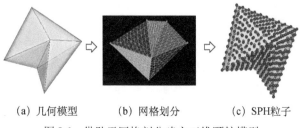

（a）几何模型　　　　（b）网格划分　　　　（c）SPH 粒子

图 5.6　借助于网格剖分建立三维颗粒模型

5.3.3　颗粒形状描述

1. 形状因数

当考虑多个颗粒的撞击时，采用一种参数化的建模方式，根据颗粒样品的几何特征参数的分布特征进行参数化建模。首先引入颗粒形状因数的定义，形状因数（又称"球度"）R_{par} 的表达式为

$$R_{\text{par}} = \frac{4\pi A_{\text{par}}}{L_{\text{par}}^2} \qquad (5\text{-}9)$$

式中，A_{par} 为颗粒在平面内的投影面积，单位 m^2 或 mm^2；L_{par} 为颗粒在平面内投影的周长，单位 m 或 mm。

颗粒的投影直径 D_{par} 可以表达为

$$D_{\text{par}} = 2\sqrt{\frac{A_{\text{par}}}{\pi}} \qquad (5\text{-}10)$$

图 5.7 展示了不同颗粒的形状因数。形状因数越高，颗粒越接近于球形；当颗粒为规则的球形时，其形状因数达到最大值为 1。在相同的投影面积下，颗粒的截面形状越细长，形状因数越低。

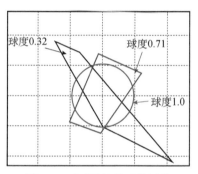

图 5.7 不同颗粒的形状因数

2. 大量颗粒描述

图 5.8（a）展示了三类颗粒样品的扫描照片，通过图像分析，可以将颗粒样品还原为由一系列具有多边形截面形状的平面颗粒，如图 5.8（b）所示。通过计算颗粒样品组的形状因数，可以得到颗粒样品的形状因数分布。图 5.9 展示了三类颗粒样品组的形状因数分析结果。石英颗粒具有最高的形状因数，平均值 0.703；碳化硅颗粒形状因数平均值 0.475；氧化铝颗粒的形状因数普遍最低，平均值为 0.379。假定颗粒在厚度方向的截面形状不变，给定颗粒的厚度，通过对图 5.8（b）所示的所有颗粒截面沿厚度方向拉伸，就可以得到样品中所有颗粒的三维模型。

使用如上所述的方式定义三维颗粒的几何参数，有利于颗粒的参数化建模。在实际中，借助于光学测试仪器，测试颗粒样品的投影几何尺寸分布，包括被测颗粒数量、颗粒的投影面积及分布、颗粒的投影周长及分布、颗粒的厚度分布等。

石英颗粒　500μm ⊢　　碳化硅颗粒　500μm ⊢　　氧化铝颗粒 500μm ⊢

(a) 散布的颗粒实物

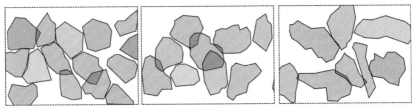

(b) 根据颗粒投影生成的颗粒截面

图 5.8　散布颗粒实物的扫描

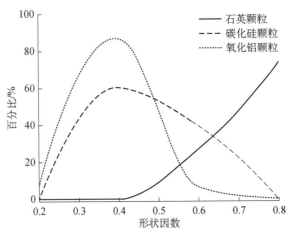

图 5.9　三类颗粒样品的形状因数分布

假设样本中有 N 个颗粒，通过光学扫描和图像分析，获得颗粒的投影面积分布和形状因数分布数据，可以生成大量颗粒的三维几何模型。具体实施流程如下：

（1）按照颗粒的投影面积分布数据，为 N 个颗粒的投影面积赋初值，求每个颗粒的投影直径；

（2）给定投影平面内颗粒的四个角点（四个角点分别位于四个不同的坐标象限内），确定其中三个角点的坐标值，根据颗粒的投影面积求得第四个角点的坐标值；

（3）求解（2）步骤中生成的颗粒的形状因数值，并按照给出的形状因数分布数据，将该形状因数分布区间内的数量加1，如果该区间已满（达到分布数量的要求），重复步骤，直至满足形状因数分布的要求；

（4）生成所有N个颗粒的角点坐标。

经过以上步骤，即可以实现根据实际颗粒样品生成的大量颗粒几何模型的建模过程。如果考虑颗粒的三维形状，则按照图5.10生成的颗粒投影形状，按照厚度值或厚度分布数据给每个颗粒赋厚度值，得到颗粒八个角点的坐标。

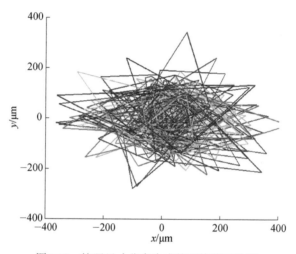

图5.10　按照尺寸分布生成的颗粒截面轮廓

5.4　材料本构模型

根据材料的不同力学特性，一般将材料划分为延性（ductile）材料和脆性（brittle）材料。在本章建立的冲蚀模型中，针对延性材料采用 Johnson-Cook 本构模型，针对脆性材料使用 Johnson-Holmquist（J-H）本构模型。

5.4.1　延性材料

1. Johnson-Cook 模型

Johnson-Cook 模型被广泛应用于模拟冲击导致的材料塑性变形行为。在 Johnson-Cook 模型中，材料塑性变形的屈服应力（或流动应力）σ_y 可表达为等效塑性应变$\left(\varepsilon_{\text{eff}}^p\right)$、等效塑性应变率$\left(\dot{\varepsilon}_{\text{eff}}^p\right)$以及无量纲温度$\left(T^*\right)$的函数，其表达式为

$$\sigma_y = \left[A + B\left(\varepsilon_{\text{eff}}^p\right)^N \right]\left[1 + C\ln\left(\frac{\dot{\varepsilon}_{\text{eff}}^p}{\dot{\varepsilon}_0}\right) \right]\left[1 - \left(T^*\right)^M \right] \tag{5-11}$$

式中，$\dot{\varepsilon}_0$ 为塑性应变率的参考值，取值为 1.0；A，B，C，N，M 为与材料有关的常数，一般通过实验获得。

2. 失效模型

为模拟材料在角型颗粒冲蚀下的失效行为，还需引入失效模型。本文采用 Johnson-Cook 失效模型，与 Johnson-Cook（J-C）塑性模型相结合，来处理延性材料在角型颗粒撞击下失效、破坏行为。Johnson-Cook 失效模型中失效应变 $\varepsilon_{\text{failure}}$ 表达为

$$\varepsilon_{\text{failure}} = \left[D_1 + D_2\exp\left(D_3\sigma^*\right) \right]\left[1 + D_4\ln\left(\frac{\dot{\varepsilon}_{\text{eff}}^p}{\dot{\varepsilon}_0}\right) \right]\left[1 + D_5T^* \right] \tag{5-12}$$

其中，$D_1 \sim D_5$ 为与材料相关的常数，σ^* 为主应力的平均值 σ_m 与等效应力 σ_{vM} 的比值，即 $\sigma^* = \dfrac{\sigma_m}{\sigma_{\text{vM}}}$。引入表征材料破坏状态的变量 $D\left(= \sum\dfrac{\Delta\varepsilon_{\text{eff}}^P}{\varepsilon_{\text{failure}}}\right)$ 来描述材料某点的失效等级状态，当 D 值为 1 时，认为该点的材料发生失效。

3. 状态方程

采用状态方程计算材料的各向同性压力。颗粒高速撞击延性材料，此处使用 Mie-Gruneisen 高压状态方程来模拟高速撞击变形下延性材料的冲击波效应。在 Gruneisen 状态方程中，压力 P 被表达为密度 ρ 以及比内能 e 的函数：

$$P = \frac{\rho_0 C_0^2\eta\left(1 + \left(1 - \dfrac{\varGamma_0}{2}\right)\eta\right)}{\left(1 - \left(S_a - 1\right)\eta\right)} + \rho_0\varGamma_0 e \tag{5-13}$$

式中，ρ_0 为参考密度，单位 kg/m^3；$\varGamma_0$ 为 Gruneisen 方程常数，S_a 为线性 Hugoniot 系数，e 为单位质量的内能。表 5.1 给出了几种常见的材料参数。

表 5.1　常见材料的 Johnson-Cook 模型参数

参数	符号	OFHC Copper	Ti-6Al-4V	Al6061-T6
密度 /（kg/m³）	ρ	8960	4428	2800
剪切弹性模量 / GPa	G	46.0	41.9	26
Johnson-Cook 塑性模型参数	A	90MPa	862MPa	324MPa
	B	292MPa	331MPa	114MPa
	N	0.31	0.34	0.002
	M	1.09	0.80	1.34

续表

参数	符号	OFHC Copper	Ti-6Al-4V	Al6061-T6
Johnson-Cook 塑性模型参数	C	0.025	0.012	0.42
	T_{melt}	1790K	1878K	925K
比热 / (J/kg·K)	C_v	383	580	875
Johnson-Cook 失效模型参数	D_1	0.54	−0.09	−0.77
	D_2	4.89	0.27	1.45
	D_3	−3.03	0.48	−0.47
	D_4	0.014	0.014	0
	D_5	1.12	3.87	1.60

5.4.2 脆性材料

1. Johnson-Holmquist 模型

Johnson-Holmquist 材料模型主要用于陶瓷类脆性材料在冲击下的大应变材料响应。陶瓷材料被广泛地应用于装甲、盔甲等防护设施，在该类应用下，其经常会受到高能撞击，Johnson-Holmquist 模型就是针对该类问题提出的。Johnson-Holmquist 模型由 Johnson 和 Holmquist 开发，模型考虑了材料在撞击压缩变形过程中材料损伤对剩余强度和材料膨胀的影响。表 5.2 中列出了模型中所涉及的材料参数的定义。

表 5.2 Johnson-Holmquist 模型相关的材料参数

参数名	含义	参数名	含义
A, N, C, B, M, D_1, D_2, β	JH-2 材料常数	ΔP	膨胀压力
D	损伤状态变量	ρ_0	初始密度
$\Delta\varepsilon_p$	塑性应变增量	ρ	密度
ε_f	断裂应变	ΔU	破坏累积导致的能量损失增量
G	剪切弹性模量	σ^*	无量纲强度
HEL	Hugoniot 弹性极限	σ	有效应力
K_1, K_2, K_3	状态方程参数	σ_f^*	断裂材料强度
P	压力	σ_{HEL}	HEL 等效应力
P_{HEL}	HEL 压力	σ_i^*	未受损伤的材料强度
P^*	无量纲压力		

在 Johnson-Holmquist 模型中，表征的材料强度由两部分构成，分别为破坏强度 $\left(\sigma_f^*\right)$ 和非破坏强度 $\left(\sigma_i^*\right)$，表达为下式：

$$\sigma^* = \sigma_i^* - D\left(\sigma_i^* - \sigma_f^*\right) \tag{5-14}$$

上式中的各项材料强度均为无量纲强度，是实际强度值与等效应力（σ_{HEL}，雨贡纽弹性极限（Hugoniot elastic limit））之比。其中，非破坏强度 σ_i^* 表达为

$$\sigma_i^* = A\left(P^* + T^*\right)^N \left(1 + C\ln\dot{\varepsilon}^*\right) \tag{5-15}$$

式中，P^* 为无量纲化的 HEL 压力，$P^* = P / P_{HEL}$；T^* 为无量纲化的最大拉伸断裂强度，$T^* = T / P_{HEL}$。无量纲化的破坏强度表达为

$$\sigma_f^* = B\left(P^*\right)^M \left(1 + C\ln\dot{\varepsilon}^*\right) \tag{5-16}$$

在式（5-14）中，破坏状态变量 D 可表达为式（5-17），当该状态变量累积为 1 时则认为破坏开始发生，则对应式（5-14）材料强度只剩下破坏强度。

$$D = \sum \frac{\Delta\varepsilon_P}{\varepsilon_f} \tag{5-17}$$

式中，$\Delta\varepsilon_P$ 为一个时间步内塑性应变增量，ε_f 为断裂时的塑性应变值，定义为

$$\varepsilon_f = D_1\left(P^* + T^*\right)^{D_2} \tag{5-18}$$

式中，A，B，N，C，M，D_1，D_2 为材料常数，由实验测试得到，常见的几种脆性材料的参数可由文献中获得，表 5.3 列出了几种常见脆性材料的 J-H 模型材料常数。

表 5.3　常见脆性材料的 Johnson-Holmquist 模型参数

参数名称	材料名称				
	B_4C	Sic	AlN	Al_2O_3	浮法玻璃
密度/（kg/m³）	2510	3163	3226	3700	2530
剪切模量/GPa	197	183	127	90.16	30.4
强度常数					
A	0.927	0.96	0.85	0.93	0.93
B	0.7	0.35	0.31	0.31	0.088
C	0.005	0.0	0.013	0.0	0.003
M	0.85	1.0	0.21	0.6	0.35
N	0.67	0.65	0.29	0.6	0.77
Ref Stain Rate（EPSI）	1.0	1.0	1.0	1.0	1.0
Tensile Strength/GPa	0.26	0.37	0.32	0.2	0.15
Normalized Fracture Strength	0.2	0.8	Null	Null	0.5
HEL/GPa	19	14.567	9	2.79	5.95
HEL Pressure/GPa	8.71	5.9	5	1.46	2.92
HEL Vol.strain	0.0408		0.0242	0.01117	
HEL Strength/GPa	15.4	13.0	6.0	2.0	4.5

续表

参数名称	材料名称				
	B₄C	Sic	AIN	Al₂O₃	浮法玻璃
损伤常数					
D_1	0.001	0.48	0.02	0.005	0.053
D_2	0.5	0.48	1.85	1.0	0.85
状态方程					
K_1/GPa（体积模量）	233	204.785	201	130.95	45.4
K_2/GPa	−593	0	260	0	−138
K_3/GPa	2800	0	0	0	290
Beta	1.0	1.0	1.0	1.0	1.0

2. 状态方程

各向同性的压力由状态方程计算，脆性材料的状态方程可表达为以下的多项式形式：

$$\begin{cases} P = K_1\mu + K_2\mu^2 + K_3\mu^3, & \mu > 0 \\ P = K_1\mu, & \mu \leqslant 0 \end{cases} \tag{5-19}$$

式中，K_1，K_2，K_3 为与材料有关的常数，通常由平板冲击实验或金刚石压力实验测得；参数 $\mu = \rho / \rho_0 - 1$，ρ 和 ρ_0 分别为当前和初始的密度值，单位 kg/m₃。

5.5　弹塑性固体 SPH 方程

5.5.1　控制方程

冲击造成的冲击波会在固体材料内传播，此时，材料行为就类似于流体一样。颗粒冲击作用下的基体材料控制方程包括质量守恒方程、动量守恒方程和能量守恒方程：

$$\frac{\mathrm{d}\rho}{\mathrm{d}t} = -\rho \frac{\partial v^\alpha}{\partial x^\alpha} \tag{5-20}$$

$$\frac{\mathrm{d}v^\alpha}{\mathrm{d}t} = \frac{1}{\rho} \frac{\partial \sigma^{\alpha\beta}}{\partial x^\beta} \tag{5-21}$$

$$\frac{\mathrm{d}e}{\mathrm{d}t} = \frac{\sigma^{\alpha\beta}}{\rho} \frac{\partial v^\alpha}{\partial x^\beta} \tag{5-22}$$

$$\frac{\mathrm{d}x^\alpha}{\mathrm{d}t} = v^\alpha \tag{5-23}$$

式中，t 为时间，单位 s；ρ 为密度，单位 kg/m³；v^α 为速度矢量，单位为 m/s；$\sigma^{\alpha\beta}$ 为总应力张量，单位为 Pa；x^α 为空间坐标，单位为 m；α，β 为爱因斯坦求和约定标号。

采用 SPH 数值离散方法对控制方程组进行粒子离散：

$$\frac{\mathrm{d}\rho_i}{\mathrm{d}t} = \sum_{j=1}^{N} m_j \left(v_i^\beta - v_j^\beta \right) \cdot \frac{\partial W_{ij}}{\partial x_i^\beta} \tag{5-24}$$

$$\frac{\mathrm{d}v_i^\alpha}{\mathrm{d}t} = \sum_{j=1}^{N} m_j \left[\frac{\sigma_i^{\alpha\beta} + \sigma_j^{\alpha\beta}}{\rho_i \rho_j} - \Pi_{ij} \right] \frac{\partial W_{ij}}{\partial x_i^\beta} \tag{5-25}$$

$$\frac{\mathrm{d}e_i}{\mathrm{d}t} = \frac{1}{2} \sum_{j=1}^{N} m_j \left[\frac{P_i + P_j}{\rho_i \rho_j} + \Pi_{ij} \right] \left(v_i^\beta - v_j^\beta \right) \frac{\partial W_{ij}}{\partial x_i^\beta} + \frac{1}{\rho_i} \tau_i^{\alpha\beta} \dot{\varepsilon}_i^{\alpha\beta} \tag{5-26}$$

式中，$\varepsilon_i^{\alpha\beta}$ 为应变率张量；Π_{ij} 为人工黏性项；v_i^α 代表粒子 i 的速度矢量分量。

总应力张量 $\sigma^{\alpha\beta}$ 由两部分构成，表达为

$$\sigma^{\alpha\beta} = -P\delta^{\alpha\beta} + \tau^{\alpha\beta} \tag{5-27}$$

式中，$\delta^{\alpha\beta}$ 为克罗克尔符号，当 $\alpha = \beta$ 时，$\delta^{\alpha\beta} = 1$；否则，$\delta^{\alpha\beta} = 0$。

5.5.2　本构模型的实施

对于剪切应力张量（$\tau^{\alpha\beta}$），其时间变化率的表达式为

$$\frac{\mathrm{d}\tau^{\alpha\beta}}{\mathrm{d}t} = 2G \left(\dot{\varepsilon}^{\alpha\beta} - \frac{1}{3} \delta^{\alpha\beta} \dot{\varepsilon}^{\gamma\gamma} \right) + \tau^{\alpha\gamma} \cdot \dot{r}^{\beta\gamma} + \tau^{\gamma\beta} \cdot \dot{r}^{\alpha\gamma} \tag{5-28}$$

式中，G 为剪切模量，单位 Pa；$\dot{\varepsilon}^{\alpha\beta}$ 为应变率张量，表达为下式：

$$\dot{\varepsilon}^{\alpha\beta} = \frac{1}{2} \left(\frac{\partial v^\alpha}{\partial x^\beta} + \frac{\partial v^\beta}{\partial x^\alpha} \right) \tag{5-29}$$

式中，$\dot{r}^{\alpha\beta}$ 为旋转率张量，表达为

$$\dot{r}^{\alpha\beta} = \frac{1}{2} \left(\frac{\partial v^\alpha}{\partial x^\beta} - \frac{\partial v^\beta}{\partial x^\alpha} \right) \tag{5-30}$$

利用式（5-28）在单元时间步内对剪切应力积分，完成对剪切应力张量 $\tau^{\alpha\beta}$ 的更新。当材料应力超过屈服极限时，则认为材料进入塑性变形阶段。

判断是否进入塑性变形的准则是 von-Mises 屈服准则，当等效应力 $\sigma_{\mathrm{vM}} = \sqrt{\dfrac{3}{2}\tau^{\alpha\beta}\tau^{\alpha\beta}}$ 超过屈服应力 σ_y 时，则需要将应力分量退回到屈服表面，表达为

$$\tau^{\alpha\beta} = \tau^{\alpha\beta}\sqrt{\frac{Y_0^2}{3J_2}} \tag{5-31}$$

式中，J_2 为第二应力不变量，$J_2 = \dfrac{\tau^{\alpha\beta}\tau^{\alpha\beta}}{2}$；$Y_0$ 为流动应力，或屈服应力，单位 Pa 或 MPa。

颗粒高速撞击延性材料，使用 Mie-Gruneisen 高压状态方程来模拟高速撞击变形下延性材料的冲击波效应。其中，压力 P 被表达为密度 ρ 以及比内能 e 的函数：

$$P = \frac{\rho_0 C_0^2 \eta\left(1+\left(1-\dfrac{\Gamma_0}{2}\right)\eta\right)}{\left(1-(S_a-1)\eta\right)} + \rho_0 \Gamma_0 e \tag{5-32}$$

式中，ρ_0 为参考密度，即密度的初值，单位为 $\mathrm{kg/m^3}$；Γ_0 为 Gruneisen 方程常数；S_a 为线性 Hugoniot 系数；e 为单位质量的内能。

5.5.3 数值求解流程

时间积分格式选用蛙跳法。由 t 时刻系统变量的值计算 $t+\Delta t$ 时刻系统变量的值，其中下标 n 代表时刻 t 对应的时间步，下标 $n+1$ 代表 $t+\Delta t$ 对应的时间步：

$$\begin{cases} \rho_{n+1/2} = \rho_{n-1/2} + \left(\dfrac{\mathrm{d}\rho}{\mathrm{d}t}\right)_n \cdot \Delta t \\[2mm] v_{n+1/2}^{\alpha} = v_{n-1/2}^{\alpha} + \left(\dfrac{\mathrm{d}v^{\alpha}}{\mathrm{d}t}\right)_n \cdot \Delta t \\[2mm] \tau_{n+1/2}^{\alpha\beta} = \tau_{n-1/2}^{\alpha\beta} + \left(\dfrac{\mathrm{d}\tau^{\alpha\beta}}{\mathrm{d}t}\right)_n \cdot \Delta t \\[2mm] e_{n+1/2} = e_{n-1/2} + \left(\dfrac{\mathrm{d}e}{\mathrm{d}t}\right)_n \cdot \Delta t \\[2mm] x_{n+1}^{\alpha} = x_n^{\alpha} + v_{n+1/2}^{\alpha} \cdot \Delta t \end{cases} \tag{5-33}$$

式中，Δt 为时间步长，单位 s；n 代表时间 t 时的当前时间步；$n+1$ 代表时刻 $t+\Delta t$ 的时间步。稳定运算的时间步长由 CFL 准则决定。

第 $n+1$ 步的剪切应力张量按照下式更新：

$$\left(\tau^{\alpha\beta}\right)^{n+1} = \left(\tau^{\alpha\beta}\right)^{n} + 2G\left(\dot{\varepsilon}^{\alpha\beta} - \frac{1}{3}\delta^{\alpha\beta}\dot{\varepsilon}^{\gamma\gamma}\right)^{n}\Delta t \tag{5-34}$$

式中，上标 n 代表了第 n 个时间步；G 为剪切模量，单位 GPa；Δt 为时间步长，单位 s。颗粒撞击到材料表面，首先造成弹性变形，当应力超过屈服应力时，材料进入塑性变形阶段。此时，应力状态将退回到屈服表面。

屈服应力 σ_y 与某时间当下的应变、应变率等状态相关，是与时间相关的量，对延性材料采用 Johnson-Cook 模型求解，对脆性材料采用 Johnson-Holmquist 模型求解。当计算得到某点在某时间步的应力超过屈服极限时，采用径向返回算法（radial return algorithm）来将偏应力退回到屈服面。图 5.11 给出了完整的数值求解流程。表 5.4 介绍了在一个时间步内，偏应力的退回及塑性应变的累计计算过程。

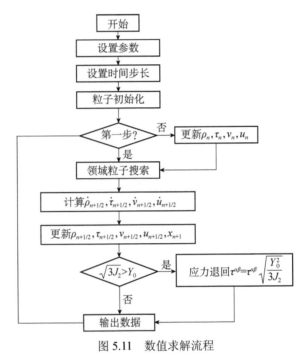

图 5.11　数值求解流程

表 5.4　径向返回算法的编程实施流程（一个时间步内）

算法：径向返回算法 $\left(\tau^{\alpha\beta}\right)^n$ 为本时间步起始时的偏应力张量，$\left(\tau^{\alpha\beta}\right)^{n+1}$ 为本时间步结束时的偏应力张量，σ_y 为本时间步起始时的屈服应力，ε^n 为本时间步起始时的塑性应变。

1：$\left(\tau^{\alpha\beta}\right)^{\text{trial}} = \left(\tau^{\alpha\beta}\right)^n + 2G\left(\dot{\varepsilon}^{\alpha\beta} - \frac{1}{3}\delta^{\alpha\beta}\dot{\varepsilon}^{\gamma\gamma}\right)^n \Delta t$　　　　　计算更新后的应力

2：$J_2^{\text{trial}} = \sqrt{\frac{3}{2}\left(\tau^{\alpha\beta}\right)^{\text{trial}} : \left(\tau^{\alpha\beta}\right)^{\text{trial}}}$　　　　　求解第二应力不变量

3：if $J_2^{\text{trial}} \leqslant \sigma_y$ then

4：$\left(\tau^{\alpha\beta}\right)^{n+1} = \left(\tau^{\alpha\beta}\right)^{\text{trial}}$　　　　　如果不超过屈服极限，则更新弹性应力

续表

5：else	如果超过屈服极限
6：$\Delta\varepsilon=\dfrac{J_2^{trial}-\sigma_y}{3G}$	计算该时间步内的塑性应变增量
7：$\varepsilon^{n+1}=\varepsilon^n+\Delta\varepsilon$	更新塑性应变
8：$\left(\tau^{\alpha\beta}\right)^{n+1}=\dfrac{\sigma_y}{J_2^{trial}}\left(\tau^{\alpha\beta}\right)^{trial}$	将偏应力退回到屈服表面
9：end if	

5.5.4 结果与讨论

本小节以菱形颗粒冲击 OFHC Copper 材料为例来展示颗粒冲击延性材料的计算结果；以方形颗粒撞击碳化硅材料（SiC）为例，展示颗粒冲击脆性材料的计算结果。

1. 颗粒冲击延性材料

选用 OFHC Copper 和 AL6061-T6 两种金属材料作为靶体材料，两种材料都属于延性材料。图 5.12 展示了菱形颗粒在方位角 $\theta_i=50°$ 和冲击角 $\alpha_i=40°$ 下冲击 OFHC Copper 的模拟结果。颗粒的冲击直接导致材料的去除，并且材料在碰撞过程中产生了后旋旋转（逆时针）。

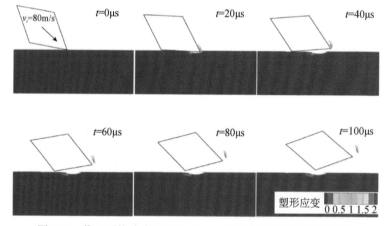

图 5.12 菱形颗粒冲击 OFHC Copper 表面造成的材料去除现象

图 5.13 展示了颗粒在 $\theta_i=40°$，$\alpha_i=40°$ 冲击参数下的撞击过程，尽管只是方位角降低了 10°（相比于图 5.12 中的冲击参数），但颗粒的冲击行为却与图 5.12 大不相同。颗粒的冲击并未造成材料去除和脱落，并且颗粒在撞击过程中发生

了前旋旋转（顺时针旋转）。这两个算例也表明了方位角对角型颗粒冲击行为和冲蚀机理的影响作用，这点是角型颗粒与球形颗粒最大的不同。

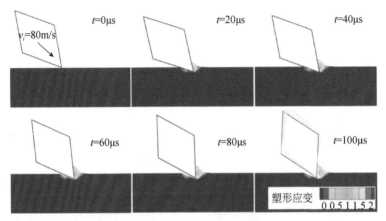

图5.13　颗粒冲击造成的材料变形

如图5.14所示，对比了使用了核梯度修正格式（KGC）和未使用KGC的计算结果。如图5.14所示，通过对比可知，使用了KGC得到的材料变形形态要优于未使用KGC的情况。当未使用KGC时（图5.14（a）），在材料切削被持续推挤产生大变形后，在弯折较严重的位置处会出现类似于张力不稳定的结果；而使用了KGC后，在同样位置处（图5.14（b））预测得到的材料变形结果更优，得到了较好的材料变形后的边界。

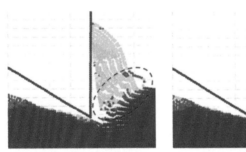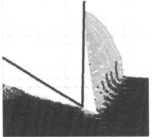

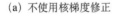

（a）不使用核梯度修正　　　　　　（b）使用核梯度修正

图5.14　核梯度修正对材料大变形计算的影响

2. 颗粒冲击脆性材料

脆性材料的冲蚀磨损主要是由裂纹裂缝的传播造成的，颗粒撞击脆性材料表面会形成两种主要裂纹，包括径向裂纹和横向裂纹。撞击时径向裂纹会沿着撞击凹坑向圆周外扩展，随着撞击的深入，撞击引发的载荷增加，存在于表面下的与加载轴对称的裂纹将会出现融合，从而增长为横向裂纹。

图 5.15 分别使用菱形颗粒的锐角角点和钝角角点以 150m/s 的速度撞击碳化硅材料平板。由图可以看出，针对两种情况分别观察到撞击导致的径向裂纹和横向裂纹。对于较尖锐的粒子来讲（图 5.15（a），$A=60°$），其对应的裂纹的主传播方向为纵向，对于较钝的粒子来讲，其对应的裂纹主要为横向裂纹。

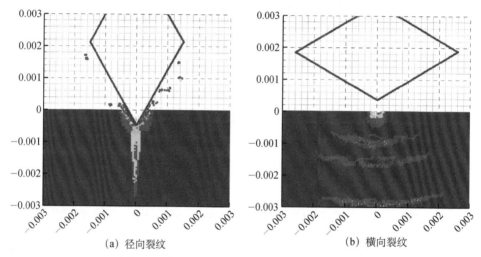

(a) 径向裂纹　　　　　　　　　　　　　(b) 横向裂纹

图 5.15　角型颗粒垂直撞击脆性材料的计算结果

图 5.16 展示了方形颗粒倾斜撞击的模拟结果。由图可以看出，在较低的冲击速度下（100m/s），颗粒的撞击制造成了局部的材料崩落；当提高冲击速度时（150m/s），冲击作用下表面下部诱导产生了斜向发展的裂纹。

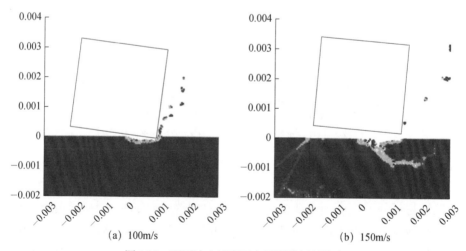

(a) 100m/s　　　　　　　　　　　　　(b) 150m/s

图 5.16　不同冲击速度下方形颗粒倾斜撞击

5.6　粒子分裂及动态细化算法

在 5.5 节建立的颗粒冲击损伤模型中，对整个靶体的计算域中采用了均匀的粒子间距。为了在效率和精度之间取得平衡，本节在模型中引入粒子动态细化算法，它通过粒子的分裂来实现。

5.6.1　概述

在传统网格方法中（如有限元、有限体积等），可以通过分块划分网格，在计算域的不同部分采用不同的网格密度。在 SPH 方法中，计算域由一系列粒子组成，可以根据不同区域计算精度的要求设定不同的粒子分辨率。角型颗粒撞击通常会在材料表面造成塑性凹坑，凹坑的尺寸（～100μm）相对于颗粒尺寸和靶体尺寸（～mm）通常较小，提升凹坑附近的粒子分辨率，有助于提升对塑性凹坑的预测精度。

在 SPH 方法中，粒子分布的自适应需要通过粒子细化程序（particle refinement procedure）完成。粒子细化又可分为静态和动态两种类型。静态是指在初始时刻对不同区域采用不同的粒子分辨率，并在计算过程中保持这些区域的分辨率不变；动态细化（dynamic refinement）是指在计算过程中对粒子分辨率进行动态调整。学者针对不同的 SPH 模型，提出了几种动态细化方法。Kitsionas 和 Whitworth 通过粒子分解来提升局部区域的粒子分辨率，并将该方法与 SPH 模型相结合。Lastiwka 等建立了自适应插入和删除粒子的算法框架，并通过模拟激波管问题验证了算法的适用性。Feldman 和 Bonet 提出了 SPH 中粒子动态细化的一般方法，并应用于 SPH 流体模拟。Spreng 和 Schnabel 针对 SPH 方法提出了一种局部自适应算法，并将该算法应用于模拟固体力学问题。

5.6.2　粒子分裂准则

动态细化的关键步骤是粒子分裂（particle splitting）。通过粒子分解，将"母 SPH 粒子"（mother particle）拆分为几个"子粒子"（daughter particle），从而提升局部区域的粒子分辨率。粒子分解准则是判定是否对 SPH 粒子进行分解的依据。Lastiwka 等选择速度梯度作为添加或删除粒子的标准。Feldman 和 Bonet 定义了"细化区域"（refinement region）来标识需要进行粒子分解的区域。

在 SPH 冲蚀模拟中，我们关注的是碰撞引起的塑性凹坑。提高凹坑附近 SPH 粒子的分辨率对于提高侵蚀机理和颗粒运动行为的预测精度至关重要。因此，本节将选用塑性应变作为粒子分解准则之一。此外，靶体与颗粒之间的相互作用由接触算法实现，因此选择接触力之间的接触力作为另一个准则。综上所述，在计算过程中，如果满足下列条件之一，即进行分裂：

（1）SPH 粒子的塑性应变值大于零；

（2）检测到 SPH 粒子与刚体的接触。

以上条件确保在凹坑附近区域进行粒子分裂和细化，提升凹坑附近的粒子分辨率，从而可以更精确地预测凹坑变形。

5.6.3 粒子分裂模式

图 5.17 展示了所采用的粒子分裂模式：待分解的 SPH 粒子（即母粒子）分解为 4 个（二维）或 8 个（三维）粒子，子粒子按照对称模式生成，对称模式具有良好的自适应性；子粒子在正方形（二维）或多边形立方体（三维）的角顶点上生成。

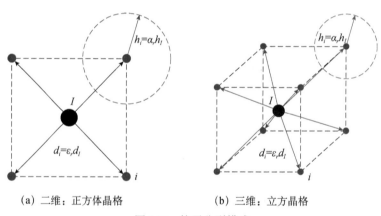

(a) 二维：正方体晶格   (b) 三维：立方晶格

图 5.17 粒子分裂模式

子粒子的间距（d_i）与母粒子间距之间的关系由比例参数 ε_r 决定，子粒子的光滑长度（h_i）由比例系数 α_r 决定。子粒子与母粒子系数之间的关系如下式：

$$d_i = \varepsilon_r d_I, \quad h_i = \alpha_r h_I \tag{5-35}$$

式中，索引 I 表示母粒子，i 表示子粒子，$i=1, 2, \cdots, N_d$，其中，N_d 为子粒子的数量（对于二维问题，$N_d=4$；对于三维问题，$N_d=8$）。由于子粒子的光滑长度小于母粒子，因此，在对原始粒子和新粒子之间进行核积分求和时，需取光滑长度的平均值（即 $h_{Ii} = \dfrac{h_I + h_i}{2}$）。

5.6.4　误差分析

通过粒子密度的求和来评估系数 ε_r 和 α_r 对粒子分裂误差的影响，定义误差为

$$e(x_i) = \rho(x_i) - \rho^*(x_i) \tag{5-36}$$

式中，$e(x_i)$ 为粒子 i 的分裂误差；$\rho(x_i)$ 是细化分解前的密度计算值；$\rho^*(x_i)$ 是分裂细化后的密度计算值。

通过下列公式计算 $\rho(x_i)$ 和 $\rho^*(x_i)$：

$$\begin{cases} \rho(x_i) = \sum_{j=1}^{N} m_j W(x_i - x_j, h_j) \\ \rho^*(x_i) = \sum_{j=1}^{N-1} m_j W(x_i - x_j, h_j) + \sum_{k=1}^{N_d} m_k W(x_i - x_k, h_{ik}) \end{cases} \tag{5-37}$$

式中，$W(x_i - x_k, h_{ik})$ 为粒子 i 与新子粒子 k 之间的光滑函数值；N 为未优化域内的母粒子数。

图 5.18 给出了用于误差分析的粒子分布，对整个区域内的所有粒子进行优化处理，总优化误差可以计算为

$$E = \left(\frac{\sum_{j=1}^{M} \rho(x_j)}{M} - \frac{\sum_{j=1}^{4M} \rho^*(x_j)}{4M} \right)^2 \tag{5-38}$$

式中，M 为细化分解前的粒子总数；$4M$ 为整体细化分解后的粒子总数。

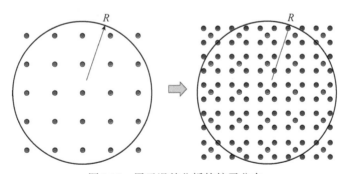

图 5.18　用于误差分析的粒子分布

系数 ε_r 和 α_r 对总误差的影响情况及测试结果如图 5.19 所示。测试样例中初始粒子间距为 0.2mm，细化后粒子的平均间距为 0.1mm。由图可知，参数 α_r 对动态细化误差的影响更明显，总误差随 α_r 的增加而减小。在后续的计算中，设置系数 α_r 为 0.9，ε_r 为 0.5。

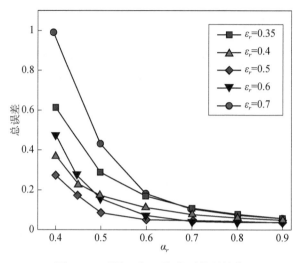

图 5.19　不同 ε_r 和 α_r 取值下的误差值

5.6.5　分裂粒子的变量赋值

母粒子分裂后，还需要对分裂的子粒子的场变量进行赋值，子粒子质量和速度由下式得到

$$\begin{cases} m_i = \dfrac{m_I}{N_d} \\ v_i = v_I \end{cases} \tag{5-39}$$

式中，m_i 和 v_i 分别代表粒子 i 的质量和速度。子粒子的其他场变量值可由以下 SPH 求和方式计算：

$$f(x_i) = \frac{\sum_{j=1}^{N} \dfrac{m_j}{\rho_j} f(x_j) W(x_i - x_j, h_j)}{\sum_{j=1}^{N} \dfrac{m_j}{\rho_j} W(x_i - x_j, h_j)} \tag{5-40}$$

图 5.20 给出了自适应 SPH 算法流程图，该流程图中包括了新加入的动态细化步骤。根据上述基本原理，建立了基于 Fortran 语言编写的 SPH 程序和代码。

5.6.6　结果与讨论

本节首先模拟单个菱形颗粒（5.46mm）对 OFHC Copper 材料表面的冲击，改变冲击角和方位角，模拟了 9 组颗粒冲击工况，9 组算例具有不同的初始条件，包括冲击速度、冲击角度和初始方位角。凹坑轮廓对 SPH 粒子间距比较敏

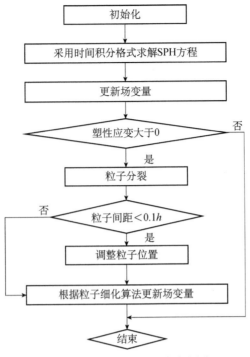

图 5.20　自适应 SPH 算法流程图

感，特别是发生"微切削"行为时。因此，对于 9 组算例，采用不同的初始粒子间距。对算例 1～5 和 8，初始粒子间距设置为 0.2mm；对算例 6，7，9，初始粒子间距设置为 0.1 mm。所有算例的时间步长 dt 固定为 1.5×10^{-9}s。

图 5.21 为动态细化 SPH 模型与原始 SPH 模型的仿真结果对比。如图所示，在动态优化模型中，凹坑附近 SPH 粒子的局部细化改善了凹坑变形的模拟结果。在冲击角为 60° 和方位角为 40° 的情况下（算例 4），颗粒的冲击将导致材料的去除，动态细化模型可以捕捉到该现象，而原始模型由于冲击位置处的粒子分辨率偏低，并未捕捉到这种现象。

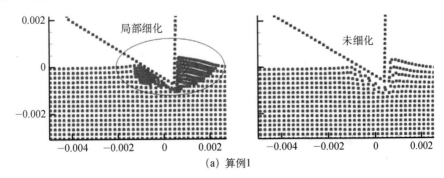

(a) 算例 1

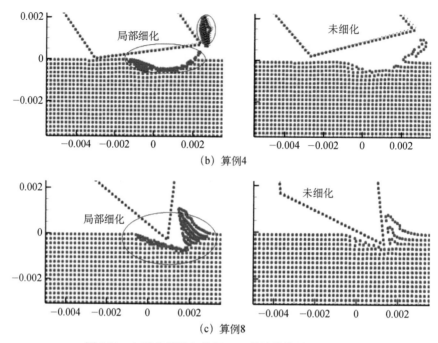

（b）算例4

（c）算例8

图5.21　自适应算法和常规SPH算法计算结果的对比

图5.22 为不同模型计算的颗粒反弹角度和反弹速度与实验结果的对比。在9组算例中，大多数情况下反弹角要小于90°（即反弹方向与入射方向一致）。除了算例1和算例5对应的反弹角大于90°，即颗粒的反弹方向与入射方向相反。从图中可以看出，动态细化和无细化SPH模型的回弹速度和回弹角度的定量计算结果与实验结果的吻合性较好。但对于算例7，无细化SPH模型预测的回弹角大于实验数据，这是因为算例7中的颗粒发生了后旋旋转，导致材料被去除。与算例6相比，算例7颗粒的冲击速度相对较小，因此产生了较浅的凹坑。在这种情况下，仿真结果较其他情况对SPH粒子的分辨率更为敏感。

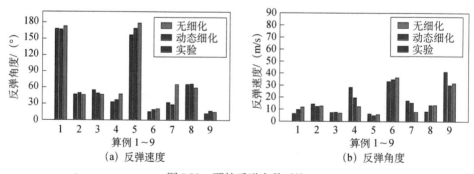

（a）反弹速度　　　　　　　　　（b）反弹角度

图5.22　颗粒反弹参数对比

　　图 5.23 对比了不同模型计算得到的凹坑轮廓，图中对比了全细化模型、无细化模型和动态细化模型得到的凹坑轮廓模拟结果。其中，图 5.23（a）为算例 2 的颗粒冲击导致的轮廓，图 5.23（b）为算例 6 的颗粒冲击导致的凹坑轮廓。通过与实验数据对比，验证了 SPH 模型预测的塑性凹坑轮廓与实验测量结果吻合得较好。如图 5.23 所示，与无细化模型相比，全细化模型和动态细化模型预测的凹坑剖面更接近实测数据。无细化模型低估了凹坑深度和堆积高度，特别是在切削机理发生的情况下（即算例 6）。

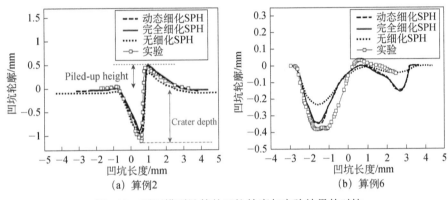

图 5.23　不同模型计算的凹坑轮廓与实验结果的对比

　　图 5.24（a）和（b）为颗粒冲击过程中质心线速度和角速度的时间曲线。结果表明，两种模型计算的线速度时间曲线基本一致，但角速度曲线具有一定差异。尽管角速度的量值有所差别，但是从角速度曲线可以看出，颗粒在冲击过程中都经历了"先前旋后后旋"的转变过程，说明两种模型对颗粒的基本运动行为的模拟结果是一致的。图 5.25 对比了三种模型的计算时间。由图可知，动

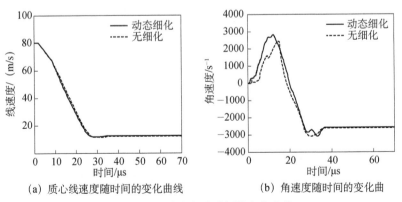

(a) 质心线速度随时间的变化曲线　　　　(b) 角速度随时间的变化曲

图 5.24　颗粒速度随时间的变化曲线

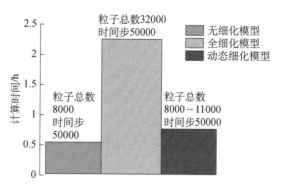

图5.25　不同SPH模型的计算时间对比

态细化模型计算时间与无细化模型相比大约增加了22%，但与全细化模型相比，计算时间明显减少。

图5.26 和图5.27 展示了三维自适应 SPH 算法模拟的颗粒冲击金属表面过程。在本模拟中使用5.0mm 的立方体颗粒和5.46mm 的菱形颗粒，选择 OFHC Copper 作为靶体材料。如图5.26 所示，立方体颗粒以60°的冲击角和20°的方位

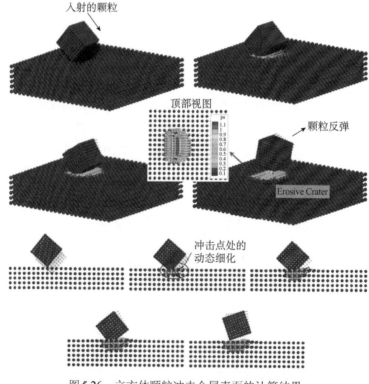

图5.26　立方体颗粒冲击金属表面的计算结果

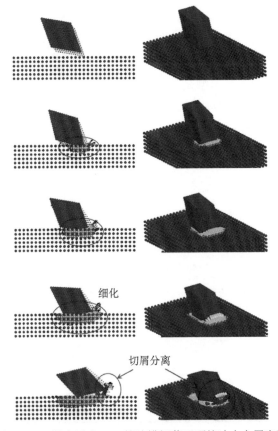

图 5.27　三维自适应 SPH 算法模拟菱形颗粒冲击金属表面

角冲击金属表面，在冲击过程中，颗粒向前翻滚，即为前旋冲击。由于采用了动态细化算法，使得凹坑附近的粒子分辨率得到细化和改善。颗粒冲击在靶体表面造成了一个较深的凹坑，且凹坑前缘的材料被挤压堆积至一定高度。动态细化算法提高了凹坑附近的 SPH 粒子分辨率，节约了计算成本并提高凹坑轮廓的计算精度。动态细化 SPH 模型的计算时间比全细化模型节省80%以上的计算时间。

5.7　多颗粒重复冲击

5.7.1　多颗粒冲击算法流程

图 5.28 展示了多个颗粒对基体材料表面冲击的示意图，在多个颗粒冲击作用下，前面颗粒造成的塑性变形区域会经受后续颗粒的持续冲击。在一个入射-

反弹计算中只考虑一个颗粒的冲击；当前的颗粒反弹后，再入射下一颗颗粒；该"入射-反弹-入射"的过程一直持续到所有的颗粒入射完毕。采用该种建模方式要比同时入射多个颗粒更有利于数值计算的稳定，同时也有助于节省计算时间。此外，多颗粒冲蚀模型是在单颗粒冲蚀模型的基础上开发而来，模型中涉及的理论方程和本构模型与单颗粒冲蚀模型相同。表 5.5 给出了多颗粒冲蚀模型的数值计算算法流程。

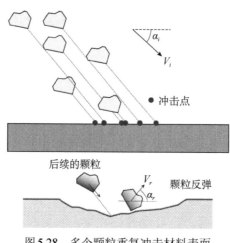

图 5.28　多个颗粒重复冲击材料表面

表 5.5　多颗粒冲蚀模型的 SPH 算法流程

算法流程：基于蛙跳法的 SPH 数值求解流程

1	While $N_p < N_{p\text{-total}}$ do	按照给定入射颗粒的数量判定计算结束与否
2	While particle P does not rebound，do	
	For all SPH node i do	
3	$v_i \leftarrow v_i + \dfrac{1}{2}\Delta t \cdot (f_i / m_i)$ $\rho_i \leftarrow \rho_i + \dfrac{1}{2}\Delta t \cdot d_i$ $\tau_i \leftarrow \tau_i + \dfrac{1}{2}\Delta t \cdot \Gamma_i$ End for	蛙跳法中的预测步 （在半个时间步内使用上个时间步得到的导数信息更新 SPH 节点速度、密度、应力）
	For the rigid body c	
4	$V_c \leftarrow V_c + \dfrac{1}{2}\Delta t \cdot (F_c / M)$ $\Omega_c \leftarrow \Omega_c + \dfrac{1}{2}\Delta t \cdot (M_c / I_z)$	在半个时间步内使用上个时间步得到的速度、角速度导数更新刚体的速度、角速度

5	For all node-pair *i-j* do
	
	　　Calculating $\dfrac{\partial W_{ij}}{\partial \boldsymbol{x}}$
	
	End for
		邻域粒子搜索，求解节点对之间的核梯度值

6	For all node-pair *i-j* do
	
	　　$\dfrac{\partial W_{ij}}{\partial \boldsymbol{x}} \leftarrow [L]\dfrac{\partial W_{ij}}{\partial \boldsymbol{x}}$
	
	End for
		核梯度修正

7	For all SPH node *i* do
	
	　　$\boldsymbol{d}_i \leftarrow \rho_i \sum\limits_{j=1}^{N} V_j v_{ij}^{\beta} \cdot \dfrac{\partial W_{ij}}{\partial x_i^{\beta}}$
	
	　　$\boldsymbol{f}_i \leftarrow \sum\limits_{j=1}^{N} V_j \left[\dfrac{\sigma_i^{\alpha\beta}+\sigma_j^{\alpha\beta}}{\rho_i} - \Pi_{ij}\delta^{\alpha\beta} \right] \dfrac{\partial W_{ij}}{\partial x_i^{\beta}}$
	
	　　$\boldsymbol{\Gamma}_i \leftarrow 2G\left(\dot{\varepsilon}^{\alpha\beta} - \dfrac{1}{3}\delta^{\alpha\beta}\dot{\varepsilon}^{\gamma\gamma} \right) + \tau^{\alpha\gamma}\cdot\dot{r}^{\beta\gamma} + \tau^{\gamma\beta}\cdot\dot{r}^{\alpha\gamma}$
	
	End for
		求解节点的密度导数、加速度以及应力率

8	For all SPH node *i* do
	
	　　$\boldsymbol{f}_{\text{contact}-i} \leftarrow \boldsymbol{f}_{ni} + \boldsymbol{f}_{\tau i}$
	
	　　$\boldsymbol{f}_i \leftarrow \boldsymbol{f}_i + \boldsymbol{f}_{\text{contact}-i}$
	
	　　$\boldsymbol{F}_C \leftarrow \boldsymbol{F}_C - \boldsymbol{f}_{\text{contact}-i}$
	
	　　$\boldsymbol{M}_C \leftarrow \boldsymbol{M}_C - \boldsymbol{f}_{\text{contact}-i} \times (\boldsymbol{x}_i - \boldsymbol{X}_C)$
	
	Endfor
		求解作用在节点的由接触力导致的外力以及接触力在刚体上的合力与力矩和

9	For all SPH node *i* do
	
	　　$\boldsymbol{v}_i \leftarrow \boldsymbol{v}_i + \Delta t \cdot (\boldsymbol{f}_i / m_i)$
	
	　　$\rho_i \leftarrow \rho_i + \Delta t \cdot \boldsymbol{d}_i$
	
	　　$\boldsymbol{\tau}_i \leftarrow \boldsymbol{\tau}_i + \Delta t \cdot \boldsymbol{\Gamma}_i$
	
	End for
		蛙跳法中的较正步
		（在整个时间步内使用新计算的导数信息更新 SPH 节点速度、密度、应力）

10		根据 von-mises 准则判定屈服并按比例退化节点应力
11	For the rigid body *c* 　　$\boldsymbol{V}_C \leftarrow \boldsymbol{V}_C + \Delta t \cdot (\boldsymbol{F}_C / M)$ 　　$\boldsymbol{\Omega}_C \leftarrow \boldsymbol{\Omega}_C + \Delta t \cdot (\boldsymbol{M}_C / I_Z)$	

12	For all SPH node *i* do
	
	　　$\boldsymbol{x}_i \leftarrow \boldsymbol{x}_i + \Delta t \cdot \boldsymbol{v}_i$
	
	End for
		更新 SPH 节点的位置

13	For the rigid body *c* 　　$\boldsymbol{X}_C \leftarrow \boldsymbol{X}_C + \Delta t \cdot \boldsymbol{V}_C$	
14	End while	
15	$N_p = N_p + 1$	入射下一颗颗粒
16	End while	计算结束

设定入射颗粒的数量为50颗，靶体材料选择为铝合金Al6061-T6。撞击点是随机分布的，冲击点是在图中给出的点中随机选择。靶体块的宽度 L 设置为5mm，高度 H 设置为2mm。组成靶体块的SPH粒子的初始间距为0.02mm，则总计生成20000个SPH节点。本节选用四种形状的颗粒，分别为三角形、正方形、正五边形和不规则形状，四种颗粒具有相同的质量。表5.6给出了四种颗粒的颗粒参数。其中，表中的惯性参数是按照单位厚度的颗粒进行计算的。

表 5.6　颗粒参数

颗粒形状	边长/mm	形状因数	质量/g	转动惯量/ $(g \cdot mm^2)$
三角形	0.7598	0.6046	1.95	9.382×10^{-2}
正方形	0.5	0.7854	1.95	8.125×10^{-2}
正五边形	0.3812	0.8648	1.95	7.890×10^{-2}
不规则形状	0.5（等效）	0.6331	1.95	1.070×10^{-1}

所有入射颗粒给定相同的冲击速度和冲击角度，其中冲击速度固定为100m/s，冲击角度固定为30°。考虑到颗粒可能以−180°～180°的任意方位角撞击材料表面，因此假定颗粒的方位角在−180°～180°出现的概率相同；首先按照式 $\theta_i = \left(-180 + \dfrac{360}{N_p} \cdot i \right)$, $i \in \left[1, N_p \right]$ 生成 N_p 组方位角数据，并保存在数组 A 中，其中 N_p 为颗粒的数量，$N_p = 50$；在仿真过程中，某个颗粒的实际方位角在已生成的方位角数组中随机提取；注意，数组中的某个方位角数据只使用一次。使用Matlab语句 $A=A$（randperm（length（A）））来生成带有随机特性的50颗颗粒的方位角。采用蛙跳法时间积分格式，时间步长 Δt 由CFL准则确定。本节采用固定的时间步长 $\Delta t = 5 \times 10^{-10}$ s。

5.7.2　不同形状颗粒的冲蚀特性对比

在5.5.4节1.颗粒冲击延性材料节中已经论述过方位角对于角型颗粒冲蚀特性的影响作用。单个方形颗粒在两种方位角下可导致两种不同的冲蚀特性：初始方位角 $\theta_i = 35°$ 时为微切削机制；当 $\theta_i = 0°$ 时为耕犁机制。微切削机制是比耕犁机制更有效的冲蚀机制，可导致更严重的冲蚀磨损。在以下的仿真中，我们首先考虑所有颗粒具有固定的初始方位角，然后再考虑50颗颗粒具有随机分布特征的方位角。

图5.29给出了不同形状的颗粒的仿真结果。其中图5.29（a）和（b）使用

了固定的方位角，即每个入射颗粒的初始方位角相同。由图 5.29（a）可知，在 $\theta_i = 35°$ 时，经过颗粒的切削、推挤作用后，材料在凹坑的一侧产生堆积；同时，颗粒的前旋旋转使颗粒尖端产生一个向下的动作，使得凹坑深度也随着冲击的进行不断增加；而在 $\theta_i = 0°$ 时，颗粒产生耕犁机制，材料在颗粒的不断作用下向一侧堆积，但是得到表面的凹坑轮廓更平滑，塑性应变分布也更规律；在 $\theta_i = 0°$ 时并未观察到材料的直接去除现象（即机械作用导致的材料成片脱落、分离）。

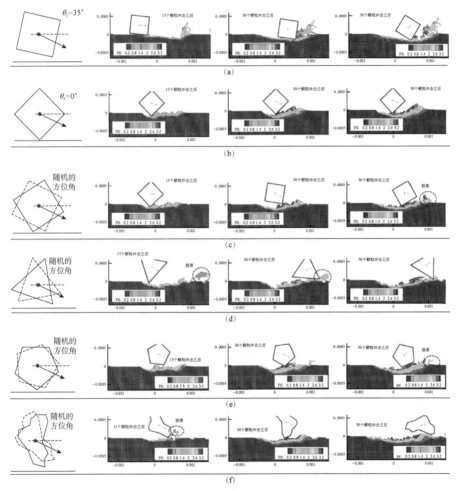

图 5.29　多颗粒冲击的计算结果

由上至下分别为不同形状颗粒的仿真结果；由左至右分别为 15 颗颗粒、
30 颗颗粒和 50 颗颗粒撞击完毕后表面的变形情况

通过对比不同形状颗粒的冲蚀凹坑轮廓可知，方形颗粒在随机方位角下对应的凹坑轮廓介于方位角 $\theta_i = 0°$ 和 $\theta_i = 35°$ 对应的轮廓之间；相对于方形和正五边形颗粒，三角形颗粒所造成的冲蚀磨损更严重。颗粒撞击材料表面会造成两种材料行为：第一种为塑性变形；第二种为材料的成片脱落。通过单颗粒冲蚀机理研究可知，后旋旋转的颗粒可能导致"微切削"、"挖掘"等冲蚀机制，在该类机制下可能会发生材料的成片脱落；但是导致后旋旋转的方位角的范围通常很窄，且该范围还会随着冲蚀角度的增加而减小。

因此，当只考虑单颗粒冲击时，颗粒冲击直接导致材料成片脱落的概率相对较小；但是，在多颗粒重复冲击过程下，颗粒冲击造成了材料在凹坑周围堆积。使得后续材料冲击堆积的材料，相对更容易造成材料的成片脱落，这也是一种重要的冲蚀机理。如图5.30所示，前面颗粒的冲击导致了材料在凹坑周围产生堆积，后续颗粒冲击堆积的材料，造成材料的成片脱落。

图5.30　后旋旋转颗粒与材料去除机制

如图5.31所示，三角形颗粒的材料去除量要高于其他几种形状颗粒；不规则形状颗粒和方形颗粒次之，正五边形颗粒对应的材料去除量最小。这是因为三角形颗粒的尖角角度最小（60°），当方位角变动时，其前刀角（rake angle）的变化范围更宽广，具有正值的前刀角范围更大，而正值的前刀角更易导致"切削"机制；此外，由于三角形的尖角角度更小，当前刀角处于负值时，发生"前旋多次冲击"的概率也高于其他几种形状颗粒，"前旋多次冲击"会对材料表面造成二次伤害；综上所述，三角形颗粒在整个方位角范围相对于其他形状颗粒的冲蚀能力更强。

如图5.32所示，统计了三种颗粒反弹时的旋转方向；其中 $\omega_r < 0$ 代表颗粒反弹时为前旋旋转，反之为后旋旋转；由图可知，颗粒发生后旋旋转的概率是较低的；此外，对于 $\omega_r < 0$，分为两种情况：第一种情况，初始阶段为后旋，然后在撞击过程中经历后旋至前旋的转折，最终以前旋姿态反弹；另一种情况，颗粒自始至终为前旋旋转。因此，关于颗粒的旋转行为可以分为三类：后旋、后旋转前旋、前旋。前面已经分析过这三种颗粒旋转对应了不同的冲蚀机

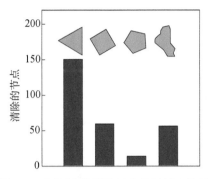

图 5.31　不同形状颗粒对应的材料去除量

制：后旋可导致材料的直接去除；后旋转前旋一般发生在临界方位角附近，对应的颗粒动能损失也接近峰值，此时颗粒对材料的塑性变形作用较强，但一般不会导致材料的成片脱落；前旋旋转颗粒有可能伴随"前旋多次打击"过程。

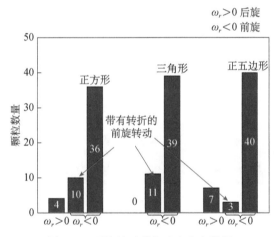

图 5.32　颗粒的反弹角速度分布数据

　　图 5.33 统计了 50 颗颗粒的动能损失系数和反弹角度，来展示两者之间的相关性。如图所示，无论对于方形颗粒还是三角形颗粒，动能损失系数和反弹角度的相关性可以总结为：较大的反弹角度通常伴随着较高的颗粒动能损失。这个结论的适用条件之一是冲击角度固定。

　　图 5.34 对比了方形颗粒和三角形颗粒的动能损失系数。图中共对比了 50 颗颗粒的动能损失系数，总体上来讲，三角形颗粒的动能损失系数要普遍高于方形颗粒。动能损失系数越高，表示越多的颗粒初始动能耗散在冲蚀过程中，因此颗粒的动能损失系数在一定程度上可以代表冲蚀磨损情况；三角形颗粒的平均动能损失要高于方形颗粒，这也与之前观察到的磨损量对比情况相符合。

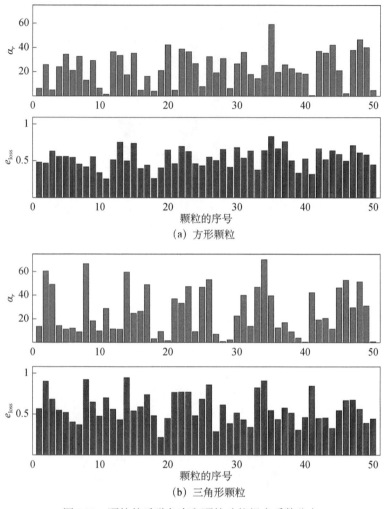

（a）方形颗粒

（b）三角形颗粒

图 5.33　颗粒的反弹角度和颗粒动能损失系数分布

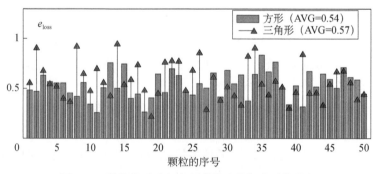

图 5.34　颗粒的反弹角度和颗粒动能损失系数分布

5.8　颗粒冲击实验及模型验证

5.8.1　实验装置及参数

如图 5.35 所示，针对单个颗粒冲击过程，设计了一种弹射发射装置，可以发射单个固体颗粒撞击靶体材料，通过高速摄像机捕捉颗粒的撞击动态过程。该装置能够有效地研究冲击速度、冲击角度、方位角度等参数对冲蚀过程的影响。弹簧连接弹射杆一端，弹射杆另一端安装有颗粒固定器，将待研究的颗粒放置在颗粒固定器上。颗粒固定器可制作成不同形状、不同尺寸，以满足发射不同形状、不同尺寸颗粒的要求。

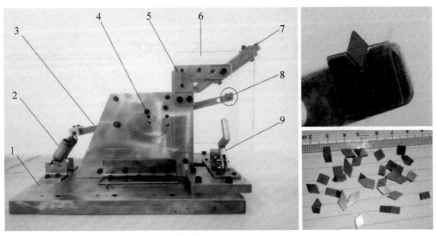

图 5.35　颗粒弹射实验装置

1—实验台基座；2—弹簧；3—弹射杆；4—滞止块；5—挡板；6—保护罩；

7—靶件夹紧机构；8—颗粒发射器；9—释放机构

颗粒为菱形形状，颗粒的边长 5.5mm，形状角 60°。靶体材料为铝合金平板，牌号 Al6061-T6。弹射装置给颗粒的初始速度为 20.5m/s 左右，颗粒的硬度远高于靶体材料，在撞击过程中颗粒基本不产生变形。

如图 5.36 所示，冲击角可以表达为 $\alpha_i = 90° - \beta - \gamma$，其中，$\gamma$ 为靶件固定板的夹角，β 为弹射杆到达滞止位置时与水平方向的夹角。在实验中，可通过转动调整靶件，即调整角度 γ 的值来调整颗粒的冲击角度。方位角调整可由旋转颗粒固定器来实现。同时，对每个冲击角度，分别测试几组不同的方位角，以测试颗粒不同冲击角和方位角组合下的撞击行为。具体的入射参数见表 5.7，共进行了 16 组实验。

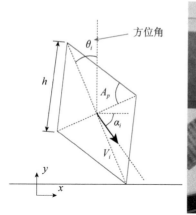

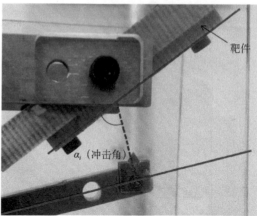

(a) 方位角   (b) 冲击角

图 5.36 冲击参数的调整

表 5.7 入射参数和实验测试结果

编号	$\alpha_i / (°)$	$\theta_i / (°)$	$V_i / (m/s)$	$\theta_i' / (1/s)$	$\alpha_r / (°)$	$V_r / (m/s)$	$\theta_r' / (1/s)$	旋转方向	打击次数
1	80	−12.0	20.8	−265	25.5	8.67	−569	前旋	2
2	80	0.0	20.5	−277	32.35	3.445	−670	前旋	1
3	80	30.0	20.6	−257	132.3	4.67	720	后旋	1
4	71.5	−18.0	20.25	−269	22.6	7.94	−1321	前旋	3
5	71.5	0.0	20.38	−287	12.5	5.693	−1408	前旋	1
6	71.5	17.5	20.42	−280	25.7	4.89	−869	前旋	1
7	71.5	24.5	20.35	−276	75.2	1.02	−370	前旋	1
8	71.5	30.5	20.31	−269	98.5	3.22	69	无旋	1
9	59	20.0	20.18	−278	42.5	6.47	−1670	前旋	1
10	59	26.5	20.20	−269	49.8	6.12	−1569	前旋	1
11	59	41.0	20.28	−272	62.4	0.6	−72	无旋	1
12	59	33.4	20.26	−278	82.72	3.08	269	后旋	1
13	48	22.5	20.1	−281	31.4	7.22	−1988	前旋	1
14	48	30.0	20.05	−276	42.5	6.72	−1569	前旋	1
15	48	35.5	20.2	−266	49.5	5.67	−1270	前旋	1
16	48	45.5	20.2	−260	87.3	4.83	−969	前旋	1

    表 5.7 也给出了 16 组数据中反弹参数的测试结果。所得的测试结果将用于与 SPH 计算结果进行对比。其中反弹角速度 θ_r' 的单位为 s^{-1}，正号代表逆时针旋转（定义为"后旋旋转"），负号代表顺时针旋转（定义为"前旋旋转"）。θ_i' 代表颗粒的初始旋转角速度，即颗粒在撞击前已经具有的角速度；该初始角速度是发射时造成的，由表可知，该初始角速度为负值，也就是说颗粒由发射装置发出的一瞬间具有一个顺时针旋转的趋势。

5.8.2　结果对比与分析

如图 5.37（a）所示，在冲击角 80°和方位角 0°时，颗粒撞击后沿与入射方向相同的方向反弹。颗粒在撞击过程中向前翻滚，即发生了"前旋旋转"。如图 5.37（b）所示，在冲击角 80°和方位角 30°时，颗粒发生了后旋旋转，并且颗粒在后旋旋转过程中较钝的一端对颗粒表面造成了二次打击。如图 5.37（c）所示，在冲击角 59°和方位角 41°时，颗粒在撞击过程中几乎失掉了所有动能，颗粒的旋转被大大抑制了，冲击动能几乎全部耗散为塑性变形。如图 5.37（d）所示，在冲击角 71.5°和方位角 0°时，颗粒冲击时向前翻滚，且菱形颗粒的另一尖端对材料表面造成二次打击。在负方位角下，颗粒第一次撞击后的反弹角度较小，使得颗粒在前旋飞离的过程中颗粒的另一尖端有机会再次接触到材料表面，从而造成多次打击。

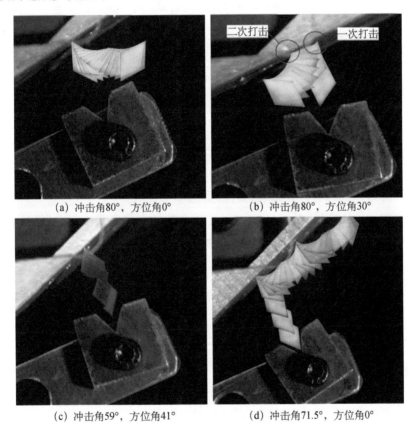

(a) 冲击角 80°，方位角 0°　　　　(b) 冲击角 80°，方位角 30°

(c) 冲击角 59°，方位角 41°　　　　(d) 冲击角 71.5°，方位角 0°

图 5.37　高速摄像机捕捉到的颗粒运动轨迹

图 5.38 中展示了不同的冲击参数下得到的冲蚀凹坑。在图 5.38（b）和

（c）中，材料堆积在了凹坑一侧的前方，颗粒在撞击中对材料产生了一种"切削"过程，即颗粒尖端接触到表面后，向下插入材料的同时不断向前推挤材料。相比而言，图 5.38（a）中的凹坑宽度更窄，凹坑内表面没有"擦划"的现象，凹坑周围也未出现材料堆积，说明此时的撞击应该更接近于垂直入射；图 5.38（d）展示的凹坑宽度很大，且凹坑的深度较浅，凹坑周围未出现材料的堆积，颗粒的冲击直接导致了材料的去除。

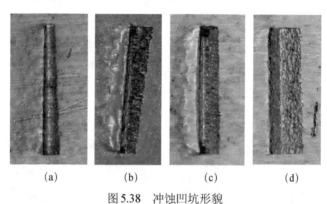

| (a) | (b) | (c) | (d) |

图 5.38　冲蚀凹坑形貌

图 5.39 展示了反弹速度、反弹角度、反弹角速度的实验值和 SPH 结果对比。在图中，横坐标代表了实验测试结果，纵坐标代表 SPH 计算结果，当数据点越接近于图中的实线时，则说明仿真结果和实测结果越吻合。通过对比可知，反弹参数的测试值和 SPH 计算结果吻合得较好，说明了二维计算模型能够有效地计算角型颗粒撞击导致的颗粒反弹运动学参数。

图 5.40（a）给出了对应表 5.7 中，编号 2 数据中的 SPH 模拟结果；图中还原了图 5.37（a）颗粒前旋旋转的运动轨迹，相比于实验观测，数值计算结果不受帧数影响，可以得到更细节的颗粒运动参数。本文实验采用的高速摄像帧数为

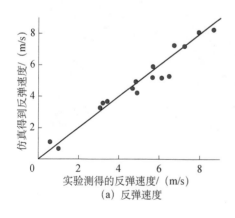

(a) 反弹速度

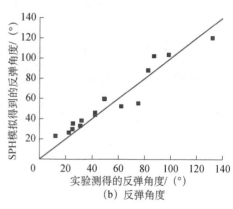

(b) 反弹角度

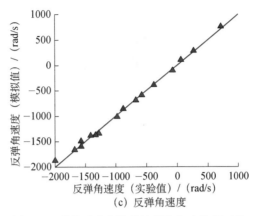

图5.39　颗粒反弹参数的计算值和实验值对比

5000帧/秒，帧与帧之间的间隔时间为200μs，而颗粒在接触到反弹之间的时间大约十到几十微秒不等，因此，数值仿真有助于更清楚地还原颗粒在撞击过程中旋转运动规律。

图5.40（b）给出了表5.7对应编号5数据中的输入参数的SPH模拟结果。颗粒首次撞击后向前翻滚，使颗粒具有较大的旋转角速度，并且反弹角很小。由于反弹角很小，颗粒紧贴表面，在翻滚的过程中有可能对表面造成二次打击。如图5.40（c）所示，将方位角减小10°，在这种情况下，第一次撞击后的反弹角度变为负值（即颗粒向下翻滚），使得颗粒在前旋翻滚的过程中，另一尖角端再次接触材料表面。

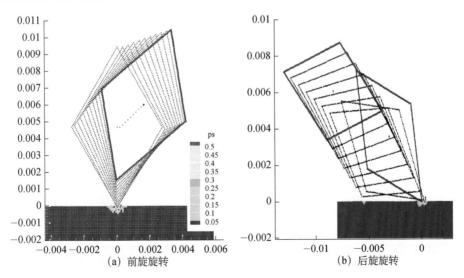

（a）前旋旋转　　　　　　　　　　　（b）后旋旋转

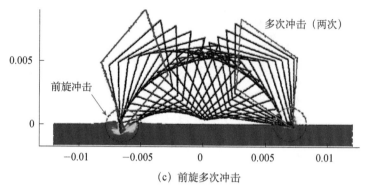

(c) 前旋多次冲击

图 5.40　SPH 模拟得到的颗粒运动轨迹

本　章　小　结

　　本章建立了角型颗粒碰撞材料表面的冲蚀模型，并将问题界定在"刚-塑性"碰撞范畴内。模型包括两部分：刚体颗粒和基体材料。角型颗粒撞击材料表面后造成材料表面产生塑性变形，为模拟角型颗粒冲击下导致的微机械行为，给出了基于连续介质力学理论的拉格朗日形式的控制方程，并采用了描述基体材料塑性变形行为的材料本构模型，分别为针对延性材料的 Johnson-Cook 塑性模型和针对脆性材料的 Johnson-Holmquist 模型。针对刚体颗粒，给出了基于牛顿第二定律的刚体运动方程。介绍了几种常见的角型颗粒形状，针对角型颗粒形状不规则的特点，论述了角型颗粒的建模方法。引入形状因数的概念来表征角型颗粒的不规则程度，并提出了一套按照颗粒形状及尺寸分布数据建立大量颗粒几何模型的方法，有助于实现参数化建模。

第6章　颗粒-射流耦合冲蚀模型和算法

6.1 引　　言

　　磨料水射流切割是在纯水射流中加入磨料颗粒，从而提高射流切割能力的加工技术。本章在第5章颗粒冲击模型基础上，考虑水射流对磨料颗粒的携带作用，建立磨料水射流耦合切割SPH模型，实现磨料与射流混合物对目标靶体的冲蚀过程模拟。首先建立描述磨料水射流对靶体材料表面的冲击过程模型，该模型由碰撞体水、磨料颗粒和靶体组成。其中颗粒选取典型的几何形状，靶体材料为延性材料和脆性材料。模型建立过程中考虑磨料颗粒的冲击参数、外形参数等因素。根据磨料颗粒的形状和运动特征，进行磨料颗粒的参数化建模，并采用随机算法模拟磨料颗粒在水中的分布；根据射流在冲击靶体材料时的机械行为，描述靶体材料去除的运动控制方程，并引入合适的本构模型描述材料的塑性变形和失效行为。根据去除材料过程的特性，采用接触算法计算射流和靶体之间的相互作用。

　　磨料射流模型中包含不同形状的磨料颗粒，介质为水，因此不仅要考虑流体的冲击、磨料的冲击，还要考虑流体与磨料颗粒之间的相互作用。相对于传统的单物质冲蚀磨损，在磨料水射流切割过程中，靶体所受到的冲击更为复杂，较高流速的水和磨料混合会更容易产生材料的变形和切削。而磨料水射流过程也包含了多物理场的相互作用，对于数值仿真来说这都是要解决的难点。

　　在建立磨料水射流切割模型时，要考虑三部分计算域的影响，分别是流体计算域、磨料颗粒以及靶体材料。其中流体和磨料颗粒的运动随时间的变化变化较大。如图6.1所示，磨料颗粒分布于水中，且受到水的作用冲击到靶体材料上，磨料颗粒在水中既有随水的流动，同时还有自身的旋转，因此，在冲击瞬间，颗粒的冲击角度是随机的。在碰撞接触区域，是水和颗粒共同作用于靶体材料，最终导致材料的失效或者去除。因此，在建立耦合模型时要考虑流体与颗粒间的相互作用，以及流体、颗粒和靶体之间的相互作用。

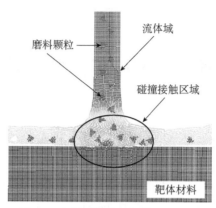

图6.1 磨料水射流切割模型示意图

根据实际的工况条件，得到具体的磨料水射流切割的具体参数如表6.1所示。喷嘴垂直于靶体材料入射，切割初始位置可以设定，并且对应的喷嘴与靶体的距离在模型中为射流初始位置距离靶体材料的距离。

表6.1 磨料水射流切割参数

射流参数	数值
射流速度 $v_l/$（m/s）	150～300
磨料流量 $m_a/$（g/s）	21～90
射流距离/mm	5～10
喷嘴移动速度 $v_t/$（m/s）	0.005～0.01

6.2 磨料颗粒的建模

6.2.1 颗粒的碰撞过程

磨料颗粒冲击靶体是颗粒在流体介质的作用下以一定速度冲击材料表面，并对接触面产生损耗的现象和过程。在这个过程中，要考虑诸多因素，例如，流体介质的运动规律；流体作用于磨料颗粒，并驱动磨料颗粒的运动；磨料颗粒冲击靶体材料时，冲击参数对能量转换的影响。

在研究磨料水射流切割的过程中，对磨料颗粒冲击靶体的研究是必不可少的。而磨料水射流过程是一个复杂的流固耦合问题，涉及多相流动、疲劳失效、化学腐蚀等一系列物理和化学领域问题。但是，若将磨料水射流过程中磨料颗粒的运动简化为单个粒子的冲击过程，该问题就变为冲击力学的问题，进而使得研究的过程大大简化。磨料颗粒的粒子尺寸一般为200～300μm，因此假定颗粒在碰撞时不受周围流体介质的影响。

单个磨料颗粒冲击靶体的模型描述可分为以下几个部分。

（1）几何参数：磨料颗粒的形状和尺寸等；

（2）磨料颗粒的冲击参数：入射角和冲击速度等；

（3）磨料颗粒的反射参数：反射角度、反射速度、反射角速度等；

（4）材料属性和失效形式：磨料颗粒和靶体材料的材料属性、冲击后形成的压痕、凹坑、剥落等。

将任意形状的磨料颗粒进行颗粒参数的定义，如图6.2所示。该磨料颗粒的入射速度为v_i，入射速度与水平坐标轴所成的夹角为入射角α_i，反弹后磨料颗粒的反射速度为v_r，反射速度与水平方向的夹角为反射角α_r，反射角速度为ω_r。

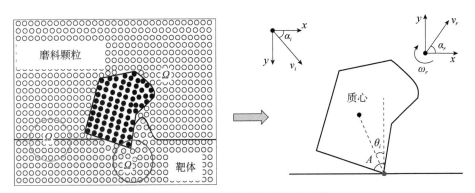

图6.2　不规则形状磨料颗粒的参数

在磨料颗粒与靶体的接触位置，磨料颗粒的几何角度定义为A，其取值范围为0°～180°。质心与竖直方向的夹角定义为冲击方位角θ_i，方位角的定义方式如图6.3所示，方位角理论取值范围为-90°～90°，由于在磨料射流切割过程

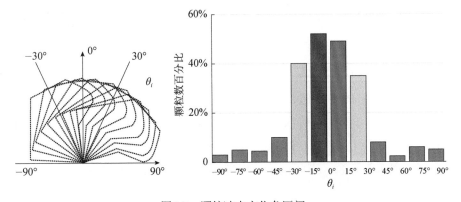

图6.3　颗粒冲击方位角区间

中，喷嘴垂直于靶体材料，因此，根据实验过程中的统计，方位角在-30°～30°的区间较多，占据了所有冲击粒子的80%左右，故在建模过程中，颗粒的方位角区间为-30°～30°。

6.2.2 磨料颗粒模型

磨料水射流切割过程的研究，多是对射流切割及对不同试样的冲蚀表面和冲蚀效率，以及射流喷嘴的结构进行研究。此类研究更多关注的是射流和磨料共同作用于靶体后产生的侵蚀结果，更偏重于"宏观"，但是对磨料水射流"微观"的碰撞研究，也是一种揭示材料去除机理的必不可少的研究。在本章研究磨料颗粒和靶体的"微观"碰撞时，采用了硬-塑性假设。

在磨料颗粒冲击靶体时，颗粒的硬度要远大于靶体的硬度，因此不考虑磨料颗粒的破碎和变形。如图6.4所示，为三种典型的颗粒模型。

（1）球形：其代表磨料颗粒的光滑面对靶体的冲击；

（2）正三角形：其代表磨料颗粒的几何角度为锐角时的冲击形态；

（3）正方形：其代表磨料颗粒的几何角度大于等于90°的冲击。

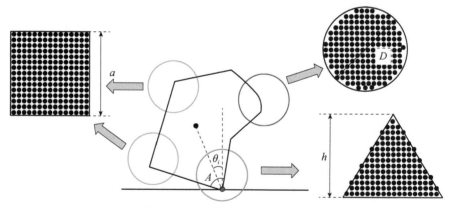

图6.4 磨料颗粒形状的等效模型

角形颗粒和圆形颗粒在碰撞靶体材料时，所产生的切削机理不同，圆形颗粒对靶体材料更多的是挤压，导致材料被"挤除"，而角形颗粒是"挖掘-断裂"去除，即尖锐颗粒的前缘倾斜插入材料表面，同时撞击造成了颗粒的后旋，在后旋作用下，颗粒前缘对被插入的材料产生了挖掘效应，被挖掘的材料在撞击结束前发生断裂，因此，该过程直接伴随了材料的去除。

6.2.3　特征参数

磨料颗粒的特征参数包括颗粒形状和尺寸，入射角和冲击速度，反射角、反射速度和反射角速度，材料的属性。靶体的特征参数包括靶体的尺寸和材料属性。三种典型磨料颗粒的运动及形状参数如图6.5所示。三角形颗粒、正方形颗粒以及圆形颗粒的冲击参数相同，入射速度为 v_i，入射速度与水平坐标轴所成的夹角为入射角 α_i，反弹后磨料颗粒的反射速度为 v_r，反射速度与水平方向的夹角为反射角 α_r。三种颗粒的几何尺寸分别为：等边三角形高为 h，正方形的边长为 a，圆形颗粒直径为 D。角形颗粒的接触角为 A，而圆形颗粒不存在接触角。靶体材料的长度为 l，高度为 b。

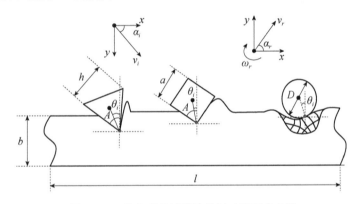

图6.5　三种典型磨料颗粒的运动及形状参数

6.2.4　颗粒形状

在描述颗粒形状时，首先确定颗粒的尺寸，假设三角形颗粒的高为 h，正方形的边长为 a。然后确定磨料颗粒中心点的坐标位置，因为此处研究的颗粒都假设为规则形状的颗粒，所以颗粒的中心、质心和重心都是重合的。最后确定颗粒的冲击角度 θ_i。具体流程如图6.6所示。其中颗粒的几何外形参数，都是输入参数，在仿真过程中需要人为确定。磨料颗粒建模过程为：

（1）确定磨料颗粒的尺寸；

（2）根据冲击距离，确定磨料颗粒中心位置的坐标（中心点坐标不一定会产生SPH粒子）；

（3）结合输入的冲击角，确定冲击点的坐标（只针对角形颗粒），并生成颗粒的几何形状点；

（4）根据SPH粒子的光滑半径，粒子尺寸，确定在几何形状范围内粒子的个数，形成以 SPH 粒子组成的单个磨料颗粒。

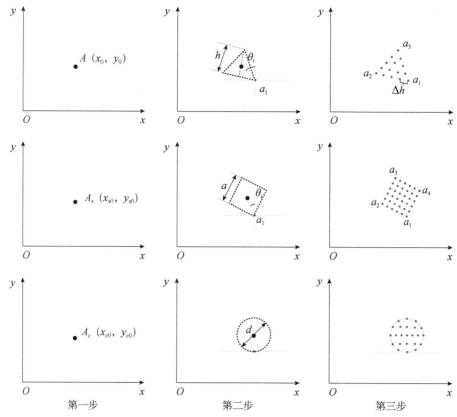

图6.6　磨料颗粒的 SPH 粒子生成过程

参数 A 代表了磨料颗粒的中心点，其坐标为 $(x_0，y_0)$，则正三角形冲击顶点的坐标为 $a_1(x_1，y_1)$ 可以由下式求得

$$\begin{cases} x_1 = x_0 - \dfrac{2}{3}h \cdot \cos\theta_i \\[2mm] y_1 = y_0 - \dfrac{2}{3}h \cdot \sin\theta_i \\[2mm] \cos\theta_i = \dfrac{|x_1 - x_0|}{\dfrac{2}{3}h} \\[3mm] \sin\theta_i = \dfrac{y_0 - y_1}{\dfrac{2}{3}h} \end{cases} \tag{6-1}$$

式中，x_1 为冲击点横坐标值，y_1 为冲击点纵坐标值；θ_i 为磨料颗粒的方位角

值，单位 °；h 为颗粒的特征长度，单位为 m 或 mm；x_0 和 y_0 为颗粒中心点的坐标值。

因此，以中心轴左侧入射的三角形颗粒的冲击顶点坐标为 $a_1\left(x_0 + \dfrac{2}{3}h \cdot \cos\theta_i,\right.$ $\left. y_0 - \dfrac{2}{3}h \cdot \sin\theta_i\right)$，由中心轴右侧入射的颗粒为 $a_1\left(x_0 - \dfrac{2}{3}h \cdot \cos\theta, \ y_0 - \dfrac{2}{3}h \cdot \sin\theta\right)$。

三角形另外两个顶点为 a_2 和 a_3，且坐标值分别为 $a_2(x_2, y_2)$，$a_3(x_3, y_3)$：

$$\begin{cases} x_2 = x_1 - \left(\dfrac{\sqrt{3}}{3}\cos\theta_i + \sin\theta_i\right) \cdot h \\[3mm] y_2 = y_0 - \left(\dfrac{2+\sqrt{3}}{3}\sin\theta_i + \cos\theta_i\right) \cdot h \end{cases} \tag{6-2}$$

$$\begin{cases} x_3 = x_1 - \left(\sin\theta_i - \dfrac{\sqrt{3}}{3}\cos\theta_i\right) \cdot h \\[3mm] y_3 = y_0 + \left(\dfrac{\sqrt{3}-2}{3}\sin\theta_i + \cos\theta_i\right) \cdot h \end{cases} \tag{6-3}$$

因此，正三角形磨料颗粒的另外两个顶点的坐标值分别为 $a_2(x_2, y_2)$，$a_3(x_3, y_3)$，即 $a_2\left(x_1 - \left(\dfrac{\sqrt{3}}{3}\cos\theta_i + \sin\theta_i\right) \cdot h, \ y_0 - \left(\dfrac{2+\sqrt{3}}{3}\sin\theta_i + \cos\theta_i\right) \cdot h\right)$，$a_3\left(x_1 - \left(\sin\theta_i - \dfrac{\sqrt{3}}{3}\cos\theta_i\right) \cdot h, \ y_0 + \left(\dfrac{\sqrt{3}-2}{3}\sin\theta_i + \cos\theta_i\right) \cdot h\right)$。

同理，对于正方形颗粒，在输入参数边长 a 和冲击角度 θ_i 以及中心点坐标 $A_s(x_{s0}, y_{s0})$ 已知的情况下，可以求得四个顶点的坐标 $a_{s1}(x_{s1}, y_{s1})$，$a_{s2}(x_{s2}, y_{s2})$，$a_{s3}(x_{s3}, y_{s3})$，$a_{s4}(x_{s4}, y_{s4})$。

在生成 SPH 粒子时，粒子之间依次生成均布的表面节点，用来求解表面的法向量，如图 6.7 所示，表面生成的节点的表面法向量为

$$\boldsymbol{n}_{k+1} = \pm\left(\frac{y_{k+2} - y_k}{|\boldsymbol{x}_{k+2} - \boldsymbol{x}_k|}, \ -\frac{x_{k+2} - x_k}{|\boldsymbol{x}_{k+2} - \boldsymbol{x}_k|}\right)d \tag{6-4}$$

式中，$\boldsymbol{n}_{k+1}$ 代表 $k+1$ 点处的表面法向量；$k+1$ 相邻的节点为 k 和 $k+2$，且 $\boldsymbol{x}_{k+2} = (x_{k+2}, y_{k+2})$，$\boldsymbol{x}_k = (x_k, y_k)$。

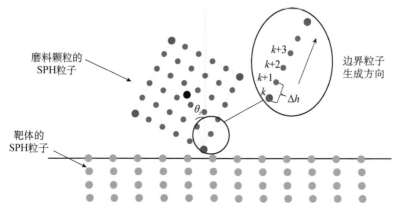

图6.7　靶体和磨料颗粒粒子表面节点示意图

正三角形和正方形磨料颗粒均为角形颗粒，在求解角形颗粒的转动惯量时，可对该类型颗粒进行三角剖分。对角形颗粒进行三角形剖分后，得到的质心的坐标为 $\boldsymbol{x}_c$

$$\boldsymbol{x}_c = \frac{\sum A_n \cdot \boldsymbol{x}_{nc}}{\sum A_n} \tag{6-5}$$

式中，$\sum A_n$ 为角形颗粒的总面积，单位为 m^2 或 mm^2；$\boldsymbol{x}_{nc}$ 为剖分后子三角形 n 的质心坐标矢量。

因此，角形磨料颗粒的质量和转动惯量为

$$\begin{cases} M = \sum m_n \\ I_z = \sum \left(i_{zn} + m_n \left(\boldsymbol{x}_{nc} - \boldsymbol{x}_c \right)^2 \right) \end{cases} \tag{6-6}$$

$$i_{zn} = \frac{m_n}{36} \left(a_n^2 + b_n^2 + c_n^2 \right) \tag{6-7}$$

式中，i_{zn} 为第 n 个剖分子三角形绕其以质心为转轴的转动惯量；m_n 为第 n 个子三角形的质量，且子三角形三个边长分别为 a_n、b_n、c_n。

6.3　耦合模型建立及求解

磨料颗粒、水射流和靶体材料采用不同的方程来描述，这三者之间的相互作用如图6.8所示。水射流的运动由纳维-斯托克斯方程（N-S 方程）来求解，磨料颗粒和靶体材料的模型描述与第5章所述的模型相同，其中，磨料颗粒由刚体运动方程描述，靶体材料为弹塑性材料。这三部分之间的相互作用由边界力来实现，但是这三部分之间的边界力存在差别，磨料颗粒和水射流之间采用的是积分力，而磨料颗粒与靶体、水射流与靶体之间采用的都是接触力计算。

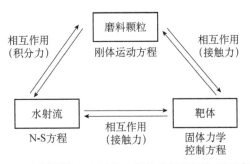

图6.8　磨料颗粒、水射流和靶体之间相互作用示意图

6.3.1　水射流流体控制方程

水作为磨料的载体，其不仅对磨料颗粒有携带作用，对靶体材料的冲击也是非常重要的，在描述水的运动过程时，采用 N-S 方程作为其控制方程。采用核近似的方法，将控制方程进行SPH近似得到

$$
\begin{cases}
\dfrac{\mathrm{d}\rho_i}{\mathrm{d}t} = -\rho_l \dfrac{\partial v_i^{\alpha}}{\partial x_i^{\alpha}} = \sum_{j=1}^{N} m_j \left(v_i^{\alpha} - v_j^{\alpha} \right) \cdot \dfrac{\partial W_{ij}}{\partial x_i^{\alpha}} \\[4mm]
\dfrac{\mathrm{d}v_i^{\alpha}}{\mathrm{d}t} = \dfrac{1}{\rho_l} \dfrac{\partial \sigma^{\alpha\beta}}{\partial x_i^{\beta}} + f^{\alpha} = \sum_{j=1}^{N} m_j \left(\dfrac{\sigma_i^{\alpha\beta}}{\rho_i^2} + \dfrac{\sigma_j^{\alpha\beta}}{\rho_j^2} + \Pi_{ij} \right) \dfrac{\partial W_{ij}}{\partial x_i^{\beta}} + f^{\alpha}
\end{cases}
\tag{6-8}
$$

式中，Π_{ij} 为人工黏性力，用来消除计算中的非物理振荡；W_{ij} 为核函数，采用三次样条曲线形式。

在模拟过程中，作为流体相，射流速度可达到150～300m/s，需要考虑水的可压缩性。假定各向同性压力的状态方程（EOS）是密度和内能的函数，则此处采用Mie-Gruneisen形式的状态方程：

$$
p = \frac{\rho_0 C^2 \mu \left[1 + \left(1 - \dfrac{\gamma_0}{2} \right)\mu - \dfrac{a}{2}\mu^2 \right]}{1 - (S_1 - 1)\mu - S_2 \dfrac{\mu^2}{\mu+1} - S_3 \dfrac{\mu^3}{(\mu+1)^2}} + (\gamma_0 + a\mu)e
\tag{6-9}
$$

式中，e 为单位质量内能，ρ_0 为目标材料的参考密度，$\eta = \dfrac{\rho_l}{\rho_0}$，$S_1$、$S_2$、$S_3$ 均为系数，取值参照表6.2。

表6.2　水的Mie-Gruneisen方程参数

参数	值
初始密度 ρ_0	1000kg/m^3
声速 C	1480m/s
γ_0	0.5
体积矫正 a	0
系数 S_1	2.56
系数 S_2	1.986
系数 S_3	1.2268

6.3.2　靶体的控制方程

固体控制方程的SPH离散方程表达为

$$\begin{cases} \dfrac{\mathrm{d}\rho_i}{\mathrm{d}t} = \rho_i \sum_{j=1}^{N} \dfrac{m_j}{\rho_j} v_{ij}^{\beta} \cdot \dfrac{\partial W_{ij}}{\partial x_i^{\beta}} \\ \dfrac{\mathrm{d}v_i^{\alpha}}{\mathrm{d}t} = -\sum_{j=1}^{N} m_j \left[\dfrac{p_i + p_j}{\rho_i \rho_j} - \dfrac{\tau_i^{\alpha\beta} + \tau_j^{\alpha\beta}}{\rho_i \rho_j} + \Pi_{ij} \right] \dfrac{\partial W_{ij}}{\partial x_i^{\beta}} \end{cases} \tag{6-10}$$

应力可以表示为静水压力和剪切应力张量之和，其中

$$\sigma^{\alpha\beta} = -p\delta^{\alpha\beta} + \tau^{\alpha\beta} \tag{6-11}$$

剪切应力张量的时间变化率表达为

$$\dot{\tau}^{\alpha\beta} = 2G\left(\dot{\varepsilon}^{\alpha\beta} - \frac{1}{3}\delta^{\alpha\beta}\dot{\varepsilon}^{\gamma\gamma} \right) + \tau^{\alpha\gamma} r^{\beta\gamma} + \tau^{\beta\gamma} r^{\alpha\gamma} \tag{6-12}$$

引入 Von-Mises 屈服准则来判定材料是否进入塑性，即当等效应力（J_2）大于材料的屈服应力（Y_{JC}）时，剪切应力张量修正为

$$\tau^{\alpha\beta} = \tau^{\alpha\beta} Y_{JC} / J_2 \tag{6-13}$$

$$J_2 = \sqrt{3/(2S^{\alpha\beta}S^{\alpha\beta})} \tag{6-14}$$

6.3.3　颗粒的运动方程

1. 刚体运动的整体分析

磨料颗粒在水中运动时，运动可以分为两部分，即平动和绕心转动。根据牛顿第二定律，平动方程为

$$\begin{cases} \dfrac{\mathrm{d}V_p}{\mathrm{d}t} = \dfrac{\boldsymbol{F}}{m} \\ \dfrac{\mathrm{d}\boldsymbol{X}_p}{\mathrm{d}t} = V_p \end{cases} \tag{6-15}$$

式中，X_p 为刚体质心位置坐标，单位 m；V_p 为质心的速度矢量，单位 m/s，$V_p = (V_{px},\ V_{px})$；F 为刚体受到的合力，单位 N，$F = (F_x,\ F_y)$；m 为刚体的质量，单位 kg。

刚体的转动运动方程可以表示为

$$\begin{cases} \dfrac{\mathrm{d}\Omega_x}{\mathrm{d}t} = \dfrac{T_x}{I_x} \\[3mm] \dfrac{\mathrm{d}\Omega_y}{\mathrm{d}t} = \dfrac{T_y}{I_y} \end{cases} \tag{6-16}$$

式中，Ω 为质心的角速度矢量，单位 1/s，$\Omega = (\Omega_x,\ \Omega_y)$；$T$ 为刚体的力矩总和，单位 N·m，$T = (T_x,\ T_y)$；I_x、I_y 为刚体的转动惯量，单位 kg·m^2。

位于刚体内的任意一点 k 的速度矢量表达为下式：

$$V_k = V_p + \Omega \times (X_k - X_p) \tag{6-17}$$

式中，X_k 为刚体上点 k 处的位置向量，单位 m。

2. 将磨料颗粒以 SPH 粒子表述后运动分析

对磨料颗粒整体分析后，为了具体编程和 SPH 方法求解时的需要，要对磨料颗粒中每个 SPH 粒子的运动情况进行分析

$$\begin{cases} \dfrac{\mathrm{d}V_j^\alpha}{\mathrm{d}t} = \dfrac{F_j^\alpha}{M_j} \\[3mm] \dfrac{\mathrm{d}W_j^\alpha}{\mathrm{d}t} = \dfrac{T_j^\alpha}{I_j} \\[3mm] \dfrac{\mathrm{d}X_j^\alpha}{\mathrm{d}t} = V_j^\alpha \end{cases} \tag{6-18}$$

式中，j 为检索到的第 j 个磨料颗粒中的 SPH 粒子，V_j^α 为平动速度，W_j^α 为转动速度，X_j^α 为第 j 个粒子的质心位置，M_j 为第 j 个粒子质量，F_j^α 为第 j 个粒子上的总力，T_j^α 为第 j 个粒子上的力矩。

在该模型中，每一个磨粒都与几个离散的 SPH 节点相关联，每个 SPH 节点携带着包括质量和速度在内的场变量。这些节点的运动方程是

$$v_{j-i}^\alpha = V_i^\alpha + W_i^\alpha \times (x_{j-i}^\alpha - X_i^\alpha) \tag{6-19}$$

式中，j 为第 i 个粒子中的第 j 个节点，x_{j-i}^α 是该节点的位置矢量。

图 6.9 所示的是三种不同性质的 SPH 粒子之间的相互作用，距离界面 $2h$ 以

上的节点仅与相同材料的粒子相互作用。然而，对于靠近界面的节点，可以包括两个或三个材料的粒子，处理这种情况的常用方法是对该区域内所有粒子进行核积分计算。并且所有这些 SPH 粒子都不考虑它们的材料特性。因此，作用在第 j 个刚体上的总力 F_j^α 和总力矩 T_j^α 可以表示为

$$
\begin{cases}
F_j^\alpha = \sum_{i=1}^{N} m_{i-j} \dfrac{\mathrm{d}v_{i-j}^\alpha}{\mathrm{d}t} \\[2mm]
T_j^\alpha = \sum_{i=1}^{N} m_{i-j} \dfrac{\mathrm{d}v_{i-j}^\alpha}{\mathrm{d}t} \times \left(x_{i-j}^\alpha - X_j^\alpha \right)
\end{cases}
\tag{6-20}
$$

式中，i 和 j 分别为 SPH 的节点和粒子的标号，m_{i-j} 是来自第 j 个粒子的第 i 个节点的质量，$\dfrac{\mathrm{d}v_{i-j}^\alpha}{\mathrm{d}t}$ 是由位于第 i 个节点圆内的周围连续相引起的加速度。

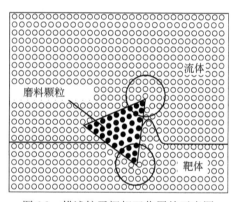

图 6.9　描述粒子间相互作用的示意图

6.3.4　颗粒分布随机算法

本章所建立的磨料水射流切割模型，磨料粒子在水中的分布可以进行人为设定，同时也可以设为随机分布（图 6.10），这样可以研究磨料颗粒在水中的分布对切割性能的影响。本节介绍粒子随机分布的算法，人为设定的有序分布，可以在此基础上实现。在实际的磨料水射流切割过程中，磨料颗粒是无序随机分布在水中的，为了更好地符合工况，在设定磨料颗粒在水中分布时，采用随机算法来实现。同时，磨料颗粒的初始角度也是随机的，因此，在该过程中采用了两次随机算法来实现。

初始设定的水柱宽度 d_w 和水柱距离靶体的距离 l_w 为初始坐标，如图 6.11 所示。为了简化模型，建模时磨料颗粒分布按照分层分布，即图中所示的粒子层，

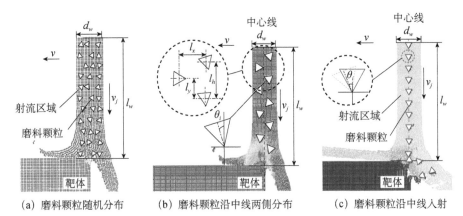

(a) 磨料颗粒随机分布　　(b) 磨料颗粒沿中线两侧分布　　(c) 磨料颗粒沿中线入射

图6.10　磨料颗粒随机分布和有序分布图

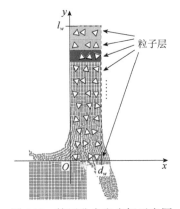

图6.11　粒子分布和坐标示意图

粒子在每个粒子层的分布是随机的。粒子的层数与初始输入值（如磨料颗粒的尺寸）相关。

分别以正三角形、正四边形和圆形磨料颗粒为例，建立随机分布模型。假设三角形颗粒的高为 h，正方形的边长为 a，圆形的直径为 d。其中颗粒的几何外形参数，都是输入参数，在仿真过程中需要人为输入。磨料颗粒随机分布建模过程为：

（1）确定磨料颗粒的形状，并输入磨料颗粒的尺寸；

（2）根据磨料颗粒尺寸，结合射流参数，确定粒子层数和每层磨料粒子个数；

（3）结合输入的磨料射流中磨料颗粒的浓度，对比每个粒子层的粒子是否超出每层最多粒子数；

（4）根据每层的磨料颗粒数量，在每层水平随机生成磨料颗粒的中心点位置，判断两个中心点距离在生成磨料颗粒时是否会产生干涉；

（5）判断最外侧磨料颗粒的中心点与射流边界的距离，防止在生成磨料颗粒时与射流边界干涉；

（6）随机生成磨料颗粒几何外形点的坐标；

（7）生成磨料颗粒内部SPH粒子。

正三角形磨料颗粒：由设定的磨料颗粒几何参数和射流尺寸参数可以得到粒子最多层数 n_{max}，如图6.12中所示，单个粒子层间距为 l_o，当 $l_o = \frac{4}{3}h$ 时，粒子层数最多，即

$$n_{max} = \frac{l_w}{\frac{4}{3}h}$$
（6-21）

正四边形磨料颗粒：当 $l_o = \sqrt{2}a$ 时，粒子层数最多，即

$$n_{max} = \frac{l_w}{\sqrt{2}a}$$
（6-22）

圆形磨料颗粒：当 $l_o = d$ 时，粒子层数最多，即

$$n_{max} = \frac{l_w}{d}$$
（6-23）

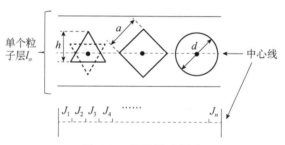

图6.12　粒子层示意图

在每个粒子层中，模型中设定的磨料颗粒数是相同的，假设每个粒子层的磨料颗粒个数为 N，自射流左侧边界至右边界 N 个磨料颗粒编号分别为 n_1，n_2，n_3，…，n_N，磨料颗粒的中心点位于粒子层的中线，在磨料颗粒随机生成时，首先生成磨料颗粒的中心坐标。

在生成了磨料颗粒的中心点后，会根据中心点的坐标生成磨料颗粒的几何外形，假设中心点坐标为（x_0，y_0），颗粒的冲击角度为 θ_i，射流中磨料颗粒外形生成规则与单个磨料颗粒的生成规则相同，可以得到正三角形磨料颗粒三个顶点的坐标。同理，得到正方形磨料颗粒各个顶点的坐标。在生成顶点粒子后，会依次生成边界和内部粒子，最终形成磨料颗粒。

在一个射流水柱中，磨料粒子的数量还与初始设定的磨料浓度有关，在初始设定时，如果设定了磨料射流中磨料颗粒的浓度，则要考虑磨料浓度对磨料颗粒生成过程的影响。在磨料水射流切割模拟中，磨料颗粒与水的体积流量之比为 φ_m：

$$\varphi_m = \frac{V_p}{V_j} = \frac{V_p}{d_w \cdot l_w} \tag{6-24}$$

式中，V_p 是分布在射流初始位置和目标材料之间的磨料颗粒的体积，V_j 是射流的体积。

不同形状的磨料颗粒的体积不同，用 V_{pc}、V_{pe} 和 V_{pq} 分别表示圆形颗粒、正三角形颗粒和正方形颗粒的体积，在二维平面中即面积。根据磨料颗粒和水的体积流量之比，可以确定在整个射流水柱中，所有磨料颗粒的数量，这样在初始设定时，如果需要考虑磨料颗粒的浓度，就可以保证二维磨料水射流切割模型与实际切割相同，整个磨料颗粒生成的随机算法流程图如图 6.13 所示。

6.3.5　射流与靶体碰撞的接触算法

射流与靶体材料碰撞时，要处理这两种 SPH 粒子之间的接触算法。在此情况下，接触算法主要有两类，即点对线接触算法和点对点接触算法。这两种算法的主要区别在于：点对线的接触算法，在计算时，面内的 SPH 粒子分布几何形状不随时间而变化；而点对点的接触算法，是碰撞的两个物体会发生同等量级的形变。因此，点对线的接触适合固定形状的磨料颗粒去碰撞靶体，而点对点的算法则适合研究磨料颗粒的破碎机理或者水冲击靶体。在本节中磨料颗粒和靶体的接触算法采用点对线的算法，而流体介质（水）与靶体的接触算法采用点对点的算法。

磨料颗粒具有固定的形状，且不考虑磨料的破碎，认为颗粒为足够硬的刚体。在二维情况下，点对线的接触算法计算主要有三步：

（1）确定接触区域不同粒子的边界；

（2）计算磨料颗粒和靶体材料接触粒子之间的穿透值和变化率；

（3）建立函数表达式，确定接触力与穿透值或穿透变化率之间的关系，得到接触力的大小。

如图 6.14 所示，磨料颗粒与靶体材料接触时，粒子间存在一个接触区域，设定接触区域的宽度为 d_0，粒子的法向量为 $\boldsymbol{n}$，假设磨料颗粒表面的某个粒子为 $k+1$，其表面法向量为 $\boldsymbol{n}_{k+1}$，与其相邻的两个粒子节点分别为 $k+2$ 和 k，则有

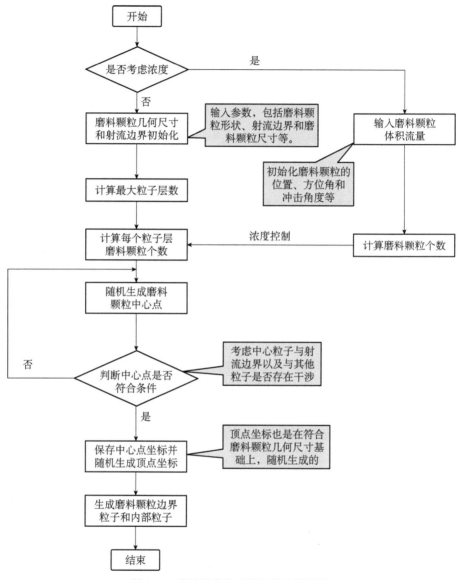

图6.13　磨料颗粒生成随机算法流程图

$$n_{k+1} = \pm \left(\frac{y_{k+2} - y_k}{\left| x_{k+2} - x_k \right|}, - \frac{x_{k+2} - x_k}{\left| x_{k+2} - x_k \right|} \right) \qquad (6\text{-}25)$$

式中，x_{k+2} 为粒子 $k+2$ 的坐标，$x_{k+2} = (x_{k+2}, y_{k+2})$，$x_k$ 为粒子 k 的坐标，$x_k = (x_k, y_k)$。

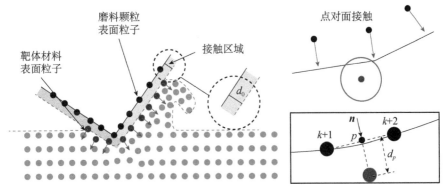

图 6.14　颗粒与靶体表面的接触示意图

射流中的磨料颗粒与靶体碰撞时采用的是点对线的接触算法，而流体介质则采用的是点对点的接触算法。点对点的接触在考虑碰撞时，在碰撞和被碰撞物体上产生同等量级的变形，这样可以反映出水在冲击靶体后的扩散作用。将该算法简化后，得到接触粒子间的相互作用力为

$$F_{ij} = \begin{cases} D\left[\left(\dfrac{r_0}{r_{ij}}\right)^{n_1} - \left(\dfrac{r_0}{r_{ij}}\right)^{n_2}\right]\dfrac{x_{ij}}{r_{ij}^2}, & \dfrac{r_0}{r_{ij}} \leqslant 1 \\[3mm] 0, & \dfrac{r_0}{r_{ij}} > 1 \end{cases} \tag{6-26}$$

6.3.6　耦合模型的求解

1. 时间积分格式

在对离散化的 SPH 方程进行时间积分时，常用的方法有龙格-库塔法（Runge-Kutta）和蛙跳法。蛙跳法的优势在于计算时所占的存储空间较小，在每一次的时间步长内只需要进行一次优化估值。本章采用了计算储存量低的蛙跳法进行时间积分，在一个时间步长计算完成时，密度、速度由初始状态向前推进半个步长，粒子位置推进一个步长：

$$\rho_i^{\frac{1}{2}} = \rho_i^0 + \frac{\Delta t^1}{2}\frac{\mathrm{d}\rho_i^0}{\mathrm{d}t} \tag{6-27}$$

$$\boldsymbol{v}_i^{\frac{1}{2}} = \boldsymbol{v}_i^0 + \frac{\Delta t^1}{2}\frac{\mathrm{d}\boldsymbol{v}_i^0}{\mathrm{d}t} \tag{6-28}$$

$$\boldsymbol{x}_i^1 = \boldsymbol{x}_i^0 + \Delta t^1 \boldsymbol{v}_i^{\frac{1}{2}} \tag{6-29}$$

式中，Δt 为时间步长，ρ 代表粒子的密度，$\boldsymbol{v}$ 为粒子运动的速度矢量，$\boldsymbol{x}$ 为粒

子的位置矢量，各个参数中上角标代表运行的时间步长。

在总体计算时，为了保证粒子的密度、速度和内能等半个时间步长运行的参数量，与粒子的位置能够保持一致，在每个运算步长的开始时刻，这些参数值会先向前推进半个时间步长以获得整数步长的值

$$\rho_i^n = \rho_i^{n-\frac{1}{2}} + \frac{\Delta t^n}{2} \frac{\mathrm{d}\rho_i^{n-1}}{\mathrm{d}t} \tag{6-30}$$

$$\boldsymbol{v}_i^n = \boldsymbol{v}_i^{n-\frac{1}{2}} + \frac{\Delta t^n}{2} \frac{\mathrm{d}\boldsymbol{v}_i^{n-1}}{\mathrm{d}t} \tag{6-31}$$

式中，n代表当前时间步。

当一个时间步长运算结束时，粒子的密度、速度、内能和位置向前推进一个时间步长：

$$\rho_i^{n+\frac{1}{2}} = \rho_i^{n-\frac{1}{2}} + \frac{\Delta t^n + \Delta t^{n+1}}{2} \frac{\mathrm{d}\rho_i^n}{\mathrm{d}t} \tag{6-32}$$

$$\boldsymbol{v}_i^{n+\frac{1}{2}} = \boldsymbol{v}_i^{n-\frac{1}{2}} + \frac{\Delta t^n + \Delta t^{n+1}}{2} \frac{\mathrm{d}\boldsymbol{v}_i^n}{\mathrm{d}t} \tag{6-33}$$

$$\boldsymbol{x}_i^{n+1} = \boldsymbol{x}_i^n + \Delta t^{n+1} \boldsymbol{v}_i^{n+1} \tag{6-34}$$

考虑到数值计算的稳定，在每个时间步长，对黏性耗散和外力作用的时间步长进行限定，表达式为

$$\Delta t_{cv} = \min_i \left\{ \frac{h_i}{c_i + 0.6\left[\alpha_\Pi c_i + \beta_\Pi \max\left(\phi_{ij}\right)\right]} \right\} \tag{6-35}$$

$$\Delta t_f = \min_i \left(\frac{h_i}{f_i}\right)^{\frac{1}{2}} \tag{6-36}$$

式中，c_i为粒子i在所处材料中的声速，h_i为SPH粒子i的光滑长度，α_Π和β_Π为人工黏度常数，f_i为作用在粒子i上单位质量力的大小，最终时间步长取式（6-35）和（6-36）中的最小值，总时间步数量由冲击过程所占用的物理时间决定，总步数包含了一个完整的粒子冲击靶体的过程。

2. 数值模拟流程

数值模拟流程包括：

（1）确定物理过程的计算范围，即明确计算域；

（2）采用链表搜索法进行相邻域粒子搜索，确定粒子数量，以及粒子间的关系，并将每个粒子所对应的信息建立存储单元；

（3）根据粒子的不同属性，计算每个粒子对的光滑函数和光滑函数导数；

（4）根据密度导数的 SPH 离散方程，分别计算磨料颗粒和靶体材料的 SPH 粒子的密度导数；

（5）根据磨料颗粒、水和靶体材料的本构关系方程，计算每个 SPH 粒子的应力对时间的导数；

（6）根据动量方程计算每个 SPH 粒子的受力，由于本文中所计算磨料水射流模型不考虑能量上的变化，因此可以省略能量方程的计算；

（7）由于模型中采用可变光滑长度，因此需要在每个时间步长计算时，计算每个粒子的光滑长度对时间的导数，并进行储存；

（8）根据上述步骤的计算结果，记录 SPH 计算的导数信息，更新计算，重复上述步骤中（4）～（7），更新粒子的动量、能量、密度、应力，并根据状态方程更新粒子的压力，更新粒子的位置、速度等粒子状态。

（9）根据设定的计算时间，对输出的数据进行处理，并分析结果。

在编制程序时，算法流程主要由两部分相互关联的计算组成，包括 SPH 算法计算和刚体运动方程计算。图 6.15 所示的是一个时间步长内的计算流程，在

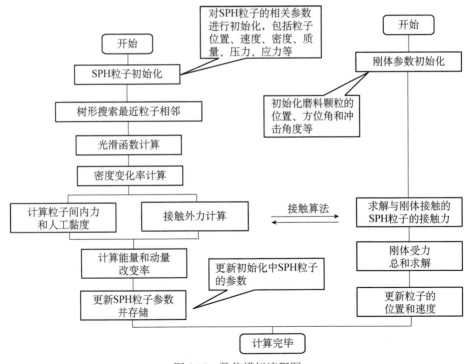

图 6.15　数值模拟流程图

每一个时间步内都要进行邻域粒子搜索，确定每个粒子支持域内的粒子，并将其存储在一数组中，当求解 SPH 方程时直接调用。刚体颗粒和 SPH 粒子之间的相互作用力（接触力）每个时间步更新一次。

在仿真模拟的计算步结束后，可以得到每个时间步长 SPH 粒子场变量的值，并且可以借助后处理软件 Tecplot 进行输出，输出的参数包括磨料颗粒的位置、速度、角速度运动方向以及靶体材料中 SPH 粒子的位置、速度、应力、密度等。

6.4 计算结果与讨论

6.4.1 纯颗粒冲击金属表面

在本节中，计算结果的示例主要包括三种粒子以不同入射角度冲击延性和脆性材料的过程，主要是展示该模型的部分应用，在材料选择时，选用了钛合金和玻璃。三种颗粒的二维形状分别为正三角形、正方形和圆形。

1. 不同形状颗粒对典型延性材料的碰撞结果

选择钛合金 TC4 为靶体材料，设置时间步长为 1×10^{-9} s，以正三角形磨料颗粒为冲击体，分别选择不同的冲击方位角 θ_i，冲击速度为 100m/s。如图 6.16 所示，在仿真结果图中，隐去了磨料颗粒的内部粒子，只保留外形 SPH 粒子。

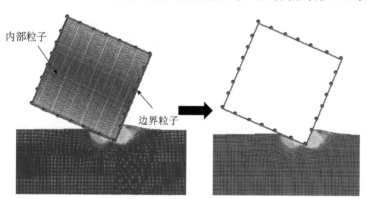

图 6.16 SPH 粒子简化示意图

在图 6.17 中，垂直入射的磨料颗粒（即冲击角为 0°）在靶体表面冲击会产生一个 "V" 形的凹坑，且在冲击凹坑两侧产生材料的堆积，在材料表面去除时单纯的垂直冲击并不十分有效，因为在连续不断地冲击过程中，材料累积达到失效的过程较慢。当正三角形磨料颗粒以一定的冲击方位角冲击靶体时，如 $\theta_i=30°$ 时，在 $0\sim50\mu s$ 的仿真时间内，靶体材料单侧堆积，当磨料颗粒无法继续挤压靶体时，颗粒运动方向发生偏转，会产生一定的角速度，脱离靶体；但是随着冲击方位角增大，当 $\theta_i=45°$ 时，由于冲击挤压区域较浅，一个磨料颗粒的单次冲击就会产生材料表面的去除。

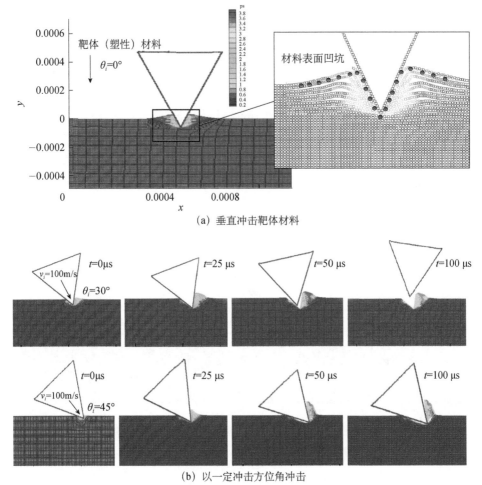

(a) 垂直冲击靶体材料

(b) 以一定冲击方位角冲击

图 6.17　正三角形磨料颗粒冲击塑性靶体

ps 代表塑形应变

以正方形磨料颗粒为冲击体，冲击方位角分别取 $\theta_i=0°$（即垂直冲击靶体）和 $\theta_i=30°$，冲击速度为 100m/s。在不同时间时，提取的碰撞效果如图 6.18 所示，垂直入射时，在相同的计算时间点，在靶体表面冲击产生的凹坑，相对于正三角形产生的凹坑要浅，颗粒的冲击并未造成材料去除和脱落。正方形以$\theta_i=30°$的方位角冲击靶体时，形成单侧堆积的区域，当堆积区域的靶体材料达到材料的断裂极限时，会产生材料的去除。

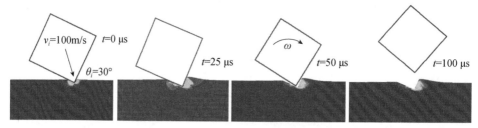

图6.18　正方形磨料颗粒冲击延性靶体

球形磨料颗粒的冲击方式相对于角形颗粒而言较为单一，其垂直冲击靶体材料的仿真结果如图6.19所示，靶体材料初始形成应力集中，随着计算步长的增加，逐渐产生塑性变形，形成材料的堆积，圆形磨料颗粒在冲击靶体时并不能有效地去除表面的材料。

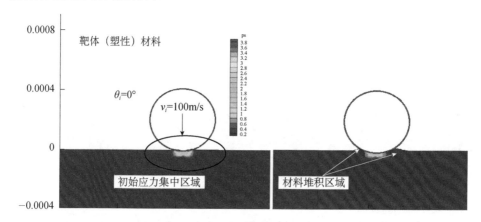

图6.19　圆形磨料颗粒垂直冲击塑性靶体

2. 不同形状颗粒对脆性材料的碰撞结果

对脆性材料冲击过程模拟时，靶体材料选用玻璃来建模，时间步长设置为$1×10^{-9}$s，同时，分别采用不同形状的磨料颗粒以不同的初始冲击方位角去冲击靶体，冲击速度设定为100m/s。从图6.20中可以看出，靶体材料在受到冲击后，与延性材料的去除方式不同，脆性材料主要是产生塑性变形和破碎，不存在较为明显的材料堆积挤压区域。三种形状的磨料颗粒以正三角形磨料颗粒冲击所产生的裂纹最为明显，且纵向裂纹最深，其次为正方形磨料颗粒和圆形磨料颗粒。对于相同形状的磨料颗粒，随着冲击方位角 θ_i 的增大，应力集中区域的纵向深度变浅，不利于材料的去除。对于圆形磨料颗粒而言，其冲击脆性材料产生的应力集中区域的纵向深度要深于冲击延性材料。

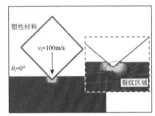 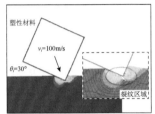 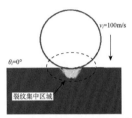

（a）正方形颗粒冲击塑性靶体　　　　　　　　（b）圆形颗粒冲击塑性靶体

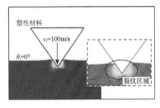 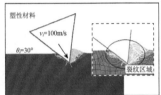 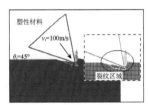

（c）正三角形颗粒冲击塑性靶体

图6.20　不同形状磨料颗粒冲击塑性材料

6.4.2　磨料水射流切割脆性材料

以正三角形磨料颗粒为例，设定磨料颗粒在射流中以中心线入射，且磨料颗粒的冲击角度为90°，即垂直入射，如图6.21所示。射流速度 v_j 为170m/s，水平移动速度 v_l 为0.0005m/s，靶体厚度为0.004m，图6.21所示的图中分别取切割时间为 0.2s、0.4s、1s 和 1.6s，不同时刻对应的切割深度分别为 0.65mm、1.5mm、2.5mm 和4mm。

以正四边形磨料颗粒为例，中心入射，且磨料颗粒的冲击角度为90°，即垂直入射，如图6.22所示。入射条件与正三角形磨料颗粒相同，选取的时间节点也相同，射流速度 v_j 为170m/s，水平移动速度 v_l 为0.0005m/s，靶体厚度为0.004m，图6.22所示的图中分别取切割时间为0.2s、0.4s、1s和1.6s，不同时刻对应的切割深度分别为0.5mm、1.4mm、2.1mm和3.2mm。

同样取圆形磨料颗粒为仿真对象，以相同的初始参数值设定，得到了如图6.23所示的结果图，其切割深度在0.2s时为0.2mm，0.4s时为1.2mm，1.0s时为1.5mm，1.6s时为2mm。

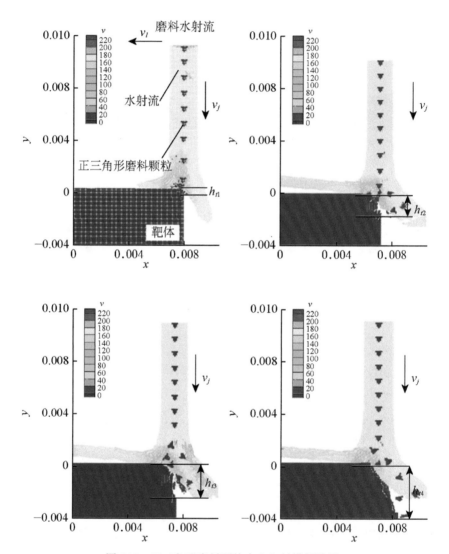

图6.21　正三角形磨料颗粒中心入射模拟结果

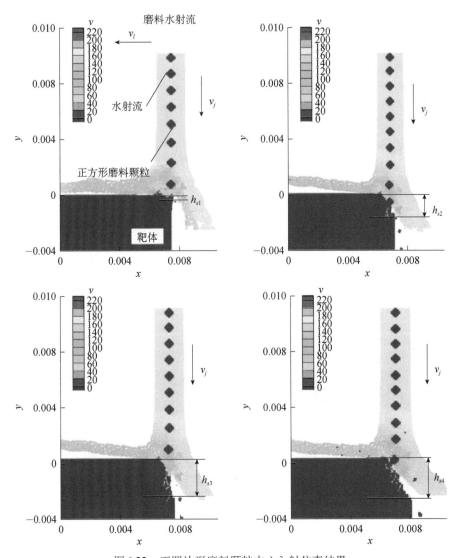

图 6.22 正四边形磨料颗粒中心入射仿真结果

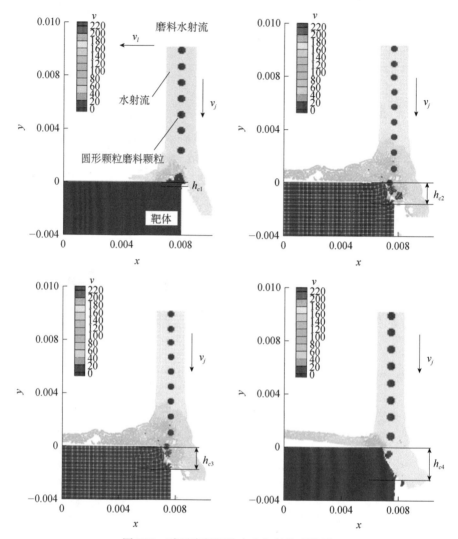

图6.23　球形磨料颗粒中心入射仿真结果

6.4.3　磨料水射流切割塑性材料

对于塑性材料，单排垂直入射的磨料颗粒会产生不同的切割现象，因此，又将塑性材料作为研究的靶体材料，进行了仿真模拟，射流速度 v_j 为 170m/s，水平移动速度为 v_l 为 0.0005m/s，靶体厚度为 0.004m，结果如图 6.24 中所示，在 0.2s、0.4s、1s 和 1.6s 分别得到了切割的仿真结果，并进行比较。通过对比发现，含有相同形状的磨料颗粒的水射流在切割脆性材料和塑性材料时，靶体材料的去除形式有明显的不同，切割脆性材料时，可以明显看到在材料去除时向内部扩展的裂纹，而切割塑性材料时，靶体材料内部没有明显裂纹产生，主要是成片的剥落和切削去除。

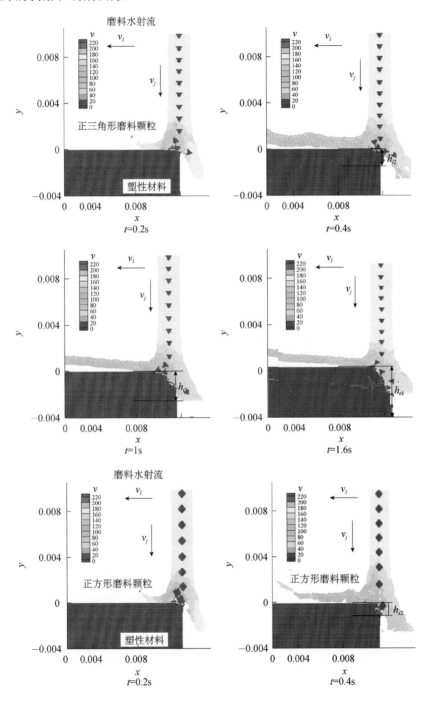

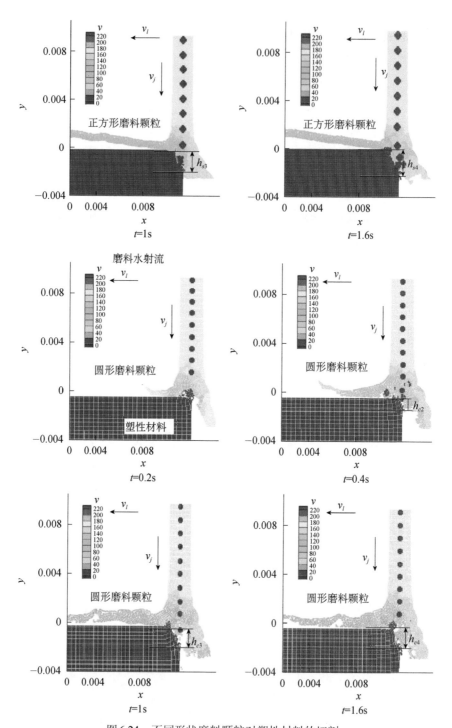

图6.24　不同形状磨料颗粒对塑性材料的切割

另外，对于含有不同形状的磨料颗粒的水射流，其在切割时也呈现出不同的切割性能，在切割效率方面，对于塑性材料而言，含有正三角形磨料颗粒的水射流切割效率最高，其次是正方形磨料颗粒，而圆形磨料颗粒对于塑性靶体的切割效率最低，但是，对于脆性材料靶体，含有正三角形和正方形磨料颗粒的水射流切割效率差别并不明显，都要高于含有圆形磨料颗粒的射流。圆形磨料颗粒所对应的水射流，其切痕表面要比含有另外两种磨料颗粒的射流光滑。

对于单排磨料颗粒的水射流而言，在研究磨料颗粒和水射流耦合冲击靶体时，可以节省一定的计算量，并且可以得到定性的破碎现象，但是，针对磨料颗粒在靶体表面的堆积作用以及磨料颗粒分布对射流切割的影响研究都是难以实现的，因此，该模型增添了随机算法来完善粒子分布对切割影响的研究。

6.4.4　磨料水射流切割塑性和脆性材料的对比

为了研究磨料颗粒分布的影响，本章所建立的 SPH 模型可以生成粒子随机分布于射流中，并且磨料颗粒的角度也是随机生成的。以人为设定非对称分布于射流中心的磨料颗粒为例，分别取 0.2s 和 1.6s 时所对应的数值仿真结果，在仿真过程中，设定射流的水平速度 v_l 以及射流速度 v_j。

如图 6.25 所示，含有正三角形磨料颗粒的水射流冲击塑性材料的剥落形态较为明显，且在射流的中心区域容易产生磨料颗粒的堆积区域，其在切割脆性材料时，产生的裂纹较为明显，表面较为粗糙。如图 6.26 所示，含有正方形磨

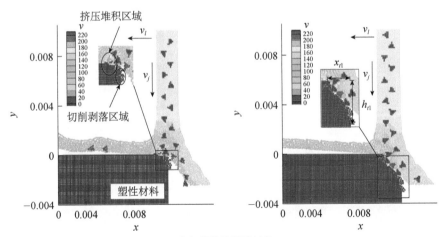

(a) 靶体为塑性材料

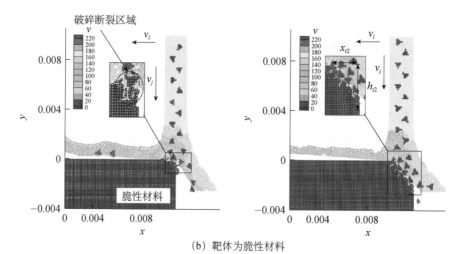

（b）靶体为脆性材料

图6.25 双排磨料颗粒随机分布数值模拟结果（正三角形颗粒）

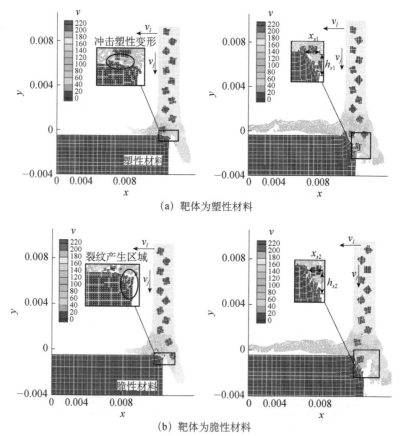

（a）靶体为塑性材料

（b）靶体为脆性材料

图6.26 双排磨料颗粒随机分布数值模拟结果（正方形颗粒）

料颗粒的水射流在冲击塑性材料时，产生的堆积区域较正三角形磨料颗粒不够明显，但是水平方向的冲击塑性变形区域要大于前者，其在切割塑性材料时，产生的裂纹深度也不及含有正三角形磨料颗粒冲击所产生的裂纹深度。

如图 6.27 所示，含有球形磨料颗粒的水射流在冲击靶体时所产生的靶体表面轮廓较角形颗粒而言，比较光滑，轮廓较为规则，产生的堆积区域较小，但是在切割效率方面不如角形颗粒效率高。

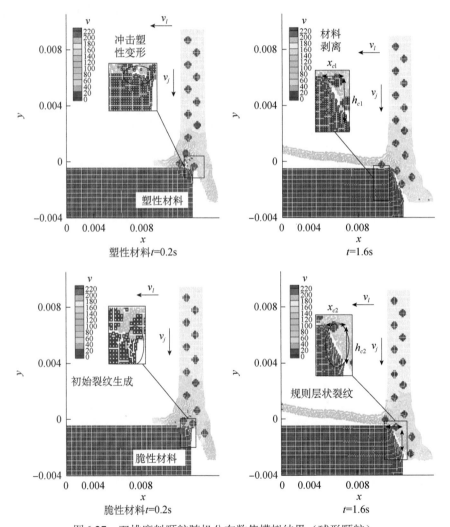

图 6.27　双排磨料颗粒随机分布数值模拟结果（球形颗粒）

本 章 小 结

　　本章以磨料水射流切割过程为研究对象，建立了颗粒射流耦合冲蚀模型，采用 SPH 方法进行求解，并通过编程实现仿真过程。以含有不同形状磨料颗粒射流的仿真结果为例，对比冲击不同的靶体所产生的不同效果，由于设定的磨料颗粒尺寸的大小和射流宽度的限制，每个粒子层随机分布三个磨料颗粒。在冲击靶体时，不同类型的靶体材料所产生的横向冲击范围几乎相同，但是脆性靶体材料的纵向应力集中传递得要深，反映到宏观上，脆性材料受到射流高速冲击会在一定深度产生裂纹，而延性材料在应力集中区域产生材料的堆积，通过挤压产生去除。含有随机分布粒子的射流在冲击靶体材料时产生的横向冲击区域几乎接近射流的宽度，且纵向切深较为均匀，而人为设定磨料颗粒分布的射流，横向冲击区域与前者相同，但是纵向切深在射流中心部分较深，射流边缘较浅。

第7章 数值算法的应用扩展

本章应用弱可压缩SPH模型和数值算法，来解决不同的工程或科学问题。借助于数值模拟，对相关的物理现象或力学机理进行探讨。一方面，测试模型和数值算法的正确性及适用性；另一方面，为加深相关物理机理的理解提供参考，同时为后续的扩展研究打下基础。

7.1 油气水混合液的重力分离过程模拟

在油气开采过程中，原油采出液通常是油气水三相混合物。对于高含水原油液，以散布的气泡和油滴为分散相的三相混合流动是井筒多相管流和多相分离器中的常见流态，称为"黏性泡状流"（viscous bubbly flows）。这种流动主要受流体黏性和表面张力的影响，通常使用无量纲数包括雷诺数（Re）和邦德数（Bo）来描述。本书在第3章建立了多相流SPH模型，解决了物理量（如密度）在界面处不连续的问题，确保模型可以用于模拟界面两侧为大密度比的多相流动（如气液两相流）。本节将多相流SPH模型应用于油气水分离模拟，模拟具有一定分布特征的初始油滴或气泡在连续相水中的运移过程，为重力式多相分离器的流场模拟提供一种有效方法。

本节通过几个具体实例来测试多相流SPH模型在油气水多相流动模拟中的适用性，包括两气泡上浮融合（7.1.1节）、分散相油滴沉降分离过程（7.1.2节）、油水重力分离器模拟（7.1.3节）、气泡上浮穿过油水界面（7.1.4节1.小节）、分散相油滴和气泡在连续相水中的分层过程（7.1.4节2.小节）。

7.1.1 两气泡上浮融合

如图7.1所示，计算域中包含一大一小两个气泡，将小气泡放置在大气泡的下方。气泡由轻质相流体构成，气泡周围为重质相流体。在重力的影响下，两个气泡会上浮，在上浮期间，较小的气泡被较大的气泡吸入并合并，最终融合成一个更大的气泡。本次模拟不考虑气泡的实际尺寸，不指定具体单位，仅通过无量纲数雷诺数和邦德数来分析气泡的行为。两个气泡的半径分别设置为

0.15和0.1，模型的其他尺寸参数如图7.1（a）所示。

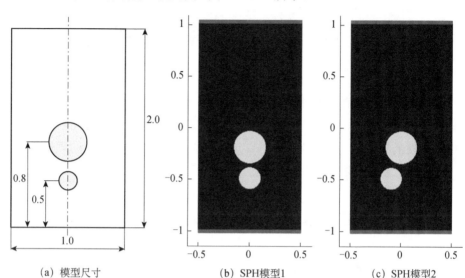

(a) 模型尺寸　　　　　　　(b) SPH模型1　　　　　　　(c) SPH模型2

图7.1　两气泡融合的SPH模型及参数

图7.1（b）和（c）给出了两气泡上浮的SPH初始模型，图7.1（b）中两气泡水平方向的距离为零，图7.1（c）中两气泡水平方向距离为0.1。将轻质相流体（气泡）的密度设置为10，而重质相流体的密度设置为轻质流体的100倍（即1000），对应的状态方程的系数分别设置为1.4和7。轻质相流体的动力黏度设置为0.156，重质相流体的动力黏度为0.078。初始的粒子间距为0.005，其中浅色部分代表轻质相流体，深色部分代表重质相流体。计算域的上、下边为固壁边界，分别采用了5层虚粒子，则对应的流体粒子和虚粒子的总和为80000。

图7.2展示了两个气泡上浮、合并过程的模拟结果。如图所示，由于气泡内外存在密度差，计算开始后两气泡由静止开始上浮，在界面张力和黏性力的综合作用下，大气泡的横向拉伸变形更明显，上升速度小于小气泡；小气泡逐渐追上大气泡，在两个气泡的上升过程中，小气泡逐渐被大气泡包围，最终融合在一起。图7.3给出了计算域中的速度矢量图和速度分布云图。由于大气泡下方中部的速度较高，对小气泡有"吸入"的作用，使得小气泡垂直方向的变形更明显。

如图7.4所示，两个气泡初始时刻存在一个水平距离。气泡开始上浮后，在大气泡的吸入作用下，小气泡向大气泡下部运移，导致大气泡和小气泡都出现了非对称的变形特征；随后，小气泡汇入到大气泡下方，最终完成了融合的过程。

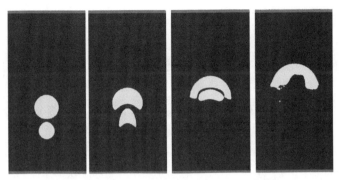

图 7.2　两气泡上升融合过程模拟结果（*Bo*=16.0）

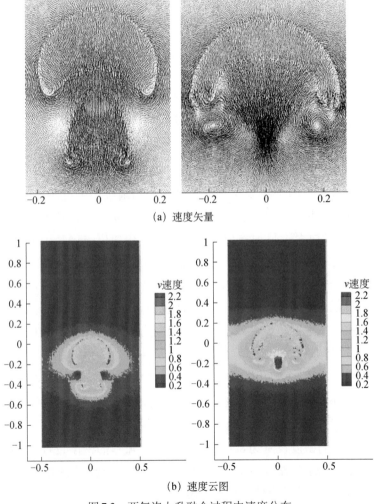

（a）速度矢量

（b）速度云图

图 7.3　两气泡上升融合过程中速度分布

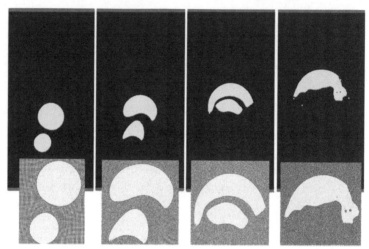

图7.4 两气泡上升融合过程模拟结果（两气泡初始的水平距离0.1，*Bo*=16.0）

7.1.2 分散油滴沉降分离过程

1. 大量油滴的生成

考虑油相以分散油滴的形式存在于油水混合物中，则为模拟油水分布状态，需要对油滴的粒径和分布进行描述，以便建立对应的数值模型。假设油滴初始为球形，则单个油滴的初始位置可由球心和粒径来描述。因此，对于包含大量油滴的计算域，只要确定了油滴粒径的分布函数，就可以得到油滴分布的几何描述，并假定每一个油滴初始形状为圆形（二维）或球形（三维）。

图7.5给出了包含大量油滴SPH模型的初始化建模流程。图7.6展示了均匀分布的油滴圆心位置和油滴半径的随机生成方法。假定计算域形状规则（如图7.6中的矩形计算域），将计算域划分为横向X、纵向Y个矩形区域，指定矩形的中点为液滴的参考位置点。通过给定随机数δ，在均匀分布前提下，对油滴的初始位置和粒径进行随机微调，调整的原则为相邻的油滴不产生空间干涉。

2. 油水沉降分层过程模拟

本小节将采用多相流SPH模型模拟分散相油滴在水中的沉降分离过程。在初始时刻，在计算域中生成一定粒径和空间分布的轻质相液滴，液滴周围为重质相流体。由于油和水的密度差远小于气液密度差，为了贴近实际情况，将轻质流体（液滴）的密度设置为800kg/m^3，而重质流体的密度设置为1000kg/m^3，对应的状态方程的系数分别设置为1.4和7。轻质流体的动力黏度设置为0.0065kg/（m·s），重质流体的动力黏度为0.007kg/（m·s）。计算域为2.0×2.0

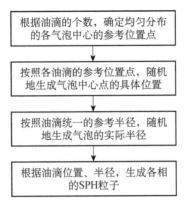

图 7.5　SPH 模型初始化流程

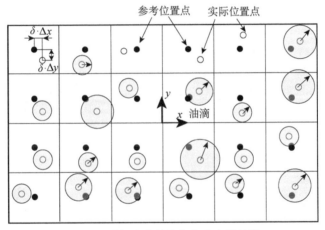

图 7.6　随机生成的均匀分布大量油滴

的正方形区域，其中 $y=0.5$ 为初始的油水界面；在 $y=0.5$ 以下的计算域中，按照大量油滴的生成方法，生成一定粒径和空间分布的油滴。初始的粒子间距为 0.01，上下固壁边界采用了 5 层虚粒子，粒子总数量为 40000。计算域的左右两侧采用了周期性边界，即在 x 方向认为计算域无穷大。

首先模拟均匀分布油滴（粒径 0.2）的上浮过程，即在生成分散相油滴时不采用随机方法生成粒径和油滴的位置。图 7.7 和图 7.8 分别给出了两种 Bo 数条件下的计算结果，分别为 $Bo=4.0$ 和 $Bo=32$。由于采用了均匀分布形式，所有油滴具有相同的粒径和间距，油滴在上浮过程中互相不干扰，而且未出现融合现象，油滴的上浮规律与单个油滴的上浮规律基本一致。在小 Bo 数下，油滴在表面张力的作用下，形状更接近球形，有助于降低拖拽力，从而更利于上浮过程。在较大的 Bo 数下，油滴上浮过程中的变形更严重。

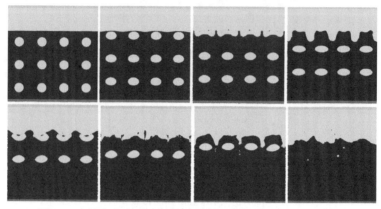

图7.7 含均匀分布油滴的油水分离过程模拟结果（Bo=4.0）

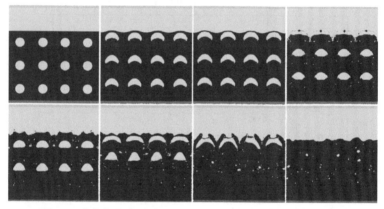

图7.8 含均匀分布油滴的油水分离过程模拟结果（Bo=32）

图7.9和图7.10为采用了随机位置和粒径的油水分离模拟结果，其中参考粒径为0.2，参考粒径的随机系数 δ_1=0.5，说明经过随机处理后，最大粒径可达0.3。如图7.9和图7.10所示，尽管采用了随机方法生成油滴，但油滴之间的间距仍然较大，所以在上升过程中互相之间未发生干扰。但是，由于不均匀性变强，引起油水界面处的波动变大，使得油滴上升至界面附近时受界面运动的影响变大。从图7.9和图7.10中可以看出，界面附近的油滴变形更严重。

采用SPH方法模拟油滴泡状流的优势在于不需要实时捕捉相界面，水相和油相采用不同标记的粒子，因此相与相之间的界面是"显式"存在的。这种多相处理方式使得SPH能够模拟油水界面的复杂流动，且在处理界面破碎、界面融合、界面大变形方面比VOF等欧拉方法更具有优势，数值计算更容易，稳定性更好。但是，SPH方法的劣势在于计算效率较低，这也是粒子方法的劣势之一，因此本节的内容只涉及二维流动。

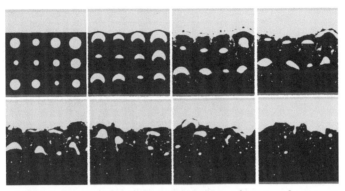

图 7.9　含随机分布油滴的油水分离过程模拟结果（δ_1=0.5，　δ_2=0.1，Bo=32）

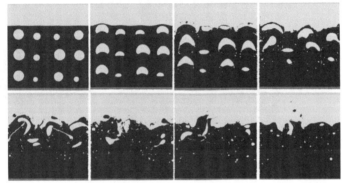

图 7.10　含随机分布油滴的油水分离过程模拟结果（δ_1=0.5，　δ_2=0.3，Bo=32）

7.1.3　油水重力分离器模拟

本小节采用 SPH 多相流算法，建立一个简化的油水分离器模型，如图 7.11 所示，流体由左边进口进入到分离器中，由右边的出口流出。在进口区域某固定位置，按照一定的时间间隔生成一定直径的油滴。SPH 初始模型如图 7.12 所示，所采用的结构尺寸为：整体宽度 W=120mm，高度 H=55mm，进出口直径 d=10mm，初始油水界面的位置 h=15mm。油滴的参考直径为 3.0mm，射入油滴的直径在参考直径附近随机取值。以油滴中心为圆心，以油滴半径为半径，将位于圆内的水相粒子转换为油相粒子，保持速度和位置信息不变，其他物理量按照油相参数设定。SPH 模型的初始粒子间距为 0.5mm，共生成 22100 个 SPH 粒子（包含流体粒子和边界粒子）。油相和水相的密度分别设置为 900kg/m³ 和 1000kg/m³，动力黏度分别设置为 0.002Pa·s 和 0.001Pa·s，界面张力系数设置为 0.02N/m，则根据油滴参考直径计算得到的 Bo 数为 4.5。进口速度设置为 0.15m/s，共计算了 145000 时间步，对应的物理时间为 12.5s。

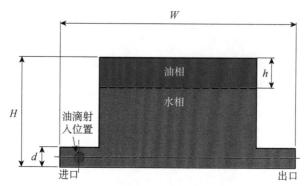

图 7.11　油水分离器的进出口边界条件

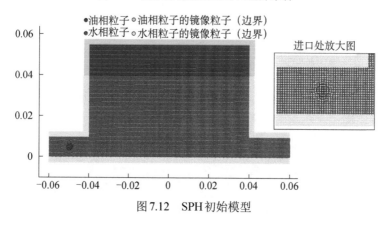

图 7.12　SPH 初始模型

　　图 7.13 展示了油水分离器模型的模拟结果。如图所示，油水分离器的左下方为进口边界，右下方为出口边界。在进口处流体的驱动下，入口水相不断向分离器内部流动，同时分离器底部的水相也经过出口不断流出。在进口附近，按时间间隔生成单个油滴，油滴在水流带动下流入分离器内部；进入分离器内部的油滴在重力作用下向分离器上部运动，最终达到油水界面并汇入上部的油相中（如图 7.13（b）所示）。随着油滴被不断地代入油水分离器中，油滴上浮并汇入上部的油相中，使得油水界面不断下移。

(a)　12000 步

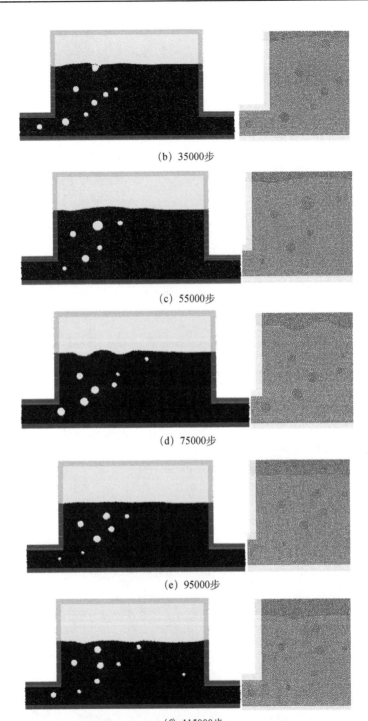

(b) 35000步

(c) 55000步

(d) 75000步

(e) 95000步

(f) 115000步

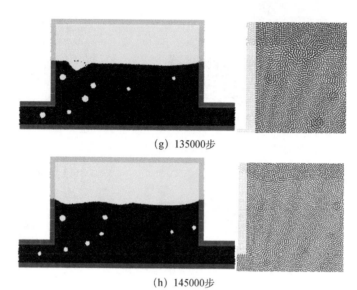

(g) 135000步

(h) 145000步

图7.13　带进出口边界的重力式油水分离器模拟结果

7.1.4　油气水三相流动

在石油工程中，油井采出液通常是包含油气水三相的混合物，本小节采用多相流SPH模型模拟包含油、气、水三相的界面流动。如图7.14所示，定义封闭空间中的油、气、水三相的初始分布，油、气、水分层分布，具有明显的相界面，而且在水相中，假定存在按一定规律分布的油滴和气泡。

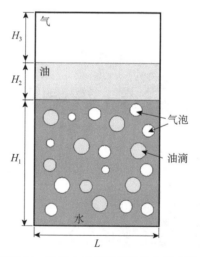

图7.14　油气水三相的初始分布示意图

1. 气泡上浮穿过油水界面

如图 7.15 所示，建立了单个气泡上浮穿越油水、气液界面的初始化 SPH 模型。初始时刻，气泡位于最底层的水相中；油水界面和气液界面的初始位置分别为 $y=-0.01\text{m}$ 和 $y=0.01\text{m}$。计算域的两侧设置为周期性边界条件，计算域的上部和下部分别使用了 5 层镜像粒子，并按照无滑移边界条件来设定镜像粒子的变量值。水和油的密度分别设置为 1000kg/m^3 和 800kg/m^3，气体的密度设置为 10kg/m^3；水的黏度和油的黏度均设置为 $0.001\text{Pa}\cdot\text{s}$；油水、油气、水气的界面张力系数均设置为 0.05N/m。

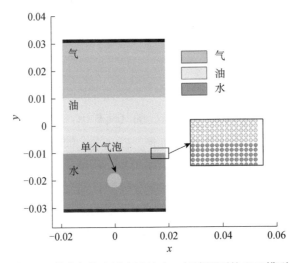

图 7.15　单个气泡上浮穿过油水、气液界面的 SPH 模型

图 7.16 展示了单个气泡上浮穿越油水和气液界面的模拟结果。如图所示，初始形状为圆形的气泡位于水层中央，在重力的影响下气泡开始上升，上升的过程中伴随着变形；气泡穿越油水界面的过程中，与气泡相连的下方水相在气泡的带动下也向上运动，油水界面也被拉长；随着气泡在油相中的上浮，被拉长的油水界面上部逐渐缩颈、拉断，最终与气泡彻底脱离；气泡随之穿越油气界面，并与气相混合。被拉长的油水界面在重力作用下回落，回落过程中油水界面被进一步拉断，在油相中形成一个单独回落的水滴。

2. 分散相油滴和气泡在连续相水中的分层过程

采用多相流 SPH 模型模拟封闭空间中的油气水三相重力分离过程。计算域中同时包含重质相水、轻质相气和中间相油，三者的密度分别设置为 1000.0kg/m^3，10.0kg/m^3 和 800.0kg/m^3。如图 7.17（a）所示，初始时刻计算域上

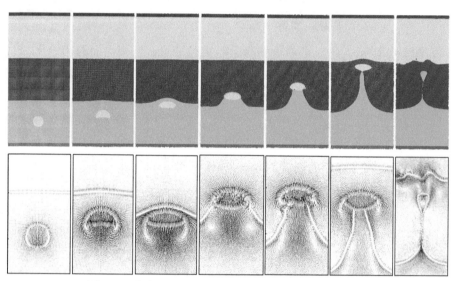

图7.16　单个气泡上浮穿越油水和气液界面的计算结果

部分为气相，下部分为水相，存在初始的气液界面；在连续相水中，按照均匀分布规律生成一系列分散的油滴和气泡。将油水、油气、水气的界面张力均设置为0.05N/m。计算域的宽度和长度均为0.06m；油滴和气泡分散地存在于连续相中，本次模拟共设置了16个油滴和8个气泡；油滴和气泡采用相同的初始粒径，初始粒径为0.005m；初始的粒子间距为0.0003m，则计算域中共包含4000个流体粒子；在计算域左侧和右侧采用周期性边界，计算域上部和下部采用固壁边界，并依据无滑移条件设置镜像粒子，镜像粒子的数量不是固定值的，会随着流体粒子的运动而变化。

　　如图7.17所示，在重力影响下，油滴和气泡均开始上浮；由于气相的密度最低，气泡的上浮速度也最快。如图7.17（b），靠近气液界面的两个气泡最先与气液界面上方的气体融合；如图7.17（c）所示，由于采用了均匀分布的油滴和气泡，有几个气泡在初始时刻位于油滴的正下方，气泡在上浮过程中速度大于油滴，追赶上油滴之后，气泡与油滴贴合在一起，共同上浮；由于气泡的浮力更大，推动着油滴加速上浮，使得被推动的油滴加速靠近上方的油滴，并与上方的油滴合并，加速了油滴聚并的过程。水中全部的气泡最先完成上浮，融入气液界面上方的气体中，水中很快就只留下分散相油滴（图7.17（h））。在随后的过程中，油滴继续上浮，并在气液界面处聚结，最终形成油膜，漂浮在水面上，如图7.17（i）所示。图7.17展示了一个完整的油气水泡状流的重力分离过程。在这个过程中，发生了气泡和油滴的上浮、气泡与油滴的聚结、小油滴聚合为大油滴、油膜的形成等现象。本次模拟也展示了多相流 SPH 方法在油气水泡状流模拟中的优势。

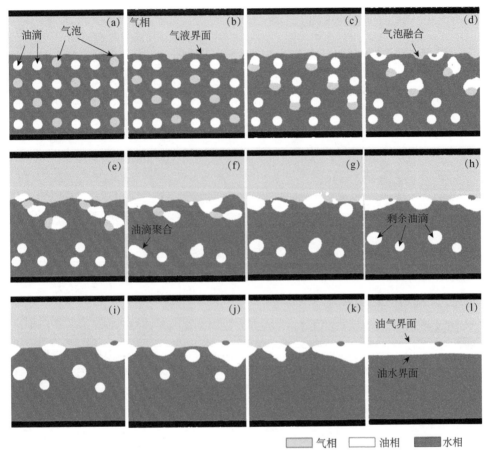

图 7.17　分散相油滴和气泡的分层过程模拟结果

7.2　液滴冲击弹性基底力学行为研究

液滴冲击弹性基底的过程也是自然界和工业领域的常见现象，在许多领域扮演重要角色，如雨滴能量收集、昆虫翅膀仿生、柔性纸张的喷墨打印等。液滴冲击弹性基底的过程本质上是一个涉及表面张力的非线性力学过程，由于空间尺寸和时间尺度的限制，很难通过实验和理论分析去细致地还原冲击过程的力学行为，不利于对物理机理的理解。本节采用液滴冲击 SPH 模型研究液滴冲击弹性基底的力学行为。考虑了两种类型的弹性基底，分别为两端固定梁和悬臂梁。借助于数值模型，可以还原液滴冲击弹性基底的耦合变形过程，预测弹性基底的变形及振荡行为，同时捕捉液滴的铺展、回弹、飞溅等行为。

7.2.1 液滴冲击两端固定梁

图 7.18 展示了液滴冲击两端固定梁的 SPH 模型。其中，液滴及弹性基底均采用 SPH 粒子离散，粒子间初始间距为 0.2mm。梁的厚度 H 为 2.5mm，长度 L 设定为 15.0mm。在计算中，给定初始的冲击条件，包括液滴直径 D_0 和冲击速度 U_0。

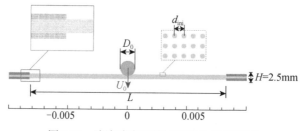

图 7.18　液滴冲击两端固定梁的 SPH 模型

1. 液滴的三种回弹行为

改变液滴冲击速度 U_0（0.1～3.0m/s）来分析冲击速度对液滴动力学行为的影响。与亲水性刚性基底产生的液滴沉积或部分反弹等现象相比，超疏水弹性基底的情况不同。其中，流固耦合作用过程将导致液滴的弹跳（主要包括"球状"反弹和"饼状"反弹）或飞溅行为。液滴变形过程中各种力学行为的转换由不同阶段受力情况所决定。

图 7.19（a）展示了液滴冲击速度由 0.2m/s 提升到 3.0m/s 过程中液滴变形行为的计算结果，为了放大展示液滴的行为，图中仅展示了四分之一部分的梁。图 7.19（b）展示了每种液滴冲击速度下实验观测结果。由图可知，较低冲击速度下（U_0=0.2m/s，We=0.56），液滴呈现缓慢铺展并在 2ms 左右时刻出现"球状"反弹，另外液滴周边在变形过程中始终保持外凸轮廓，结合实验现象，该数值模拟结果体现了表面张力在阻碍液滴变形过程中相对于惯性力的主导作用，复现了低韦伯数（We<1）条件下液滴在超疏水弹性基底表面的"球状"反弹现象。

随着冲击速度的增大（U_0=1.0m/s，We=13.89），液滴弹起过程中呈现"饼状"形态。增大的液滴动能导致液滴进一步铺展，当达到最大铺展半径后，液滴开始回缩并沿反方向弹起。图 7.19（b）中的相应实验结果验证了液滴的"饼状"反弹行为，此前研究中也表明大雷诺数（$We>12$）条件下，液滴在最大铺展直径处以"饼状"形态反弹。当冲击速度进一步增大（U_0=3.0m/s，We=125）时，液滴发生飞溅，即在冲击瞬间分裂成若干卫星液滴并向四周飞溅。实验观察到的液滴飞溅行为表明，对于弹性基底表面，液滴飞溅的临界条件为韦伯数大于51.7。有关实验结果验证了该数值模型在模拟液滴飞溅行为的可行性，同时也体现了模型中表面张力算法在处理较低雷诺数下真空界面问题时的鲁棒性和有效性。

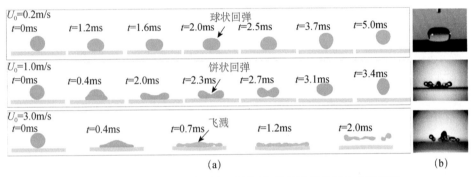

图7.19　不同速度下液滴冲击两端固定梁的计算结果和实验图像

　　根据图7.19中液滴呈现的冲击过程对比，本节所采用的SPH模型可以成功预测液滴冲击超疏水表面的力学行为。液滴速度由低向高转变时，液滴的冲击行为也发生了很大变化，但在每种速度或韦伯数范围内，具有一定的相似性。在压电雨滴能量收集（piezoelectric raindrop energy harvesting，PREH）领域，液滴冲击机制或行为之间的转换将直接导致能量转换机制的改变，从而影响能量俘获效率。在PREH领域，针对液滴冲击弹性基底（即压电弹性薄膜）的过程，研究液滴冲击机制转换的临界条件对于能量俘获领域的研究是至关重要的。

　　液滴冲击条件可以由两个无量纲数描述，分别为雷诺数（$Re = \rho U_0 D_0 / \mu$）和韦伯数（$We = \rho U_0^2 D_0 / \sigma$）。如图7.20所示，通过改变冲击参数（$U_0$=0.1～3.0m/s，$D_0$=1.0mm，$L$=15.0mm），确定了液滴由"球状"反弹过渡到"饼状"反弹的临界条件为U_0=0.3m/s，We=1.25；液滴由"饼状"反弹过渡到飞溅的临界条件为U_0=2.0m/s，We=55.56。

　　由于液滴飞溅对能量转换过程起到消极作用，因此受到许多学者的关注。其中，Mundo等基于实验研究结果确立了由雷诺数（Re）和奥内佐格数（Oh）所决定的临界参数K_m，即$K_m=Oh\,Re^{1.25}$。当K_m大于57.7时，液滴将发生飞溅。通过对比，本文的数值模拟结果得出在K_m大于50.0时发生液滴飞溅。另外，

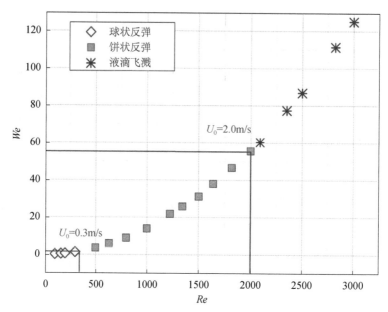

图 7.20　液滴的冲击机制与 We 和 Re 的关系

Weisensee 等基于该临界条件得出发生液滴飞溅的临界冲击速度 $V_c=2.1/D_0^{0.6}$。该结论表明直径为 1.0mm 的液滴，其临界冲击速度为 2.1m/s，与本文的数值模拟结果得到的临界冲击速度 2.0m/s 较为接近。综合以上研究结果表明，本文所提出的数值模型在预测液滴典型力学行为转换中具有较高的准确性。

2. 基底弹性的影响

区别于刚性基底，液滴冲击弹性基底主要表现为"跳板效应"，即液滴提前从基底表面反弹，该现象将直接导致接触时间的缩短。本节主要讨论基底弹性对液滴力学行为的影响。图 7.21 对比了直径为 1.0mm 的液滴以 1.0m/s 的速度分别冲击弹性和刚性梁的模拟结果，图中仅展示了梁的二分之一长度。可以看出在流固耦合作用过程中，基底弹性加速了液滴各阶段的变形、运动，从而导致液滴相对于刚性基底提前从弹性基底表面反弹。根据预测结果，液滴与弹性基底和刚性基底的接触时间分别为 2.11ms 和 3.26ms，缩短了 35.3%。

为进一步研究基底弹性的影响，图 7.22 展示了液滴-梁系统的速度分布情况，左侧显示了速度大小分布，右侧对称部分展示了离散粒子的速度矢量方向。冲击过程中主要存在两种能量转换机制：动能和（液滴）表面能之间的转换；动能和（梁）弹性势能之间的转换。液滴的铺展、回缩通过流固耦合作用实现与梁之间动能、弹性势能和表面能之间的转换，部分液滴动能通过黏性耗

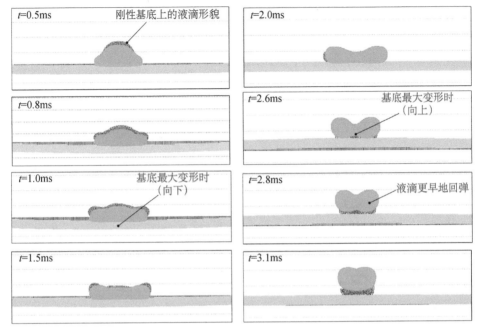

图 7.21　弹性基底上的液滴"饼状反弹"

散释放。数值模拟中，奥内佐格数（Oh）和毛细管数（Ca）分别体现黏性力相对于惯性力和毛细力的比值且数值均远小于 1，表明了黏性力在液滴冲击问题中作用微弱。

如图 7.22（a）所示，流固耦合作用初期，液滴动能转换为表面能和梁的弹性势能，水平方向的速度矢量表明液滴正处在铺展过程；当到达图 7.22（b）中时刻，液滴的纵向速度和梁的速度均趋近于零，梁开始从最低点返回初始位置，此时系统的动能最小；当液滴达到最大铺展直径时，如图 7.22（c）所示，液滴横向速度为零并开始向上回弹，此时液滴的表面能达到最大，先前储存在梁中的弹性势能释放并推动液滴向上运动，系统的动能增大；液滴回缩阶段呈现"饼状"反弹，如图 7.22（d）所示，速度矢量方向体现了四周粒子向液滴中心汇聚和向上提升的综合作用，此时梁从最高点又回到初始位置；当液滴脱离基底表面后，如图 7.22（e）所示，梁进入自由振动阶段，液滴在表面张力作用下继续回缩，在惯性力作用下液滴内部出现较大的速度梯度，顶部粒子的速度达到了 1.1m/s，甚至超过了液滴的初始冲击速度 1.0m/s，揭示了弹性基底在流固耦合作用中对液滴的影响；随后液滴在此作用下被拉长，如图 7.22（f）所示。接下来液滴将在循环往复的铺展、回缩和反弹过程中达到平衡状态。

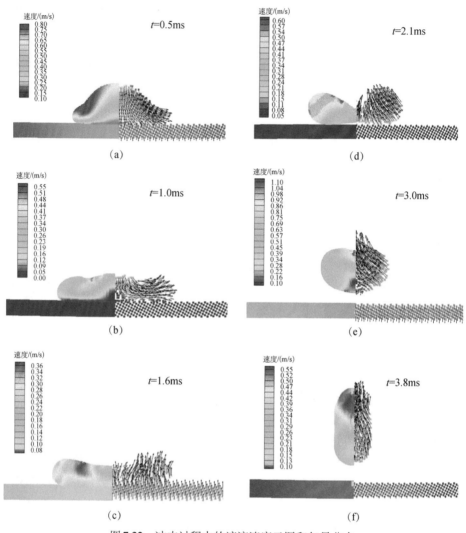

图 7.22　冲击过程中的液滴速度云图和矢量分布

3. 液滴直径的影响

忽略黏性作用的影响，冲击过程还受到冲击速度和液滴直径的影响。研究表明梁的最大变形与冲击速度之间呈线性关系，且不改变梁的固有振动频率。通过数值模拟研究，液滴直径的影响机制不同。图 7.23（a）绘制了液滴直径由 1.0mm 增大到 3.0mm 时梁的变形-时间曲线，梁的末端变形随液滴直径的增大而增大。这是由于较大的液滴直径导致惯性力发挥作用，与毛细力相比占主导地位。此外还可以看出，弹性梁的振动频率也受到液滴直径的影响。图 7.23（b）为梁的末端变形随韦伯数的变化趋势，呈现近似线性的变化规律。

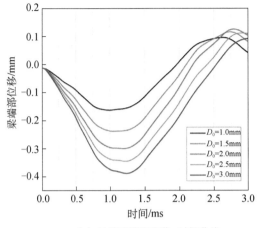

（a）悬臂梁端部位移–时间曲线

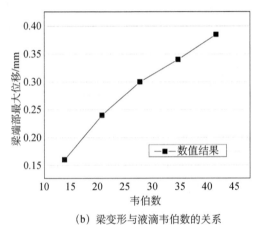

（b）梁变形与液滴韦伯数的关系

图 7.23　液滴直径变化对悬臂梁变形的影响

7.2.2　液滴冲击微悬臂梁

本节主要围绕液滴冲击悬臂梁，通过模拟冲击引起弹性基底的大变形，验证 SPH 模型在处理该类问题时的鲁棒性和灵活性。图 7.24 所示为液滴冲击悬臂梁的 SPH 模型。梁的尺寸为 $L \times H = 8.0\text{mm} \times 2.5\text{mm}$，其中一端由 SPH 粒子固定，液滴冲击梁的自由端并引起较大变形。如图所示，$\delta_{\max}$ 代表梁的最大变形（即悬臂梁自由端的最大位移）。为表征变形程度，此处仍然采用无量纲参数 χ，即 $\chi = \delta_{\max} / L$。与两端固定梁相比，针对悬臂梁的所有数值模拟结果均有 $\chi > 0.1$，验证了冲击引起的大变形问题。

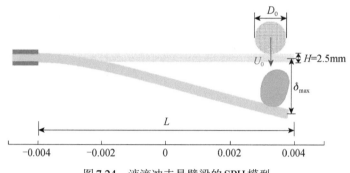

图 7.24　液滴冲击悬臂梁的 SPH 模型

1. 液滴冲击悬臂梁的大变形

柔性梁在模拟真实环境现象（如植物叶片）中起到重要作用，与刚度较大的梁相比，液滴冲击柔性梁后可能会从其表面滑落并导致梁的较大变形。图 7.25 展示了液滴冲击柔性悬臂梁的模拟结果，直径为 1.0mm 的液滴以 1.0m/s 的速度冲击悬臂梁末端，梁的弹性模型为 $E=3.0\times10^6\mathrm{Pa}$。与两端固定梁的模拟结果相比，柔性梁上液滴同样经历铺展、回缩及反弹等阶段，同时推动梁的末端运动。值得关注的是液滴的反弹过程，在流固耦合作用下，液滴依次呈现"梨形"形态（图 7.25（d））和"倒梨形"形态（图 7.25（e）），这主要是因为惯性力优于毛细力的结果，图中左下角对应的实验快照也验证了该现象的产生。另外，如图 7.25（g）所示，液滴离开悬臂梁时，梁达到最大变形且 $\chi=0.33$。

液滴冲击实验中，悬臂梁的结构参数为 33.0mm×10.0mm×0.05mm，冲击参数为 $U_0=1.48\mathrm{m/s}$，$D_0=2.6\mathrm{mm}$。使用 Neverwet 喷剂在悬臂梁表面制备纳米级涂层，使其具有超疏水特性。实验结果测得 $\chi=0.33$，与模拟结果一致。尽管各项参数不完全一致，但通过对比无量纲参数 χ 可以得出相应定性结论。综合对比实验和模拟结果，SPH 模型在定性研究液滴典型力学行为和柔性悬臂梁变形时具有可行性和可靠性。

2. 液滴在梁端部的滑落

悬臂梁结构在模拟实际现象时具有显著优势，如前面提到的植物叶片，可表现出振动特性以及对液滴的柔和排斥力。而现实环境中，一些特殊现象的出现不可避免。例如，当雨滴以相对较大的速度冲击靠近梁末端位置时，会产生"滑落"现象。图 7.26 展示了对这一现象的模拟结果，其中冲击速度设定为 $U_0=2.0\mathrm{m/s}$，梁的弹性模量为 $E=3.0\times10^6\mathrm{Pa}$。与先前两端固定梁的模拟结果相比，液滴没有在较大冲击速度下发生飞溅，而是在柔性梁微弱作用力下缓慢滑移，并在导致梁的最大变形后渐渐脱落、断裂。

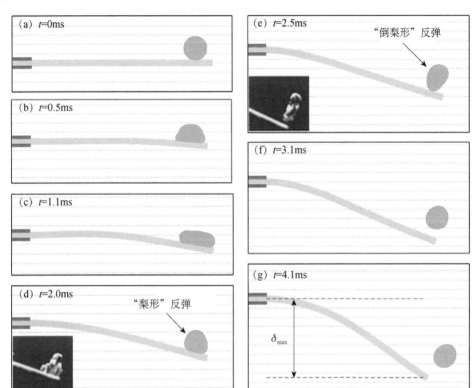

图 7.25　液滴冲击柔性悬臂梁的模拟结果

如图 7.26 所示，当液滴接触梁末端时（图 7.26（a）），液滴在变形过程中其动能转化成表面能；其中与梁接触的部分液滴在流固耦合作用下缓慢变形（图 7.26（b）～（d）），其内部速度场分布均匀连续；而不与梁接触的部分则在惯性力和表面张力的共同作用下具有较高的速度，驱使液滴滑落；当液滴内部速度场分布不均匀时（图 7.26（e）），液滴开始脱落，此时液滴具有最大的表面能；随后液滴完全脱离梁表面并在最薄弱处断裂（图 7.26（f）和（g）），悬臂梁进入自由振动阶段。同样的冲击参数下，发生"液滴滑脱"时引起的悬臂梁最大变形较小，说明"液滴滑脱"现象对能量转换过程起到消极作用，但却是一种易观察到的自然现象，可以运用 SPH 模型进行模拟和预测。

3. 悬臂梁弹性的影响

改变悬臂梁弹性模量（$1.0 \times 10^{6} \sim 3.0 \times 10^{8}$Pa），研究悬臂梁刚度对液滴力学行为的影响，图 7.27 预测了液滴铺展直径随基底弹性的变化规律。结果显示任

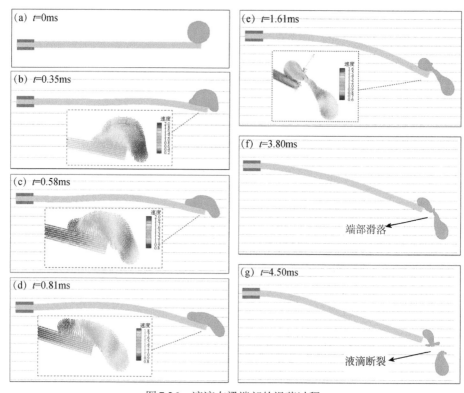

图7.26　液滴在梁端部的滑落过程

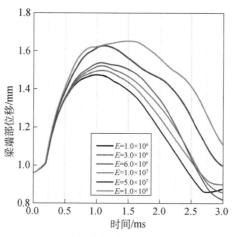

图7.27　不同弹性模量基底的液滴铺展直径时间曲线（$D(t)$）

意条件下，液滴铺展时间均小于液滴回缩所经历的时间，呈现更大的变形速率。液滴铺展初期所有曲线基本重合，说明液滴变形初期不受基底弹性影响。而液滴回缩阶段，基底弹性越大，最大铺展直径越大，梁的振动频率也受基底弹性的影响。图 7.28 为梁的最大变形随基底弹性的变化规律，近似双曲线变化。刚度较低时，梁产生较大变形，随着基底弹性的增大，变形程度迅速下降；刚度较大时，梁的最大变形受弹性的影响较小。

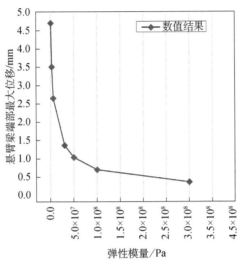

图 7.28　不同弹性模量悬臂梁的最大变形

本小节建立了适用于液滴冲击超疏水弹性基底（两端固定梁和悬臂梁）的 SPH 数值模型，能够模拟预测在惯性力、表面张力及基底弹性综合作用下的液滴冲击现象。通过相关实验结果的对比分析，验证了该模型的鲁棒性和准确性。对于两端固定梁，研究了当液滴冲击梁中点位置时冲击参数对液滴动力学行为的影响，结果显示随着冲击速度的提高，液滴将呈现"球状"反弹、"饼状"反弹和飞溅；增大液滴直径将增大梁的变形程度；另外对比了液滴冲击刚性和弹性基底时基底弹性的影响。与之相比，液滴冲击悬臂梁自由端时，基底对液滴的作用力被削弱，梁的末端呈现较大变形；当冲击位置进一步靠近末端时，将出现"液滴滑脱"现象，此时梁的变形程度将被削弱；此外基底弹性对梁的末端变形影响较大。综上所述，该数值模型可以有效模拟液滴冲击中的流固耦合作用过程，预测液滴的动力学行为和梁的变形程度。

7.3　角型颗粒冲击延性金属材料的冲蚀机理研究

本节将所建立的颗粒冲蚀 SPH 模型应用于角型颗粒冲击延性金属材料表面的冲蚀机理研究。采用 Johnson-Cook 本构模型描述金属材料的塑性变形行为，通过对比实验测得的凹坑轮廓来验证 SPH 模型，进而系统地研究冲击参数对冲蚀机制的影响规律。

7.3.1 冲击角和方位角的影响

1. 颗粒旋转

颗粒的旋转是角型颗粒冲击延性材料中的重要现象，颗粒的旋转受冲击角和方位角影响较大。因此，本节将分析入射参数中的冲击角和方位角的影响。仍旧使用对称形状的菱形颗粒，维持冲击速度（V_i）为常数 80m/s，改变冲击角 α_i 的范围为 $0°\sim90°$，方位角 θ_i 的变化范围为 $-50°\sim50°$，如图 7.29 所示。

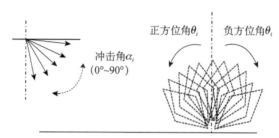

图 7.29　冲击角和方位角的调整示意图

对于某一固定的冲击角，通常存在一个方位角的临界值（θ_{cri}），当颗粒的方位角低于该临界值时颗粒向后翻滚，否则颗粒向前翻转。图 7.30 给出了当冲击角 $\alpha_i=80°$ 时（冲击速度为 80m/s），改变方位角，θ_i 在 $-20°\sim50°$ 的范围内以 $10°$ 的间隔变化时颗粒的运动轨迹。图中的运动轨迹是不同时刻颗粒位置的叠加，两叠加颗粒之间的时间间隔为 20μs。

从图 7.30 可以看出：当 $\theta_i<10°$ 时，颗粒为向前翻滚，颗粒表现为前旋旋转；当 $\theta_i>10°$ 时，颗粒为向后翻滚，颗粒表现为后旋旋转。且从图中还可以看出，颗粒的旋转趋势随着方位角的增加逐渐减弱，在临界方位角时（当 $\alpha_i=80°$ 时，临界方位角 $\theta_{cri}\approx10°$）颗粒的旋转被大大抑制了。在超过临界方位角后，颗粒的后旋趋势逐渐加强，在 $\theta_i=40°$ 和 50° 时最终造成了"挖掘"动作，导致了材料的直接去除。

图 7.31 展示了冲击角为 $\alpha_i=80°$ 时，不同方位角下的角速度随时间的变化曲线。其中颗粒的角速度已经通过下式进行了无量纲化，无量纲化角速度 $\bar{\omega}$ 定义为

$$\bar{\omega}=\frac{\omega}{V_i/h} \tag{7-1}$$

式中，V_i 为颗粒的冲击速度，单位 m/s；h 为菱形颗粒的边长，单位 m。角速度

为正值代表颗粒旋向为后旋，角速度为负值代表颗粒旋向为前旋。

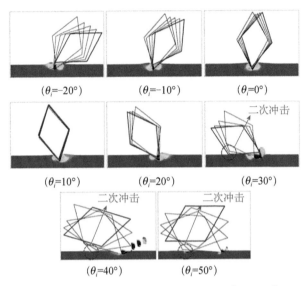

图7.30　不同方位角下颗粒的运动轨迹$(\alpha_i = 80°)$

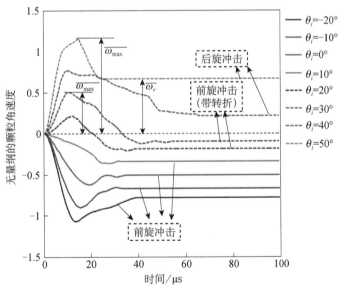

图7.31　颗粒的旋转角速度随时间的变化曲线

　　如图7.31所示，向后旋转的颗粒（$\theta_i \geqslant 40°$ 时）在冲击过程中始终具有正角速度，向前旋转的颗粒（$\theta_i \leqslant 10°$ 时）始终具有负的角速度。而当$10° < \theta_i < 40°$时，颗粒在最初阶段向后旋转，随着时间的推移，旋转速度逐渐降低，冲击逐

渐变为向前旋转。从图中可以明确识别"后旋"到"前旋"转折点的位置，即 $\bar{\omega}=0$ 所对应的点。

图 7.32 展示了固定方位角 $\theta_i=20°$ 时，冲击瞬间颗粒的运动轨迹和旋转行为随冲击角的变化。由图可知，随着冲击角由低到高，颗粒的翻滚方向由前旋逐渐转化为后旋。临界值出现在 $\alpha_i=70°$ 时，在该条件下，颗粒的旋转被大大抑制。

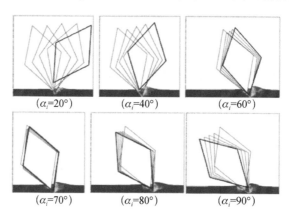

图 7.32　不同冲击角下颗粒运动轨迹 $(\theta_i=20°)$

2. 临界方位角

由以上分析可知，颗粒的旋转与入射参数中的冲击角和方位角密切相关。其中临界方位角是标定颗粒前旋或后旋的特征参数，颗粒在临界方位角处的旋转行为被大大抑制。对于角型颗粒的冲击而言，旋转是释放冲击能量的一种方式，颗粒的初始动能转化为颗粒旋转的能量越多，则用于塑性变形的能量就越少，在一定程度上会降低对材料的破坏效应。

颗粒的反弹运动学也是冲蚀磨损领域的重要研究内容，这在预测颗粒在内流流场中的流动中尤为重要，因为要预测颗粒与壁面相互作用后颗粒的反弹方向和反弹速度，一般由颗粒的回复系数来表征。本小节将分析冲击角和方位角变化时角型颗粒的反弹运动学参数的变化规律，包括反弹速度 V_r，反弹角速度 ω_r，反弹角度 α_r。

颗粒的旋转存在一个临界点，在临界点前颗粒为前旋旋转，在临界点后为后旋旋转。该临界点就可以由临界方位角来表征。图 7.33 展示了不同冲击角下，颗粒的反弹角速度 ω_r 与方位角之间的关系。根据临界点的定义，临界方位角的位置即发生在 $\omega_r=0$ 时。由图中可知，每一个冲击角都对应了一个临界方位角，且临界方位角的值会随着冲击角的增加而减小。$\alpha_i=20°$ 时，不存在临界点，即在该冲击角下，无论方位角如何调整，颗粒只可能发生前旋冲击。图中虚线圈标出的算例，即是发生了后旋冲击，同时造成了"挖掘"动作，导致材料的直接去除。综合来讲，如果不关注颗粒的旋转方向，颗粒角速度的绝对值在临界点处最小。

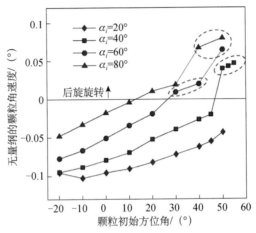

图 7.33　方位角和冲击角对反弹角速度的影响

3. 对反弹速度和角度的影响

图 7.34（a）展示了方位角和冲击角对反弹速度 V_r 的影响。以图中可以看出，与反弹角速度的绝对值相似，颗粒在临界方位角处的反弹速度也处于最低值，这说明颗粒在临界点处倾向于失去其大部分的动能。在这种情况下，颗粒有嵌入材料表面的可能。图 7.34（b）展示了反弹角度 a_r 随方位角和冲击角的变化规律。反弹角度随着冲击角的增加而增加，即冲击角越接近于垂直入射，颗粒的反弹方向也越接近垂直方向。在某一固定的冲击角下，当方位角由负值逐渐增加时，颗粒的反弹角度也逐渐增加，大约在临界方位角处达到峰值；而方位角超过临界值后，反弹角度又出现一定程度的下降且变得不规律。原因是颗粒受二次撞击的影响，当颗粒的尖端完成"挖掘"动作，此时颗粒仍旧具有向后旋转的角速度，颗粒的钝角端接触到材料表面，对表面造成了"二次打击"，使得颗粒的反弹方向发生了改变。

图 7.35 能够很好地展示角型颗粒撞击后反弹运动行为的复杂性。由图可知，颗粒的反弹方向（箭头方向）和反弹速度（箭头的长度）受方位角影响很大。例如当 $\alpha_i = 80°$ 时，颗粒接近于垂直入射，在不同方位角下，颗粒的反弹角度范围基本覆盖了 $0° \sim 180°$。

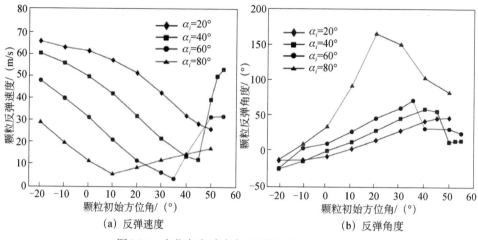

(a) 反弹速度

(b) 反弹角度

图 7.34　方位角和冲击角对颗粒反弹参数的影响

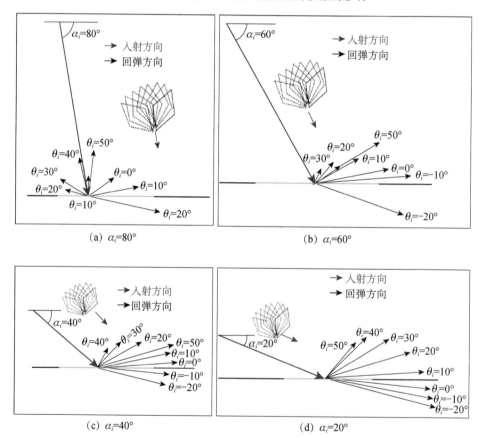

(a) $\alpha_i=80°$

(b) $\alpha_i=60°$

(c) $\alpha_i=40°$

(d) $\alpha_i=20°$

图 7.35　冲击参数对颗粒反弹方向的影响

4. 对凹坑轮廓的影响

颗粒撞击产生的凹坑轮廓是变形机制的直接体现。凹坑的轮廓及尺寸参数，包括插入深度 h_{dep} 和堆积高度 h_{lip}。图 7.36 展示了在冲击角 $\alpha_i = 80°$ 时，不同方位角下的凹坑轮廓对比图。前面已经分析了该入射条件（$\alpha_i = 80°, V_i = 80\text{m/s}$）下，颗粒的旋转方向和运动轨迹随方位角的变化情况。分析轮廓曲线，当方位角为负值时，在颗粒撞击方向的后方形成材料的堆积；随着方位角值的增加，插入深度 h_{dep} 不断增大，颗粒前方的堆积高度 h_{lip} 也不断增加；方位角超过临界方位角后，颗粒开始由前旋转变为后旋，变形机制也相应地改变，表现在凹坑轮廓上即是材料的堆积消失，凹坑轮廓的深度也变得很浅，但凹坑的长度变大。

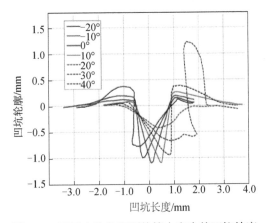

图 7.36　不同方位角下颗粒撞击产生的凹坑轮廓

图 7.37 展示了三种冲击角 $\alpha_i = 40°, 60°, 80°$ 下，当发生后旋冲击时的情况，后旋旋转的颗粒倾向于造成"挖掘"效应，导致材料的直接去除；当该变形机制发生时，方位角一般已经超过了临界方位角，如图 7.37（a）中的 $\theta_i = 40°, 50° > 10°$；如图 7.37（b）中的 $\theta_i = 40°, 50° > 30°$；如图 7.37（c）中的 $\theta_i = 50°, 55° > 45°$。同时也可以由图中观察到"挖掘"量（被直接去除的材料量）会随着方位角的继续增加而减小。

7.3.2　冲击速度的影响

本小节研究在前旋冲击（$\alpha_i = 60°, \theta_i = 20°$）和后旋冲击（$\alpha_i = 60°, \theta_i = 40°$）两种情况下冲击速度（$V_i = 20 \sim 100\text{m/s}$）对颗粒冲击行为和冲蚀机制的影响。

1. 对颗粒运动参数的影响

通过仿真分析还可以得出，冲击速度对颗粒运动参数的量值影响较大，而

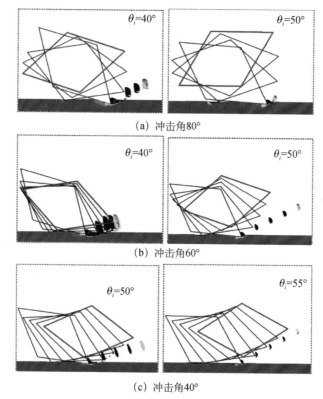

(a) 冲击角80°

(b) 冲击角60°

(c) 冲击角40°

图 7.37　方位角对切削量的影响

对颗粒的旋转行为影响很小，包括颗粒的旋转方向和无量纲角速度与时间的关系曲线。图 7.38 给出了颗粒冲击速度对颗粒的角速度的影响。其中，图 7.38 (a) 给出了峰值角速度 $|\omega_{max}|$ 随冲击速度的变化情况，图 7.38 (b) 给出了反弹角速度随冲击速度的变化。由图可知，无论是后旋 ($\alpha_i = 60°, \theta_i = 40°$) 还是前旋 ($\alpha_i = 60°, \theta_i = 20°$) 冲击，峰值角速度随着冲击速度的增加而单调递增。对反弹角速度 $|\omega_r|$ 而言，如图 7.38 (b) 所示，后旋撞击情况 ($\alpha_i = 60°, \theta_i = 40°$) 下的 $|\omega_r|$ 随着冲击速度的增加存在一个谷值，这意味着冲击速度影响到了颗粒的旋转行为。

2. 凹坑轮廓

前面已经分析过，发生前旋冲击的菱形颗粒造成深但短的凹坑轮廓形状，如图 7.39 (a) 所示，展示了不同冲击速度下的凹坑轮廓对比。可以看出凹坑的尺寸随着冲击速度的增加成比例地增加，同时凹坑的轮廓形状基本不变。这表明，颗粒的冲蚀变形机制未随着颗粒的冲击速度而产生变化。

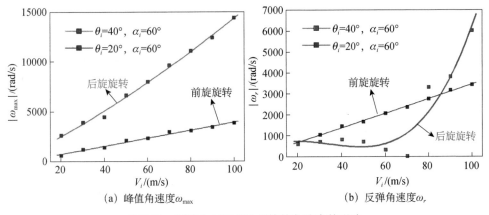

(a) 峰值角速度 ω_{max}　　　　　　(b) 反弹角速度 ω_r

图 7.38　颗粒冲击速度对颗粒的角速度的影响

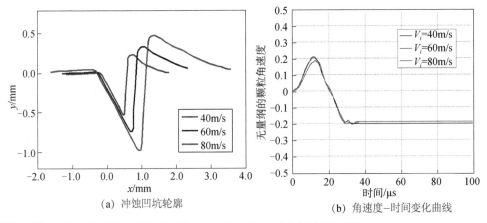

(a) 冲蚀凹坑轮廓　　　　　　(b) 角速度–时间变化曲线

图 7.39　颗粒冲击速度的影响（对前旋冲击的颗粒）

图 7.39（b）展示了三种情况下颗粒的无量纲角速度随时间的变化曲线，由图可知，三种冲击速度下的曲线基本重合。说明对于该种情况（前旋撞击，$\alpha_i = 60°$，$\theta_i = 20°$），颗粒的旋转行为基本不受颗粒的冲击速度影响。除此之外，颗粒的反弹方向受冲击速度的影响也较小：当冲击速度在 $V_i = 20 \sim 100 \text{m/s}$ 范围内变化时，颗粒的反弹角度在 $\alpha_r = 45° \sim 55°$ 范围内变化。可以认为，冲击速度对前旋撞击情况下的菱形颗粒的撞击行为影响较小，但对于后旋撞击则是另一种情况。

3. 对微切削机制的影响

对于后旋冲击来讲，冲击速度改变可能造成的影响在 Takaffoli 和 Papini 的实验中被间接地证实过。文献中的实验数据和本文仿真对比数据列入了表 7.1 中。如表所示，3 号和 4 号数据使用了同样的冲击角和方位角组合（$\alpha_i = 60°$，$\theta_i = 40°$），但使用了不同的冲击速度（分别为81m/s和50m/s），通过实验观察到两种不同的变形行为：前者造成了材料的直接去除（即"挖掘"动作），后者造成了材料的堆积（在挖掘动作结束之前，颗粒发生了反弹，"挖掘"动作"失败"）。通过SPH模型重现了这两种情况下的冲击过程。

表7.1　菱形颗粒撞击OFHC copper材料的实验和仿真数据

编号	入射参数			测试数据		仿真数据		变形行为	旋向
	V_i/(m/s)	a_i/(°)	θ_i/(°)	V_r/(m/s)	a_r/(°)	V_r/(m/s)	a_r/(°)		
1	81	60	20	14.0	47.0	12.07	49.18	材料堆积	前旋
2	46	60	20	7.0	55.0	7.46	48.33	材料堆积	前旋
3	81	60	40	28.0	33.0	14.9	41.7	挖掘去除	后旋
4	50	60	40	6.0	157.0	3.57	168.0	材料堆积	后旋
5	85	50	50	33.0	15.0	39.17	21.0	挖掘去除	后旋
6	51	50	50	17.0	32.0	20.62	23.9	挖掘去除	后旋

如图7.40所示，图中使用了与实验中相同的配置参数（包括颗粒尺寸、冲击速度、冲击角、冲击方位角、材料等）。由图中可以看出，高冲击速度下造成了材料的直接去除脱落（预测的颗粒反弹角度 $\alpha_r = 41.7°$），低冲击角下颗粒向冲击方向一侧堆积（预测的 $\alpha_r = 157.0°$）。

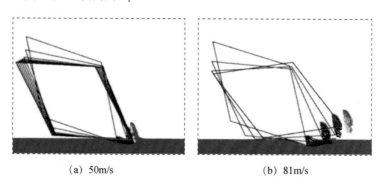

(a) 50m/s　　　　　　　　　　(b) 81m/s

图7.40　不同冲击速度下的颗粒后旋冲击颗粒运动轨迹

因此，针对后旋冲击（$\alpha_i = 60°$，$\theta_i = 40°$），扩大了冲击速度的研究范围，研究了冲击速度由20～100m/s。图7.41给出了反弹速度随着冲击速度的变化情况。图中同时给出了表7.1中的两个实验测试结果（3号和4号）。由图可知，在后旋冲击条件下，反弹速度先随着冲击速度的增加基本保持不变（或微小变化），当冲击速度超过了临界值后（约在60m/s的位置），反弹速度开始随着冲击速度的增加而增大。冲击速度大于临界值后，颗粒的冲击开始造成材料的直接去除，如图 7.42 所示，由图可知，切割长度和插入深度随着冲击速度的增加并不一致，前者随着冲击速度的增加而增加的程度更显著，因此当冲击速度足够大，大到切割长度大于凹坑宽度时，此时的颗粒冲击可以直接导致材料去除。

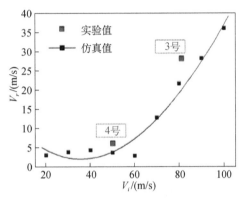

图 7.41　冲击速度对反弹速度的影响（$\alpha_i = 60°$，$\theta_i = 40°$）

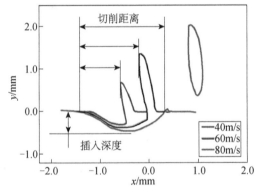

图 7.42　冲击速度凹坑轮廓的影响（$\alpha_i = 60°$，$\theta_i = 40°$）

7.3.3　颗粒的动能损失

1. 颗粒动能损失的定义

颗粒撞击前的初始动能 E_{ini} 表达为下式：

$$E_{ini} = \frac{1}{2}MV_i^2 + \frac{1}{2}I_z\omega_i^2 \qquad (7\text{-}2)$$

式中，M、I_z 分别为颗粒的质量和转动惯量，单位分别为 kg 和 kg·m^2；V_i 为颗粒的冲击速度，单位为 m/s；ω_i 为颗粒的初始角速度，单位为 1/s。

在颗粒的撞击过程中，颗粒的平动动能会转化为旋转动能，然后另一部分能量则主要用于目标材料的塑性变形。在撞击过程中颗粒的动能损失定义为下式：

$$E_{\text{loss}} = E_{\text{ini}} - \frac{1}{2}MV_r^2 + \frac{1}{2}I_z\omega_r^2 \qquad (7\text{-}3)$$

式中，E_{loss} 为颗粒冲击前后的动能损失，单位 J；V_r 和 ω_r 分别为颗粒反弹时的平动速度和角速度。

将能量损失 E_{loss} 与颗粒的初始动能 E_{ini} 相比，可以得到无量纲化的颗粒动能损失，如下式所示：

$$\delta = E_{\text{loss}} / E_{\text{ini}} \qquad (7\text{-}4)$$

式中，δ 代表无量纲化的动能损失，它代表了动能损失在初始动能中所占的比重。

单个角型颗粒冲击延性材料表面，由冲击引起的侵蚀破坏反映在塑性变形中，可通过冲蚀凹坑的体积、轮廓等进行评估。研究表明，最大的凹坑体积通常对应于最大的颗粒动能损失。因此，在颗粒冲击研究中使用 δ 来量化地研究冲蚀损伤是合适的。通过前面研究可知，冲蚀凹坑的轮廓及体积与颗粒的入射参数有关。在恒定的冲击角度下，凹坑轮廓和体积随颗粒的初始方位角变化较大。对于对称颗粒而言，δ 和入射参数（例如冲击角和初始方位角）之间的对应关系是有一定规律的，因为存在标记前旋和后旋冲击之间的过渡的临界点，在临界点处的动能损失最大。

2. 方位角和冲击角对动能损失的影响

图 7.43 给出了 $\alpha_i = 60°$，$V_i = 80\text{m}/\text{s}$ 时，不同方位角得到的凹坑轮廓，同时也给出了不同凹坑轮廓所对应的动能损失系数 δ。随着方位角的变化，一方面变形机制由 "耕犁" 逐渐转变为 "1 型切削" 再转变为 "2 型切削"；另一方面，动能损失系数随着方位角的增加先增加，在临界方位角处达到峰值，然后逐渐降低。

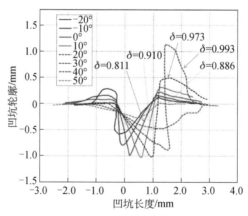

图 7.43 方位角对凹坑轮廓的影响

图7.44展示了不同冲击角下动能损失系数 δ 与前刀角 θ_{rake} 的关系曲线，从图中可以清楚地看到在某一固定的冲击角下，颗粒的动能损失系数曲线存在一个峰值，峰值处的 δ 接近等于1，说明在该情况下，颗粒几乎耗散掉所有的动能。由图7.44中还可以看出：

（1）动能损失系数 δ 会随着冲击角 α_i 的增加而增大，θ_i 对 δ 的影响趋势随着冲击角的增加而减弱；

（2）当 θ_{rake} 为较大的负值时，颗粒会对材料表面造成多次打击，该现象被定义为"颗粒前旋导致的多次打击"；图7.44中的虚线对应的位置即发生了该种类型的打击；从图中可以看出，发生多次打击的概率会随着冲击角的增加而降低。

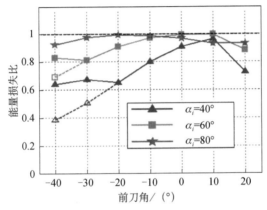

图7.44　动能损失系数 δ 随着前刀角的变化关系

颗粒的动能损失系数在临界方位角（前旋、后旋的临界点）处达到峰值，这是由颗粒的旋转在临界点处被大大抑制而导致的。颗粒的旋转是冲击能量转换或释放的一种方式，当旋转被抑制后，颗粒的冲击动能大部分被用作材料的塑性变形，在这个过程中颗粒耗散掉大部分动能。当方位角超过临界方位角后，颗粒倾向于发生后旋旋转，对较尖锐的菱形颗粒而言，会造成"挖掘"动作，导致材料的直接去除；同时，在材料表面造成一个较浅但较长的凹坑，凹坑轮廓相对比较平滑，凹坑的体积会随着方位角的继续增加而逐渐降低；这是动能损失系数 δ 达到峰值之后随方位角增加而下降的原因。

3. 冲击速度对颗粒动能损失的影响

如图7.45所示，颗粒的动能损失随着冲击速度的增加呈指数规律增长，这与冲蚀速率或冲蚀量与冲击速度的关系是一致的。图中的三条曲线分别是在三种冲击角和方位角的组合下得到的。总体上讲，在 $\alpha_i = 60°$，$\theta_i = 20°$ 和 $\alpha_i = 60°$，

$\theta_i = 40°$ 两种情况下的颗粒动能损失要高于在 $\alpha_i = 50°$，$\theta_i = 50°$ 情况下的动能损失。前两种情况下的冲击角更接近垂直方向；另一方面，前两种情况下对应的方位角更接近于临界方位角（$\theta_{cri} = 30°$）。

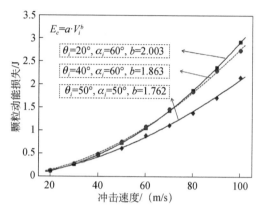

图 7.45 颗粒动能损失与冲击速度之间的关系

7.3.4 复杂形状角型颗粒冲击

1. 复杂形状角型颗粒

本节选取三个不规则的形状颗粒，分别建立单颗粒冲蚀模型，然后计算颗粒对延性材料表面的冲击。根据图 7.46 中给出的颗粒样品照片和任意选取的三个颗粒，分别定义为颗粒 A（particle-A）、颗粒 B（particle-B）和颗粒 C（particle-C）。

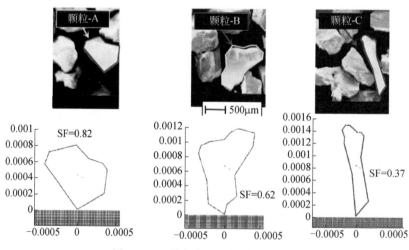

图 7.46 三种复杂形状角型颗粒模型

SF 为球状系数

2. 方位角的调整及结果分析

如图7.47所示，对于形状不规则角型颗粒，颗粒可能以−180°～180°任意可能的方位角撞击材料，不同的方位角对应的颗粒撞击角不同，此外，前刀角和颗粒重心相对于撞击点的位置也会影响撞击过程。因此，调整颗粒的方位角在−180°～180°每隔30°进行计算。冲击速度统一设置为100m/s，冲击角为30°，基体材料选择为OFHC Copper。表7.2～表7.4给出了三种颗粒在不同方位角（每个颗粒12组数据，共36组数据）下的仿真结果，包括计算得到的反弹速度、反弹角度、反弹角速度、动能损失系数、旋转方向。

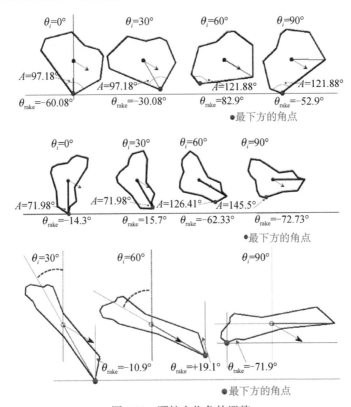

图 7.47　颗粒方位角的调整

表 7.2　颗粒A的计算结果（v_i=100m/s，α_i=30°）

序号	θ_i/(°)	θ_{rake}/(°)	A/(°)	γ/(°)	v_r/(m/s)	α_r/(°)	ω_r/(1/s)	δ	旋转	变形机制
1	0	−60.08	97.18	11.49	58.22	8.2	−157104	0.49	F	耕犁
2	30	−30.08	97.18	11.49	33.26	40.17	−90874	0.83	F	耕犁
3	60	−82.90	121.88	−25.43	48.8	38.04	−111090	0.68	FM	耕犁和切割

续表

序号	$\theta_i/(°)$	$\theta_{rake}/(°)$	$A/(°)$	$\gamma/(°)$	$v_r/(m/s)$	$\alpha_r/(°)$	$\omega_r/(1/s)$	δ	旋转	变形机制
4	90	−52.90	121.88	−25.43	53.41	36.88	−135546	0.59	FM	耕犁
5	120	−81.02	124.76	10.96	72.35	12.9	−101437	0.41	F	耕犁
6	150	−51.02	124.76	10.96	43.84	35.37	−97094	0.74	F	耕犁
7	180	−76.25	120.36	18.90	66.55	19.53	−52380	0.54	F	耕犁
8	−150	−46.26	120.36	18.90	41.31	46.02	−69488	0.80	F	耕犁
9	−120	−83.88	136.72	−4.83	67.45	28.68	−133983	0.42	FM	耕犁
10	−90	−53.88	136.72	−4.83	60.02	21.16	−115502	0.55	F	耕犁
11	−60	−67.16	127.08	0.09	59.88	8.49	−156016	0.47	F	耕犁
12	−30	−37.16	127.08	0.09	62.9	24.6	−91074	0.55	F	耕犁

注：F：前旋冲击；FM：前旋并多次冲击；B：后旋冲击。

表 7.3 颗粒 B 的计算结果（v_i=100m/s，α_i=30°）

序号	$\theta_i/(°)$	$\theta_{rake}/(°)$	$A/(°)$	$\gamma/(°)$	$v_r/(m/s)$	$\alpha_r/(°)$	$\omega_r/(1/s)$	δ	旋转	变形机制
1	0	−14.30	71.98	−21.68	63.86	21.03	−107383	0.463	FM	耕犁
2	30	15.70	71.98	−21.68	64.14	6.78	−6350	0.588	F	切割
3	60	−62.33	126.41	35.41	45.2	28.74	61069	0.754	B	耕犁
4	90	−72.73	145.50	−24.82	61.13	42.97	−38140	0.610	FM	耕犁
5	120	−77.24	132.87	1.3	62.48	23.31	−94206	0.511	FM	耕犁
6	150	−47.24	132.87	1.3	51.93	34.41	−61720	0.688	F	耕犁
7	180	−64.18	139.96	−25.85	69.24	28.85	−103527	0.401	FM	耕犁
8	−150	−74.22	97.30	12.99	71.65	22.36	−93490	0.389	FM	耕犁
9	−120	−44.22	97.30	12.99	49.39	26.04	−91252	0.663	F	耕犁
10	−90	−14.22	97.30	12.99	12.99	67.05	−23456	0.977	F	切割
11	−60	−53.25	122.01	−45.13	62.74	20.90	−10421	0.605	FM	耕犁
12	−30	−44.30	71.98	−21.68	55.38	12.4	−7667	0.693	FM	耕犁和切割

注：F：前旋冲击；FM：前旋并多次冲击；B：后旋冲击。

表 7.4 颗粒 C 的计算结果（v_i=100m/s，α_i=30°）

序号	$\theta_i/(°)$	$\theta_{rake}/(°)$	$A/(°)$	$\gamma/(°)$	$v_r/(m/s)$	$\alpha_r/(°)$	$\omega_r/(1/s)$	δ	旋转	变形机制
1	0	−40.90	46.49	17.66	69.42	−1.65	−86211	0.397	F	耕犁
2	30	−10.90	46.49	17.66	40.66	37.48	−47709	0.798	F	切割
3	60	19.10	46.49	17.66	4.65	108.4	−3897	0.998	F	切割
4	90	−71.49	126.98	−60.01	7.72	97.36	−10152	0.992	FM	切割和耕犁
5	120	−41.49	126.98	−60.01	27.16	71.82	−33768	0.908	FM	切割和耕犁
6	150	−64.51	122.24	−11.32	44.19	53.61	−52843	0.759	FM	切割和耕犁

续表

序号	θ_i/(°)	θ_{rake}/(°)	A/(°)	γ/(°)	v_r/(m/s)	α_r/(°)	ω_r/(1/s)	δ	旋转	变形机制
7	180	−34.51	122.24	−11.32	51.47	20.16	−85460	0.616	F	耕犁
8	−150	−62.27	141.19	31.08	49.92	34.95	26327	0.739	B	耕犁
9	−120	−79.25	131.25	59.07	64.63	18.92	−14679	0.579	BM	耕犁
10	−90	−79.78	128.87	−55.24	56.56	28.03	38232	0.656	FM	耕犁
11	−60	−49.78	128.87	−55.24	60.8	27.8	−7233	0.629	FM	耕犁
12	−30	−70.90	46.49	17.66	60.96	26.38	1057	0.628	FM	耕犁

注：F：前旋冲击；FM：前旋并多次冲击；B：后旋冲击；BM：后旋并多次冲击。

图 7.48 展示了颗粒 A 在不同方位角下冲击造成的表面形态，共展示了方位角由 −180°～180° 变化时的 12 组仿真结果。图中的圆圈标定了冲蚀凹坑的位置，对于一张图中有两处圆圈的位置说明发生了多次冲击，如 $\theta_i = 60°$、$90°$、$−120°$、$−150°$ 时。对颗粒 A 来讲，其形状因数（0.82）是三个选择的颗粒中最大的，形状最接近于圆形，其角点的尖锐程度也要低于其他两个颗粒（最尖锐的角点的形状角为 97.18°）。可知，颗粒冲击造成的表面变形机制主要为"耕犁"，只有在 $\theta_i = 60°$ 造成了"微切削"机制。

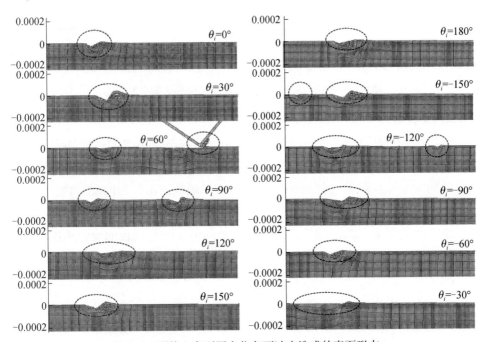

图 7.48　颗粒 A 在不同方位角下冲击造成的表面形态

图7.49中展示了颗粒B冲击造成的凹坑形态。相比于颗粒A而言，颗粒B的形状因数更小，意味颗粒B形状的不规则程度要更高。由表7.4可知，颗粒B最尖锐的角点的形状角为71.98°，在尖锐角作用下更容易造成"微切削"机制。共有三组结果出现了"微切削"机制，分别为$\theta_i = 30°$，$-90°$，$-30°$。颗粒C的形状因数是三个颗粒中最低，由表7.5中记录的数据来看，共有5组数据中发生了"切削"类的变形机制。这说明随着形状因数的降低，颗粒在低冲击角下造成"微切削"变形机制的概率逐渐增加。

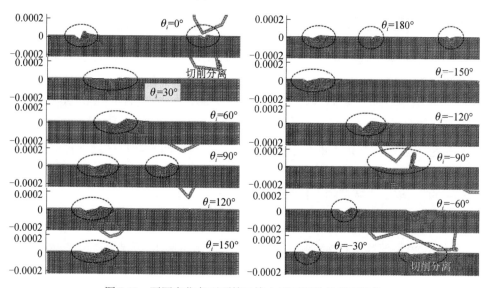

图7.49　不同方位角下颗粒B撞击平面导致的表面凹坑

3. 动能损失与反弹方向的相关性

前面已经分析了角型颗粒撞击的特点：颗粒与撞击平面之间的方位关系（即方位角）对撞击的影响很大，主要表现在对冲蚀变形机制、颗粒旋转方向、颗粒反弹参数等，颗粒方位的影响体现了角型颗粒冲击行为的复杂性。图7.50展示了三种颗粒在方位角0°～360°变化时，颗粒的动能损失系数、反弹角度与方位角之间的对应关系。颗粒撞击过程中的动能损失与颗粒的反弹角度有一定的相关关系，即颗粒的反弹角度会随着动能损失的增加而增大。

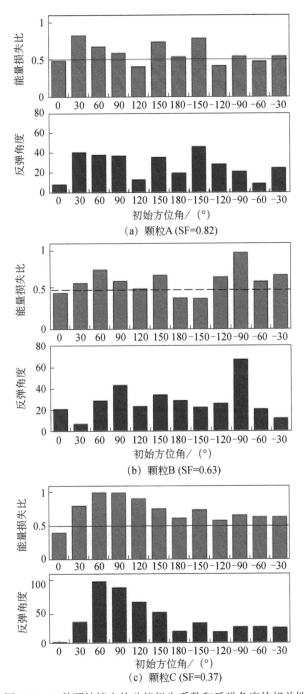

(a) 颗粒A (SF=0.82)

(b) 颗粒B (SF=0.63)

(c) 颗粒C (SF=0.37)

图 7.50　三种颗粒撞击的动能损失系数和反弹角度的相关性

7.3.5 小结

本节借助于 SPH 冲蚀模型和单颗粒冲击实验，对硬质角型颗粒冲击延性材料的冲蚀机理进行了分析研究，小结如下。

（1）分析了硬质角型颗粒的冲击行为特点和材料变形机制，揭示了冲击诱导的颗粒旋转对冲蚀机制的影响规律。一般来讲，前旋旋转的颗粒对应了"耕犁"机制或"1 类切削"（type 1 cutting）机制，后旋旋转的颗粒倾向于通过"微切削"机制直接去除材料（"微切削"又定义为"2 类切削"（type 2 cutting））。1 类切削与 2 类切削之间的不同之处在于：2 类切削导致了材料的直接去除，并且颗粒反弹时为后旋旋转；1 类切削不会导致材料的直接去除，而且颗粒反弹时为前旋旋转。

（2）冲击角和方位角的组合是影响颗粒旋转的关键因素。对某一固定冲击角，存在一个临界方位角，当方位角小于临界值时，颗粒为前旋旋转；当方位角大于临界值时，颗粒发生后旋旋转。当方位角为负值时，冲击颗粒会发生前旋旋转且会对材料表面造成多次打击；前旋旋转的颗粒造成的凹坑轮廓较窄但是凹坑较深，在冲击颗粒的前方会造成材料的堆积；后旋旋转的颗粒造成的凹坑轮廓较宽但是凹坑较浅，且不会在凹坑周围造成材料堆积现象，或者堆积不明显。反弹速度和反弹角速度（的绝对值）一般在临界方位角处达到最低，而颗粒的反弹角度则在临界方位角附近达到最大值。

（3）颗粒的冲击速度对颗粒的旋转行为影响较小，对凹坑轮廓的形状影响较小。但是对于后旋旋转的颗粒而言，当只改变冲击速度时，尽管颗粒的切削材料的动作趋势不变，但颗粒的切削动作能否完成（能否成功去除材料）取决于冲击速度是否大于临界值。

（4）定义了颗粒的无量纲动能损失系数，该值在临界方位角时，颗粒的动能损失达到最大（接近 1.0）；颗粒的动能损失与颗粒的反弹方向具有一定相关性，动能损失较大的情况颗粒的反弹角度 α_r 也较大，颗粒的反弹方向接近垂直（ $\alpha_r = 90°$ ）甚至与入射方向相反（ $\alpha_r > 90°$ ）。

（5）研究了颗粒在撞击瞬间的初始角速度对冲蚀过程的影响，分析了初始角速度对凹坑轮廓、颗粒旋转、颗粒动能损失的影响。总体来讲，初始前旋会降低颗粒冲蚀材料的能力，初始后旋会增强颗粒冲蚀材料的能力。

（6）采用三个任意选取的不规则形状角型颗粒（颗粒 A、B、C），研究了不规则角型颗粒的冲蚀行为特点。固定冲击角为 30°，冲击速度为 100m/s，变动方位角由-180°～180°，冲蚀机制随着方位角的变化而变化；对应的，颗粒的动能损失系数随方位角无规律的波动；形状因数较小的颗粒造成"耕犁"机制的概率要大于"切削"机制。

7.4　角型颗粒冲击脆性材料的冲蚀机理研究

本小节将研究角型颗粒冲击脆性材料的动态过程和材料表面损伤行为。选用日常生活中常见的玻璃作为靶体材料，分别开展 SPH 数值模拟和颗粒冲击实验，研究颗粒冲击玻璃表面的旋转和回弹行为，以及不同冲击参数下的玻璃表面损伤机制，由此总结脆性材料的冲蚀机理。

7.4.1　实验与模拟结果对比

菱形颗粒冲击延性金属靶板的研究表明，不同冲击角与方位角的组合决定颗粒冲击后的旋转方向。对于某一固定的冲击角，通常存在一个临界方位角，当初始方位角低于该临界值时颗粒冲击后向前旋转，当初始方位角高于该临界值时颗粒冲击后向后旋转。"临界方位角"特性适用于其他形状的角型颗粒，它与颗粒质心及入射方向的相对位置关系有关，若颗粒质心位于入射方向左侧，冲击后的颗粒发生后旋运动，若颗粒质心位于入射方向的右侧，冲击后的颗粒发生前旋运动。表7.5和表7.6分别给出了实验和仿真得到的结果数据。

表 7.5　实验测试的颗粒反弹参数

算例	入射条件				反弹参数				冲蚀机制	旋转方向
	v_i/ (m/s)	α_i/ (°)	θ_i/ (°)	ω_i	v_r/ (m/s)	a_r/ (°)	ω_r	γ/ (°)		
1	19.8	79	16	174.4	2.77	63	3733.11	77	挖掘	后旋
2	19.4	88	2	209.3	1.74	-86	-109.5	75	堆积	前旋
3	19.5	72	2	124.6	6.06	27	-1082	66	堆积	前旋
4	19	70	33	139.6	6.97	67	1952	90	挖掘	后旋

表 7.6　SPH模型预测的颗粒反弹参数

算例	入射条件				反弹参数				冲蚀机制	旋转方向
	v_i/ (m/s)	α_i/ (°)	θ_i/ (°)	ω_i	v_r/ (m/s)	a_r/ (°)	ω_r	γ/ (°)		
1	19.8	79	16	0	2.12	67	2918.6	45	挖掘	后旋
2	19.4	88	2	0	1.44	82	82.3	45	挖掘	后旋
3	19.5	72	2	0	4.88	28	-1149.0	45	堆积	前旋
4	19	70	33	0	11.64	57	1806.2	45	挖掘	后旋

7.4.2　表面裂纹和损伤凹坑

如图 7.51 所示，玻璃表面受菱形颗粒冲击后发生塑性开裂，并形成相应的凹坑轮廓。通过实验观察可以发现，菱形颗粒冲击玻璃表面时大概率会在其内

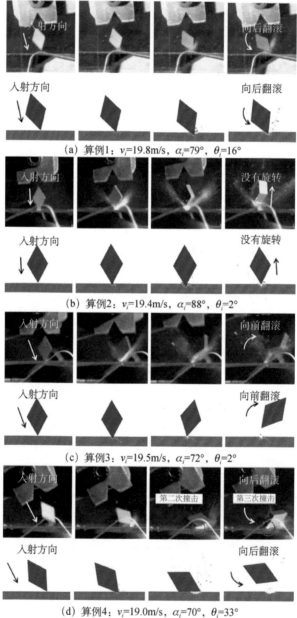

（a）算例1：v_i=19.8m/s，α_i=79°，θ_i=16°

（b）算例2：v_i=19.4m/s，α_i=88°，θ_i=2°

（c）算例3：v_i=19.5m/s，α_i=72°，θ_i=2°

（d）算例4：v_i=19.0m/s，α_i=70°，θ_i=33°

图 7.51　菱形颗粒冲击玻璃的实验和仿真结果

部产生水平裂纹（lateral crack）和径向裂纹（radial crack）。根据Griffith的微裂纹理论可知，脆性材料内部存在许多微小的裂纹和缺陷，尖角颗粒冲击玻璃表面时会产生应力集中现象，并在冲击区域产生一定的塑性变形区域，当应力超过一定阈值时，玻璃内部微小裂纹会发生进一步扩展，形成相应的水平裂纹和径向裂纹。观察图7.52（a）和（b）中凹坑轮廓形态可以发现，玻璃表面受菱形颗粒冲击后产生的凹坑轮廓具有明显的分层特征，以颗粒冲击刃为分界线将整个轮廓一分为二，其中左半边"轮廓"呈扇形，表面光滑，光线通透性较好，且无碎片剥落脱离，该区域实际上是位于玻璃下表面的水平裂纹，若入射速度增大，该扇形区域在颗粒后刀面的压载作用下会发生进一步的开裂破碎并形成凹坑轮廓；另一半轮廓表面粗糙不平，该部分轮廓是冲击过程中颗粒"犁耕"或者"挖掘"作用形成的，倾斜入射的颗粒向下嵌入的同时不断向前堆积材料，因此在冲击瞬间形成初始裂纹后，颗粒在剩余动能的推动下对玻璃继续深入破坏，颗粒尖端前方处的塑性变形区域内部会形成更多微小裂纹，并在颗粒尖端后旋力的作用下破碎形成多个碎片剥落。若基体表面冲击过程无明显水平裂纹生成，则获得的凹坑轮廓分层也不再明显，如图7.52（c）和（d）所示。

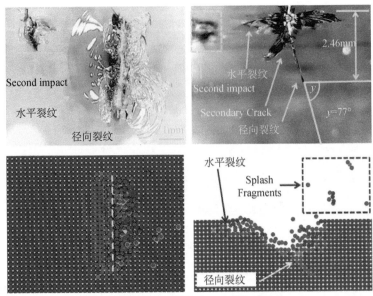

(a) 算例1：v_i=19.8m/s，α_i=79°，θ_i=16°

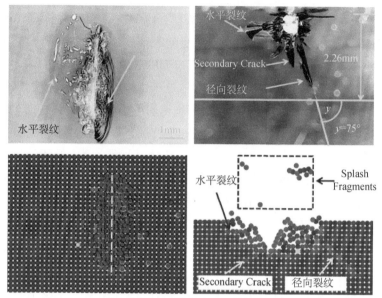

（b）算例2：v_i=19.4m/s，α_i=88°，θ_i=2°

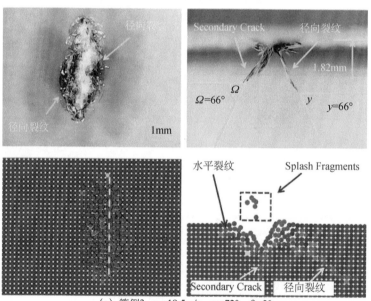

（c）算例3：v_i=19.5m/s，α_i=72°，θ_i=2°

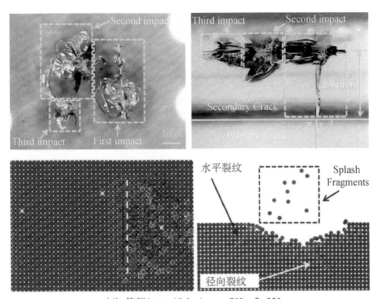

(d) 算例4: v_i=19.0m/s, α_i=70°, θ_i=33°

图7.52 玻璃表面损伤的实验和仿真结果对比

通过对比实验与仿真结果可以发现, SPH 方法能够较为准确地捕捉冲击后凹坑轮廓的形态及碎片剥落飞溅现象, 重现玻璃基体内部水平裂纹与径向裂纹的扩展规律, 并能捕捉二次裂纹的萌生发展。

图 7.53 给出了凹坑轮廓宽度和深度的实验测量值和仿真预测值的结果对比。其中轮廓宽度 (l_w) 指基体表面可见受损范围内的最大距离, 轮廓深度 (d_{max}) 指基体表面到径向裂纹尖端的竖直距离。对比发现, 数值模型在捕捉凹坑轮廓宽度方面具有较高的准确度, 而在捕捉凹坑轮廓深度方面存在一定的误差, 这是由于脆性材料裂纹扩展的方向和深度存在一定的随机性, 此外与 SPH 粒子的初始分布形式也有较大的相关性。

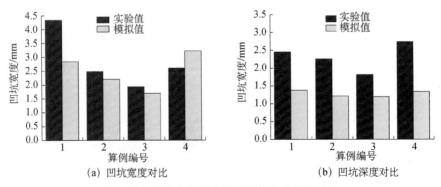

(a) 凹坑宽度对比   (b) 凹坑深度对比

图7.53 凹坑轮廓尺寸的模拟与实验结果对比

7.4.3 影响因素分析

1. 冲击角和方位角

上述分析表明，产生的径向裂纹扩展方向与颗粒冲击角和方位角有较大的相关性。本节针对垂直入射和倾斜入射两种冲击工况，每种工况中给出五种不同冲击角 α_i 与方位角 θ_i 组合，综合考虑冲击过程中颗粒的前旋、后旋以及无旋等多种反弹运动行为。

图 7.54 展示了垂直入射工况下颗粒冲击后的运动行为、凹坑轮廓的基本形态以及裂纹的扩展规律。控制颗粒初始入射速度 v_i 和冲击角度 α_i 不变，初始方位角 θ_i 从 $-10° \sim 30°$ 以 $10°$ 增量改变，观察到颗粒冲击后的运动行为逐渐由前旋向后旋转变，对应的径向裂纹的扩展方向随方位角的变化发生明显的改变：由倾斜转变为竖直向下，随后再转变为反向倾斜，该现象表明径向裂纹的扩展方向与颗粒的初始方位角有很大的相关性。随着方位角的进一步增大，径向裂纹有转变为水平裂纹的趋势，如图 7.54（d）所示。

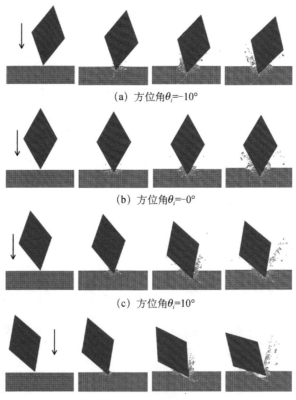

(a) 方位角θ_i=-10°

(b) 方位角θ_i=-0°

(c) 方位角θ_i=10°

(d) 方位角θ_i=20°

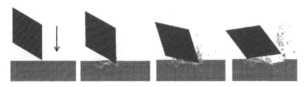

(e) 方位角θ_i=30°

图7.54　菱形颗粒垂直冲击玻璃表面（$v_i = 50.0\text{m/s}, \alpha_i = 90°$）

在倾斜入射工况下（图7.55），控制颗粒初始入射速度 v_i 和冲击角度 α_i 不变，径向裂纹的扩展方向依旧随方位角的变化发生明显改变。综合观察发现，部分工况中出现多条径向裂纹，如图7.55（c）和（d）与图7.55（a）～（c）所示，通过分析发现，其中某些径向裂纹扩展方向与颗粒冲击方向一致，而其他径向裂纹则与颗粒方位角方向一致，该现象证明径向裂纹的扩展方向是冲击角与方位角的综合作用效果，若入射颗粒满足临界冲击工况（冲击角与方位角互余），则一般产生一条径向裂纹，方向与入射方向基本一致，如图7.55（b）和（d）所示，且临界冲击获得的径向裂纹尺寸最长，扩展程度最大。

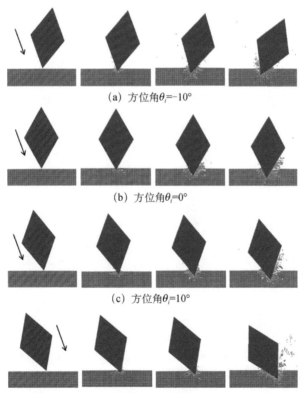

(a) 方位角θ_i=-10°

(b) 方位角θ_i=0°

(c) 方位角θ_i=10°

(d) 方位角θ_i=20°

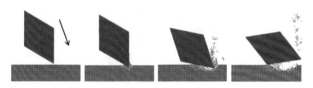

(e) 方位角θ_i=30°

图7.55　菱形颗粒倾斜入射冲击玻璃表面（$v_i = 50.0\text{m/s}, \alpha_i = 70°$）

通过对比观察发现，不同冲击角与方位角组合下产生的玻璃碎屑飞溅方向也存在很大差异。冲击后发生前旋运动的颗粒，若初始方位角为负值，颗粒后刀面处玻璃碎屑飞溅程度更加严重，如图7.54所示；若初始方位角为正值，颗粒前刀面处玻璃碎屑飞溅程度更加严重；冲击后发生后旋运动的颗粒导致的玻璃碎屑飞溅规律与前旋运动的颗粒一致，即受颗粒初始方位角的正负值影响较大。临界冲击工况下，若颗粒垂直入射，则颗粒前后刀面处玻璃碎屑飞溅程度基本一致，若颗粒倾斜入射，颗粒远离基体表面刀面处的玻璃碎屑飞溅程度更加严重，如图7.55（d）所示。

2. 冲击速度

冲击速度对玻璃基体的开裂破碎程度影响较大，但对颗粒旋转行为影响较小。图7.56和图7.57展示了前旋和后旋冲击中不同冲击速度的影响，结果表明，随着速度的增加，颗粒动能增大，对玻璃的损伤程度也逐渐增强。在较低冲击速度下，破坏只发生在冲击区域表面，形成的凹坑轮廓较小，靶体内部萌生水平微裂纹和径向微裂纹；较高冲击速度下，冲击区域破坏程度明显增大，碎屑飞溅现象明显增强，萌生的水平裂纹和径向裂纹进一步扩展并发生开裂，最终伴随着玻璃基体大面积垮塌以及碎片剥落等现象发生。

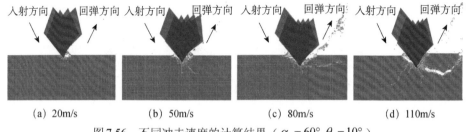

(a) 20m/s　　(b) 50m/s　　(c) 80m/s　　(d) 110m/s

图7.56　不同冲击速度的计算结果（$\alpha_i = 60°, \theta_i = 10°$）

与延性材料不同，脆性材料发生较小的变形便形成裂纹甚至断裂，断裂后的碎片之间无相互作用，不会依附在材料基体上，因此观察不同入射速度下菱形颗粒冲击玻璃的仿真结果发现，无论是前旋冲击还是后旋冲击，随着速度的

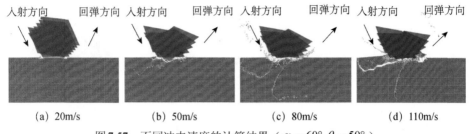

|　入射方向　回弹方向　|　入射方向　回弹方向　|　入射方向　回弹方向　|　入射方向　回弹方向　|

|　(a) 20m/s　|　(b) 50m/s　|　(c) 80m/s　|　(d) 110m/s　|

图 7.57　不同冲击速度的计算结果（$\alpha_i = 60°$，$\theta_i = 50°$）

增加，玻璃基体的破坏程度都增大，但对冲击后颗粒的旋转行为影响较小。

对于临界冲击而言，若颗粒垂直入射，产生的水平裂纹关于冲击点对称，而径向裂纹竖直向下，在较低入射速度下，冲击位置处的玻璃表面会形成较小的塑性变形区域，获得的凹坑轮廓较小较浅，随着入射速度的增大，塑性变形区域发生破碎并伴随碎片剥落和碎屑飞溅现象产生，水平裂纹和径向裂纹进一步扩展并发生明显的开裂。

如果颗粒倾斜入射，水平裂纹不再对称，产生的径向裂纹与颗粒入射方向基本一致，在较低入射速度下，颗粒前后刀面处会形成较小的塑性变形区域，且前刀面处的塑性变形区域会发生轻微开裂破碎，获得的凹坑轮廓较大较浅，随着入射速度的增大，颗粒后刀面处的塑性变形区域也会发生进一步的开裂，并伴随碎屑飞溅现象发生。

3. 颗粒尺寸

保持冲击参数不变，对边长分别为 1mm，3mm 和 5mm 的菱形颗粒在垂直冲击（$v_i = 50.0\text{m/s}$，$\alpha_i = 90°$，$\theta_i = 0°$）和倾斜冲击（$v_i = 50.0\text{m/s}$，$\alpha_i = 70°$，$\theta_i = 20°$）两种临界工况下开展了研究，如图 7.58 和图 7.59 所示。不同尺寸的颗粒冲击后的运动行为基本不变，但对材料基体的破坏程度随着颗粒尺寸的增加而明显加剧，较小尺寸的颗粒冲击基体表面后形成的凹坑轮廓较小，水平裂纹和径向裂纹并不明显，而较大尺寸的颗粒冲击基体表面后形成的凹坑轮廓明显增大，裂纹扩展程度进一步增强。随着颗粒尺寸的继续增大，裂纹处将发生进一步开裂，导致基体材料大面积剥落并发生分离。

针对不同尺寸的颗粒，进一步研究相同初始动能情况下的冲击损伤行为。控制颗粒初始动能 230J 不变，对应颗粒尺寸 1（边长 1mm）的初始速度为 250m/s，颗粒尺寸 2（边长 3mm）的初始速度为 83.3m/s，颗粒尺寸 3（边长 5mm）的初始速度为 50m/s，对上述 3 种尺寸的菱形颗粒在垂直冲击和倾斜冲击两种临界工况下开展研究，如图 7.60 和图 7.61 所示。

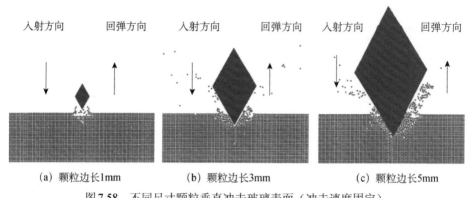

(a) 颗粒边长1mm　　　　　(b) 颗粒边长3mm　　　　　(c) 颗粒边长5mm

图 7.58　不同尺寸颗粒垂直冲击玻璃表面（冲击速度固定）

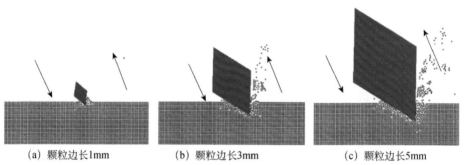

(a) 颗粒边长1mm　　　　　(b) 颗粒边长3mm　　　　　(c) 颗粒边长5mm

图 7.59　不同尺寸颗粒倾斜冲击玻璃表面（冲击速度固定）

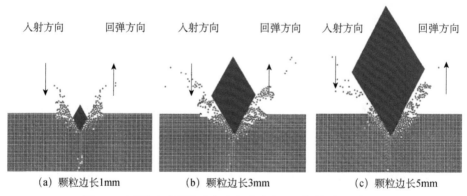

(a) 颗粒边长1mm　　　　　(b) 颗粒边长3mm　　　　　(c) 颗粒边长5mm

图 7.60　不同尺寸颗粒垂直冲击玻璃表面（初始动能固定）

　　通过对比发现，三种尺寸颗粒冲击后形成的凹坑轮廓基本相同，径向裂纹扩展尺寸高度一致，表明不同尺寸的颗粒携带相同初始动能冲击脆性基体材料时，对材料的破坏程度基本一致。这也说明脆性材料受冲击后的损伤程度不只取决于入射速度，同时受颗粒尺寸影响，本质上由颗粒自身携带的初始动能决定。由于脆性材料的开裂具有一定的随机性，微观上颗粒冲击基体后在其内部

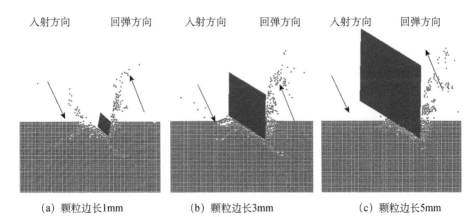

(a) 颗粒边长1mm　　　(b) 颗粒边长3mm　　　(c) 颗粒边长5mm

图7.61　不同尺寸颗粒倾斜冲击玻璃表面（初始动能固定）

形成的微裂纹会存在轻微差异，但宏观上观察形成的水平裂纹和径向裂纹发现其扩展方向依旧受初始冲击角和方位角控制。

7.5　磨料水射流切割特性研究

在磨料水射流过程中，颗粒的形状对于射流的冲击性能有很关键的影响。本节采用磨料水射流切割模型，研究了不同形状的磨料颗粒对于切割效率和切痕表面粗糙度的影响，以及不同射流速度对切缝的影响，主要参数为：喷嘴直径为2mm，射流速度为150～300m/s，喷嘴平移速度为0.008m/s，磨料颗粒材料为石榴石，尺寸为80目。

7.5.1　磨料水射流切割延性材料

以200m/s射流速度冲击钛合金材料，靶体材料的本构模型采用Johnson-Cook模型，其模型和材料参数如表6.1中所示，对于流体、固体和磨料颗粒的初始模型，总共生成了大约50000个SPH节点。为了模拟连续射流，假设射流的起始位置为入口，在入口区域周期性地产生新的流体节点。模型中，磨料颗粒选用随机分布，为了研究射流的切痕形态，模拟时分别采用两个不同的方向进行对比。

如图7.62所示，模拟了含有正三角形颗粒的磨料水射流切割过程，并在不同时间记录切割轨迹形态。从图中可以看出，初始时刻（20ms）射流冲击产生的凹坑深度为h_1，凹坑的宽度为x_1，其中凹坑的宽度与射流的直径几乎相同；

在100ms时刻，射流的进给方向产生了Δx_2的位移，同时射流切深进一步增加，切深达到h_2；当时间步长达到400ms时，射流已经将靶体材料射穿，并向前切割Δx_3的距离。从靶体材料的侧面视图可以看出，射流射穿靶体材料形成的切缝上宽下窄，是近似的"V"字形结构。

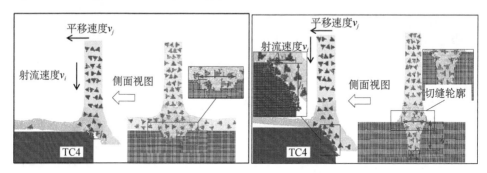

(a) t=20ms　　　　　　　　　　　　(b) t=100ms

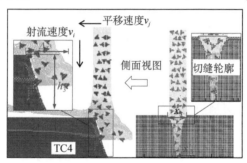

(c) t=400ms

图7.62　含有正三角形颗粒的磨料水射流切割仿真过程

图7.63中模拟了含有正方形颗粒的磨料水射流切割仿真过程。整个切割过程与含有正三角形颗粒的磨料水射流切割相似，初始时刻（20ms）射流冲击产生的凹坑深度为h_{s1}，凹坑的宽度为x_{s1}；在100ms时刻，射流的进给方向产生了Δx_{s2}的位移，切深为h_{s2}；当时间步长达到400ms时，射流已经将靶体材料射穿，并向前切割Δx_{s3}的距离。

图7.64中模拟了含有球形颗粒的磨料水射流切割仿真过程，由于切割深度不明显，故选取的时间间隔较长，可以看出，当t=400ms时，射流切割深度较小。综合对比含有以上不同形状磨料颗粒的磨料水射流，从切割钛合金（TC4）的过程可以得出，含有角形颗粒（正方形和正三角形）的射流在200m/s射速下，切深的轨迹曲线基本相同，如图7.65所示，分别取t=150ms和t=400ms时的

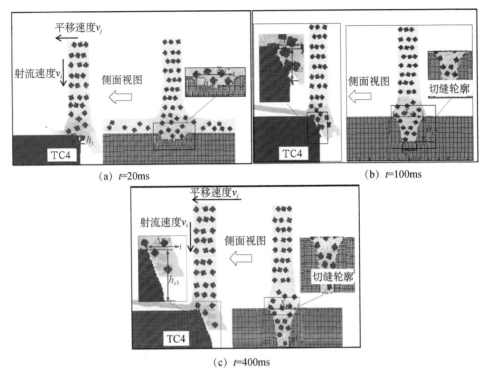

（a）*t*=20ms　　　　　　　　　　　　　（b）*t*=100ms

（c）*t*=400ms

图7.63　含有正方形颗粒的磨料水射流切割仿真过程

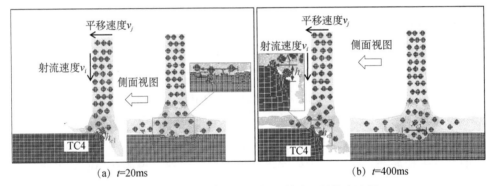

（a）*t*=20ms　　　　　　　　　　　　　（b）*t*=400ms

图7.64　含有球形颗粒的磨料水射流切割仿真过程

切痕曲线，由于射流的平移相等，故 $\Delta x_3 = \Delta x_{s3} = \Delta x_{c3}$。在 *t*=150ms 时，含有正三角形颗粒的射流正好切透靶体材料，当达到 400ms 时，即图 7.62（c）和图 7.63（c）中所示的切割时刻，已经有了较大的进给位移。因此，单从切割效率方面来讲，含有角形颗粒的两种射流差距不大，都远远高于圆形颗粒，即 $\eta_t > \eta_s > \eta_c$。

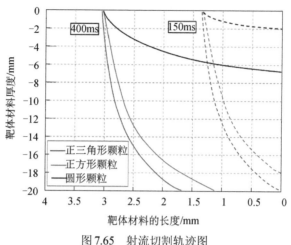

图 7.65　射流切割轨迹图

7.5.2　磨料水射流切割脆性材料

在研究磨料水射流切割脆性材料时，靶体材料的本构模型采用 JH-2 模型，模型参数为：$A=0.93$、$B=0.088$、$C=0.003$、$M=0.35$ 和 $N=0.77$；损伤模型参数：$D_1=0.053$，$D_2=0.85$；材料参数：密度 $\rho=2530\text{kg/m}^3$、剪切模量 $T=0.15\text{GPa}$。射流的基本参数与切割 TC4 材料的相同，并且采用相同的研究方法，以 t=400ms 时的仿真结果进行比较，此时刻含有三种形状颗粒的射流都已经将靶体射穿并在进给方向移动，在切割脆性材料时，圆形磨料颗粒的切割效率有了明显的提高，从三种射流的侧面轮廓来看，都呈现"V"字形。但是从切缝的局部图可以看出，角形颗粒产生的切缝轮廓线和切痕的形态不规则，且细微的裂纹产生较多，而含有圆形颗粒的射流产生的切缝明显要光滑。

图 7.66 中所示的是在 400ms 时，含有不同形状颗粒射流的状态。与切割延性材料不同，三种射流的切缝轮廓虽然是"V"字形结构，但是切缝的上端和下端的宽度差距减小，并且三种射流均切透了靶体材料。说明在切割玻璃时，射流受到的阻力要小于切割钛合金，因此切割相同厚度的材料所耗散的能量小，使得切割上下两端的差距减小。但是与切割钛合金不同，在切割玻璃时角型颗粒造成的细小的裂纹比圆形颗粒要多且深。

从图 7.67 的切痕线看，圆形颗粒切割玻璃的效率有了明显地提高。从仿真结果对比来看，切割玻璃时，含有三种磨料颗粒的切割效率相差不大，圆形颗粒切割产生的裂纹更少。

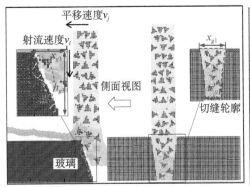

（a）正三角形颗粒

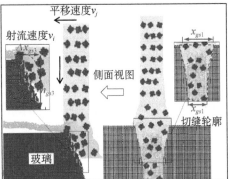

（b）正方形颗粒

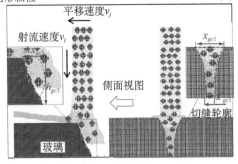

（c）球形颗粒

图 7.66　磨料水射流切割玻璃的模拟结果

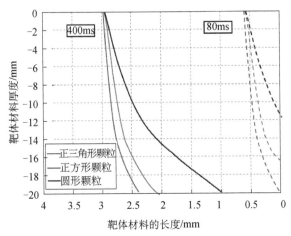

图 7.67　磨料水射流切割轨迹图

7.5.3　与实验结果对比

为了研究侧面切缝的轮廓，采用了磨料水射流切割机进行切割实验。图

7.68 所示的是磨料水射流切割钛合金后，靶体材料上的切缝图。其中，图 7.68（a）中是射流冲击面所形成的切缝，图 7.68（b）中所示的是底面的切缝，图 7.68（c）是靶体的侧面切缝轮廓。图 7.68（d）对含有正三角形颗粒、正方形颗粒射流切割以及实验切割得到的靶体切痕的轮廓图进行比较，实验射流中所采用的磨料颗粒主要是角型颗粒（主要是含有角度的混合颗粒），通过对比发现三者的切痕轮廓非常相近，"V"字形轮廓非常明显，呈现上宽下窄的形状。同时，可以发现仿真结果的上下裂缝的宽度差要小于实验结果，这是因为数值仿真是在理想条件下，射流直接作用于靶体，无其他影响因素，而实验过程中受到实际的影响因素较多（包括喷嘴与靶体表面垂直度、射流连续性、磨料颗粒混合均匀程度等）。通过这项实验可以得出，磨料水射流切割的效率影响靶体的切痕轮廓，当切割效率越高时，切痕上下表面切缝的差值越小，切缝两边的平行度越高。

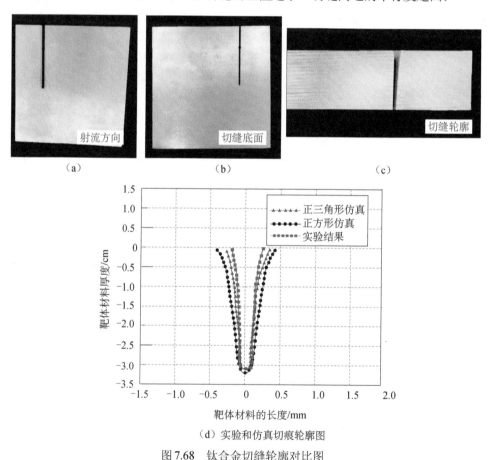

（d）实验和仿真切痕轮廓图

图 7.68　钛合金切缝轮廓对比图

　　在研究磨料水射流的切割轨迹时，选择玻璃来进行实验，因为玻璃的透明度较高，可以清晰地看出切割轨迹的轮廓。如图7.69（a）所示为玻璃的切割轨迹，其中 Δa 是射流的拖拽距离，即切割表面和底面的位移差。图7.69（b）中是靶体的侧视图，可以看出靶体的切缝轮廓是"V"形结构，切痕上下表面切缝的差值要小于切割钛合金时的差值。从图7.69（c）中，比较几种射流的拖拽距离，得到 $\Delta a_4 > \Delta a_3 > \Delta a_2 > \Delta a_1$，即含有圆形颗粒的射流形成的拖拽距离最大，含有正三角形颗粒的射流形成的拖拽距离最小，两者差值为12mm。而射流的拖拽距离反映的是切割效率的高低，拖拽距离越小效率越高。

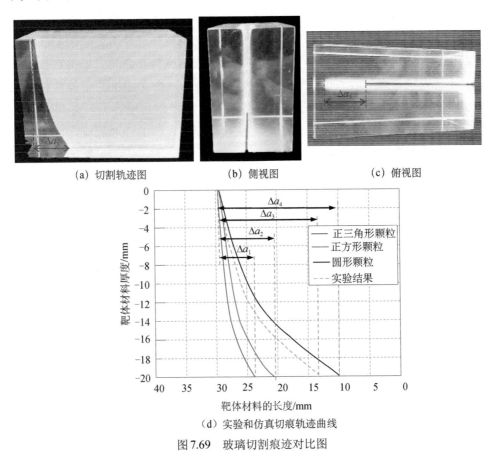

(a) 切割轨迹图　　　　　　　（b）侧视图　　　　　　（c）俯视图

（d）实验和仿真切痕轨迹曲线

图7.69　玻璃切割痕迹对比图

　　通过以上含有不同形状颗粒射流切割效率的研究发现，在切割不同材料时，正三角形磨料颗粒始终是最高的，其次是正方形颗粒，最后是圆形颗粒，在切割延性材料时差距尤为明显，角型颗粒的效率约是圆形颗粒的两倍，但是在切割脆性材料时，这三种射流的切割效率差距并不大。在研究磨料水射流切割的时候，切割效率是选择磨料颗粒形状的指标之一。

本节采用颗粒-射流耦合冲蚀模型，研究磨料射流切割不同类型材料的切割特性，小结如下。

（1）本文磨料水射流耦合模型，将磨料颗粒在水射流中的状态具体化，在颗粒冲击靶体过程、磨料水射流切割过程和靶体材料破碎机理研究过程中起到了重要意义，通过实验对比，仿真结果准确度较高，能够很好地实现磨料水射流切割过程中粒子、射流和靶体状态的分析。

（2）结合磨料颗粒冲击模型，对磨料颗粒冲击靶体机理进行分析。颗粒在冲击靶体材料时，对于延性靶体材料表面的去除以挤压和"耕犁"为主，且随着冲击角增大，材料表面更易切削，不同之处是角型颗粒冲击形成的凹坑深度要高于圆形颗粒，这是因为角型颗粒冲击所造成的材料表面的变形机制与圆形颗粒不同，圆形颗粒在去除延性材料时以挤压变形去除为主；对于脆性材料表面去除以裂纹和破碎为主，角型颗粒在冲击脆性靶体后更容易产生材料的剥落，但是由于冲击应力集中点的影响，往往会产生更多的微观裂纹，而圆形颗粒冲击形成的微观裂纹要少。

（3）将随机算法应用到磨料水射流切割模型中，使得磨料颗粒以随机分布的形态分布于水中，与实际情况更加切合。结合该模型对磨料水射流的切割效率、切割后靶体表面形态、切割轨迹以及切缝轮廓等一系列切割参数进行了研究。经过数值仿真和实验对比发现，在切割延性材料时，选择含有角型颗粒的射流切割效率是圆形颗粒的两倍，在切割脆性材料时，含有圆形颗粒的射流切割表面凹坑更少，表面粗糙度低。射流切割形成的切痕轮廓均为"V"形，脆性材料切痕上下表面切缝的差值要小于钛合金的。对比了几种射流的拖拽距离，得到含有圆形颗粒的射流形成的拖拽距离较大，含有角型颗粒的射流形成的拖拽距离较小，而射流拖拽距离的大小反映的是切割效率的高低，拖拽距离越小效率越高。

（4）本章的磨料水射流切割模型不仅可用于单个角型颗粒冲蚀研究，还可以用于磨料水射流切割过程。借助于 SPH 方法同时对流体问题和固体问题有很好的适用性，模型在磨料水射流切割模拟中较为全面，针对磨料颗粒、射流、靶体破碎以及流固耦合等方面的研究都可以采用本文中所述的模型，为磨料水射流切割领域的研究提供了一种新的研究思路。

7.6　面向水中爆炸问题的粒子搜索算法

本节采用弱可压缩SPH方法建立水中爆炸数值模型，模拟水中爆炸过程。爆炸气体膨胀导致气体粒子和水粒子的光滑长度存在差异，当采用传统的链表式邻域粒子搜索算法时，计算效率会随着气体膨胀程度而下降明显。本节首先介绍水中爆炸问题的弱可压缩SPH基本方程、材料本构方程和状态方程。随后，针对传统搜索算法效率低的问题，提出链表式粒子搜索算法的改进算法，该算法采用两层背景网格分别建立气体和水粒子的搜索链表，从而避免了气体粒子和水粒子分辨率差异过大带来的问题。最后，通过水中自由场爆炸和接触爆炸的计算实例，测试了新型搜索算法的计算性能。

7.6.1　数值模型

1. 流体方程

水中爆炸模型的流体计算域包含高压气体和水。炸药引爆后匀速转换为高压气体向外膨胀，膨胀气体和周围水的相互作用过程属于大密度比气液两相流问题。在水中爆炸模型中，气体和水的运动均由流体控制方程描述，可以写成如下的粒子近似形式：

$$\begin{cases} \rho_i = \sum_{j=1}^{N} m_j W_{ij} \\ \dfrac{\mathrm{d}v_i^\alpha}{\mathrm{d}t} = \sum_{j=1}^{N} m_j \left[\dfrac{\sigma_i^{\alpha\beta}}{\rho_i^2} + \dfrac{\sigma_j^{\alpha\beta}}{\rho_j^2} \right] \dfrac{\partial W_{ij}}{\partial x_i^\beta} \\ \dfrac{\mathrm{d}e_i}{\mathrm{d}t} = \dfrac{1}{2} \sum_{j=1}^{N} m_j \left[\dfrac{p_i}{\rho_i^2} + \dfrac{p_j}{\rho_j^2} \right] v_{ij}^\beta \dfrac{\partial W_{ij}}{\partial x_i^\beta} + \dfrac{1}{\rho_i} \tau_i^{\alpha\beta} \dot{\varepsilon}_i^{\alpha\beta} \end{cases} \qquad (7\text{-}5)$$

式中，ρ 为流体的密度，单位 kg/m³；t 代表时间，单位 s；v^α 代表速度分量，单位 m/s；$\sigma^{\alpha\beta}$ 代表应力张量的分量，单位 Pa；N 为 i 粒子的支持域内的粒子数量；e_i 代表流体的内能；$\tau_i^{\alpha\beta}$ 代表剪切应力分量，$\dot{\varepsilon}_i^{\alpha\beta}$ 为应变率张量。

式（7-5）给出了标准形式的弱可压缩SPH离散方程。对于水中爆炸问题，为了保证计算稳定性和精度，有必要对标准的SPH离散方程进行修正。为了恰当处理爆炸引起的气液界面大位移和解决气液界面两侧大密度比的问题，此处采用Zhang等提出的基于体积近似的修正方法，修正后的控制方程组如下所示：

$$
\begin{cases}
\dfrac{\mathrm{d}\rho_i}{\mathrm{d}x} = \rho_i \displaystyle\sum_{j=1}^{N} \dfrac{m_j}{\rho_i}\left(v_i^{\beta}-v_j^{\beta}\right)\dfrac{\partial W_{ij}}{\partial x_i^{\beta}} + \beta\displaystyle\sum_{j=1}^{N}\dfrac{m_j}{\rho_j}h_{ij}c_{ij}\Psi_{ij}\dfrac{\partial W_{ij}}{\partial x_i^{\beta}} \\[3mm]
\dfrac{\mathrm{d}v_i^{\alpha}}{\mathrm{d}t} = \dfrac{1}{\rho_i}\displaystyle\sum_{j=1}^{N}\dfrac{m_j}{\rho_i}\left[\sigma_i^{\alpha\beta}+\sigma_j^{\alpha\beta}\right]\dfrac{\partial W_{ij}}{\partial x_i^{\beta}} + \gamma\displaystyle\sum_{j=1}^{N}\dfrac{m_j}{\rho_j}h_{ij}c_{ij}\pi_{ij}\dfrac{\partial W_{ij}}{\partial x_i^{\beta}} \\[3mm]
\dfrac{\mathrm{d}e_i}{\mathrm{d}t} = \dfrac{1}{2\rho_i}\displaystyle\sum_{j=1}^{N}\dfrac{m_j}{\rho_j}\left[p_i+p_j+\Pi_{ij}\right]v_{ij}^{\beta}\dfrac{\partial W_{ij}}{\partial x_i^{\beta}} + \dfrac{1}{\rho_i}\tau_i^{\alpha\beta}\dot{\varepsilon}_i^{\alpha\beta}
\end{cases} \tag{7-6}
$$

式中，参数 h_{ij} 为粒子 i 和 j 的平均光滑长度，$h_{ij}=\dfrac{h_i+h_j}{2}$；$c_{ij}$ 为平均声速，$c_{ij}=\dfrac{c_i+c_j}{2}$；参数 β 取为 0.1；人工黏性系数 γ 取为 1.0；耗散项 Ψ_{ij} 和 π_{ij} 分别表达为

$$
\Psi_{ij} = 2\left(\rho_i-\rho_j\right)\dfrac{\left(x_i-x_j\right)}{\left|x_i-x_j\right|^2} - \left(\langle\nabla\rho\rangle_i^L + \langle\nabla\rho\rangle_j^L\right)
$$

$$
\pi_{ij} = \dfrac{\left(u_i-u_j\right)\cdot\left(x_i-x_j\right)}{\left|x_i-x_j\right|^2}
$$

式中，$\langle\nabla\rho\rangle_i^L$ 为密度的梯度，可由 SPH 梯度算子求解。

2. 固体方程

水中结构物在水中爆炸载荷的作用下会发生弹塑性变形，引发结构物毁伤和破坏。为了模拟水下结构物的变形及毁伤过程，需要建立固体 SPH 模型。SPH 固体方程描述的与流体 SPH 方程一致，区别在于应力的求解方式。首先，将应力张量进行分解：

$$
\sigma^{\alpha\beta} = -P\delta^{\alpha\beta} + \tau^{\alpha\beta} \tag{7-7}
$$

式中，$\sigma^{\alpha\beta}$ 代表总应力张量，单位 Pa 或 MPa；P 代表各向同性的应力分量，单位 Pa 或 MPa；$\tau^{\alpha\beta}$ 代表剪切应力张量，单位 Pa 或 MPa。

分解后的应力张量可以分别进行求解。对于各向同性的应力分量，可以参照弱可压缩流体的求解方式，由状态方程计算，固体材料的状态方程将在 7.6.2 节 3.固体的状态方程中介绍。

将分解后的应力张量代入运动方程，得到运动方程的 SPH 离散方程：

$$
\dfrac{\mathrm{d}v_i^{\alpha}}{\mathrm{d}t} = \dfrac{1}{\rho_i}\sum_{j=1}^{N}\dfrac{m_j}{\rho_j}\left[-\left(P_i+P_j\right)\delta^{\alpha\beta}+\left(\tau_i^{\alpha\beta}+\tau_j^{\alpha\beta}\right)-\Pi_{ij}\delta^{\alpha\beta}\right]\dfrac{\partial W_{ij}}{\partial x_i^{\beta}} \tag{7-8}
$$

式中，Π_{ij} 为人工黏性项，与流体的人工黏性项具有相同的形式，但是人工黏性

力的系数不同。

剪切应力张量采用积分的方式进行求解。首先，按照下式计算剪切应力张量的时间变化率：

$$\frac{\mathrm{d}\tau_i^{\alpha\beta}}{\mathrm{d}t} = 2G\left(\dot{\varepsilon}_i^{\alpha\beta} - \frac{1}{3}\delta^{\alpha\beta}\dot{\varepsilon}_i^{\gamma\gamma}\right) + \tau_i^{\alpha\gamma}\cdot\dot{r}_i^{\beta\gamma} + \tau_i^{\gamma\beta}\cdot\dot{r}_i^{\alpha\gamma} \tag{7-9}$$

式中，G 为剪切模量，单位 GPa；$\dot{\varepsilon}^{\alpha\beta}$ 为应变率张量；$\dot{r}^{\alpha\beta}$ 代表旋转率张量。

应变率张量和旋转率张量分别表示为

$$\dot{\varepsilon}^{\alpha\beta} = \frac{1}{2}\left(\frac{\partial v^\alpha}{\partial x^\beta} + \frac{\partial v^\beta}{\partial x^\alpha}\right) \tag{7-10}$$

$$\dot{r}^{\alpha\beta} = \frac{1}{2}\left(\frac{\partial v^\alpha}{\partial x^\beta} - \frac{\partial v^\beta}{\partial x^\alpha}\right) \tag{7-11}$$

应变率张量和旋转率张量又可以写为 SPH 离散方程形式：

$$\varepsilon_i^{\alpha\beta} = \frac{1}{2}\sum_{j=1}^{N}\left(\frac{m_j}{\rho_j}v_{ji}^\alpha\frac{\partial W_{ij}}{\partial x_i^\beta} + \frac{m_j}{\rho_j}v_{ji}^\beta\frac{\partial W_{ij}}{\partial x_i^\alpha}\right) \tag{7-12}$$

$$r_i^{\alpha\beta} = \frac{1}{2}\sum_{j=1}^{N}\left(\frac{m_j}{\rho_j}v_{ji}^\alpha\frac{\partial W_{ij}}{\partial x_i^\beta} - \frac{m_j}{\rho_j}v_{ji}^\beta\frac{\partial W_{ij}}{\partial x_i^\alpha}\right) \tag{7-13}$$

当对剪切应力张量进行更新时，采用 von Mises 屈服准则来决定某粒子 i 是否处于屈服状态。如果粒子 i 的 Mises 应力低于材料的屈服应力 σ_Y，则粒子 i 处于弹性变形阶段；如果 Mises 应力高于材料的屈服应力 σ_Y，意味着粒子 i 处于塑性屈服状态，则应当对剪切应力值进行修正。

材料的屈服强度由 Johnson-Cook 模型计算：

$$\sigma_Y = \left[A + B\left(\varepsilon_{\mathrm{eff}}^p\right)^N\right]\left[1 + C\ln\left(\frac{\dot{\varepsilon}_{\mathrm{eff}}^p}{\dot{\varepsilon}_0}\right)\right]\left[1 - \left(T^*\right)^M\right] \tag{7-14}$$

式中，$\varepsilon_{\mathrm{eff}}^p$ 为等效的塑性应变；$\dot{\varepsilon}_{\mathrm{eff}}^p$ 为等效应变率；$\dot{\varepsilon}_0$ 为应变率的参考值，取为 $\dot{\varepsilon}_0 = 1.0$；参数 A，B，C，N，M 为材料常数，它们一般通过专门的实验进行测试；T^* 为正则化的温度。

7.6.2　状态方程

1. 爆炸气体的状态方程

水中炸药起爆后，爆炸物迅速转换为高压气体，并产生冲击波向周围传播。在弱可压缩 SPH 方程中，采用状态方程求解流场压力。爆炸气体采用 Jones-

Wilkins-Lee（JWL）状态方程，它表达为

$$p = A\left(1 - \frac{\omega(\eta+1)}{R_1}\right)e^{-\left(\frac{R_1}{\eta+1}\right)} + B\left(1 - \frac{\omega(\eta+1)}{R_2}\right)e^{-\left(\frac{R_2}{\eta+1}\right)} + \omega\rho_0 e(\eta+1) \quad (7\text{-}15)$$

式中，A，B，R_1，R_2，ω 为拟合参数；e 为单位质量具有的内能，单位 J/kg；参数 $\eta = \dfrac{\rho}{\rho_0} - 1$，$\rho$ 和 ρ_0 分别为流体的密度和参考密度。

2. 水的状态方程

爆轰完成后，高压气体产物与周围水体相互作用，冲击波向外传播的过程也使得周围水体的压力增加。在冲击波前沿位置，具有很高的压力梯度。采用 Mie-Gruneisen 形式的状态方程描述水的压力-密度-内能关系。在受压状态下，水的 Mie-Gruneisen 状态方程表达为

$$p = \frac{\rho_0 c_0^2 \eta\left[1 + \left(1 - \frac{\Gamma_0}{2}\right)\eta - \frac{a}{2}\eta^2\right]}{\left[1 - (S_1 - 1)\eta - S_2 \dfrac{\eta^2}{\eta+1} - S_3 \dfrac{\eta^3}{(\eta+1)^2}\right]^2} + (\Gamma_0 + a\eta)e \quad (7\text{-}16)$$

式中，ρ_0 为参考密度，单位 kg/m³；$\eta = \dfrac{\rho}{\rho_0} - 1$；$c_0$ 为水的声速，单位 m/s；Γ_0 为 Gruneisen 系数；S_a 为线性 Hugoniot 系数。当水处于膨胀状态时，采用如下的状态方程：

$$p = \rho_0 c_0^2 \eta + (\Gamma_0 + a\eta)e \quad (7\text{-}17)$$

3. 固体的状态方程

本章选用的固体材料为钢，同样采用 Mie-Gruneisen 形式的状态方程，它表达为下式：

$$p = \left(1 - \frac{1}{2}\Gamma_0 \eta\right)\left(a_0 \eta + b_0 \eta^2 + c_0 \eta^3\right) + \Gamma_0 \rho e \quad (7\text{-}18)$$

式中，参数 $a_0 = \rho_0 c_0^2$；参数 $b_0 = a_0\left[1 + 2(\lambda - 1)\right]$；参数 $c_0 = a_0[2(\lambda-1) + 3(\lambda-1)^2]$；参数 $\eta = \dfrac{\rho}{\rho_0} - 1$；对于处于膨胀状态的固体，即 $\eta < 0$ 时，参数 b_0 和 c_0 均为 0。钢的状态方程参数如表 7.7 所示。

表 7.7　钢的状态方程参数

ρ_0/（kg/m³）	Γ_0	c_0/（m/s）	γ	e_0/（J/kg）	G/GPa
7890	1.587	3075	1.294	0	77

7.6.3　气液界面处理

爆炸气体与水的交界面两侧存在很大的密度比，气体膨胀过程中气体粒子与水粒子发生强烈的相互作用。为了防止气体粒子和水粒子互相穿透界面，需要对气液界面处的粒子进行处理。Monaghan 提出了 XSPH 位移修正格式，来防止不同材料粒子之间的非物理穿透，但该方式对于界面相互作用剧烈的情况（如高速碰撞、水中爆炸等），并不能有效地避免粒子穿透界面。G. R. Liu 和 M. B. Liu 针对水中爆炸问题，提出了一种气液交界面的排斥力模型，该模型为靠近气液界面的气体粒子和固体粒子之间引入排斥力，来防止产生粒子穿透。该排斥力模型与排斥力边界条件所使用的方程型式类似，它是基于分子间 Lennard-Jones 型式的相互作用力模型提出的。在该模型中，作用在两相粒子之间的排斥力表达为

$$f(pe) = \begin{cases} D\left(pe^{n_1} - pe^{n_2}\right)\dfrac{\boldsymbol{x}_{ij}}{r_{ij}^2}, & pe \geqslant 1 \\ 0, & pe < 1 \end{cases} \tag{7-19}$$

式中，参数 D，n_1，n_2 分别取为 10^5，6，和 4。除采用了排斥力模型外，本章还采用了 XSPH 位移修正，两者结合可有效防止粒子在界面处的非物理穿透。

7.6.4　可变光滑长度

水中爆炸过程中，由于爆炸气体的膨胀和收缩，气体粒子间距随着时间的变化很大。为了保证粒子支持域内有足够数量的粒子，需要对光滑长度进行更新。光滑长度随时间的变化率表达为

$$\frac{\mathrm{d}h_i^n}{\mathrm{d}t} = -\frac{h_i^n}{\rho_i^n d}\sum_{j=1}^N m_j\left(\boldsymbol{v}_i^n - \boldsymbol{v}_j^n\right)\cdot\nabla_i^n W_{ij} \tag{7-20}$$

式中，上标 n 代表第 n 个时间步；h_i^n，ρ_i^n，$\boldsymbol{v}_i^n$ 和 $\nabla_i^n W_{ij}$ 分别为第 n 个时间步对应的粒子 i 的光滑长度、密度、速度和光滑函数梯度。下一时间步（即 $n+1$ 步）的光滑长度根据如下公式进行更新：

$$h_i^{n+1} = h_i^n + \frac{\mathrm{d}h_i^n}{\mathrm{d}x}\Delta t \tag{7-21}$$

7.6.5　计算结果及分析

1. 自由场水中爆炸

本小节关注自由场水中爆炸问题。如图 7.70 所示，分别建立了自由场水中爆炸的二维和三维 SPH 模型，二维模型和三维模型的计算域尺寸分别为 5.0m×5.0m 和 1.0m×1.0m×1.0m。在计算域的中心，将边长为 0.088m 的正方形（二维）或立方体（三维）区域设置为 TNT 材料，TNT 的材料密度设置为 1630kg/m^3。TNT 由中心点引爆，产生一个初始冲击波，该冲击波传播到水中并将能量传递到水中。整个计算域由 SPH 粒子离散，在初始时间，SPH 粒子均匀分布，TNT 和水域具有相同的初始粒子间距。表 7.8 和表 7.9 中分别给出了 JWL 方程和 Mie-Gruneisen 方程的材料参数。

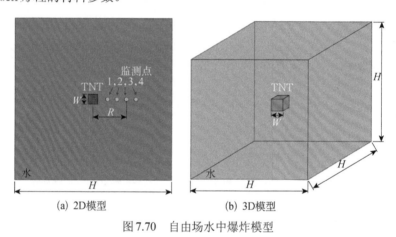

(a) 2D模型　　　　　　　(b) 3D模型

图 7.70　自由场水中爆炸模型

表 7.8　JWL 状态方程参数

参数和系数	代号	TNT
参考密度	ρ_0	1630kg/m^3
	A	3.712×10^{11}Pa
	B	3.21×10^{9}Pa
拟合系数	R_1	4.15
	R_2	0.95
	ω	0.3
初始比内能	e_0	4.29×10^{6}J/kg

表 7.9　水的 Mie-Gruneisen 状态方程参数

参数和系数	代号	水
参考密度	ρ_0	1000kg/m^3

续表

参数和系数	代号	水
声速	c_0	1480m/s
Gruneisen 系数	Γ_0	0.5
体积修正系数	a	0.0
拟合参数	S_1	2.56
	S_2	1.986
	S_3	1.2268
初始比内能	e_0	357.1J/kg

图 7.71 显示了水下爆炸过程中不同时刻的压力分布。可以清楚地看到，炸药从中心引爆后，初始冲击波逐渐向外扩散，而且爆炸气泡逐渐膨胀。图 7.72 展示了当冲击波在水中传播时，在 0.4m，0.6m，0.8m 和 1.0m 的爆炸距离处的压力-时间历程曲线。由图 7.72 可知，测点处的压力迅速达到峰值，然后逐渐衰减。一旦压力衰减到一定程度，这些压力曲线就会产生不同程度的扰动。造成这种现象的主要原因是，爆炸结束后，气体开始膨胀，冲击波向外扩散，而稀疏波在气泡内部传播。当所有方向上的稀疏波会聚时，会形成压缩波。这些冲击波向外传播并追赶第一列中的初始冲击波，并在叠加后形成双峰或多峰。

图 7.73 给出了三维模型的计算结果。三维模型的初始粒子间距设置为 0.01m，粒子总数超过 100 万。时间步长设置为 2.5×10^{-7}s，共运行了 5000 个时间步，对应的物理时间为 1.3ms。图 7.73 展示了在不同时间的压力分布结果，从图中可以观察到冲击波压力从爆炸中心到周围水域的传递过程。

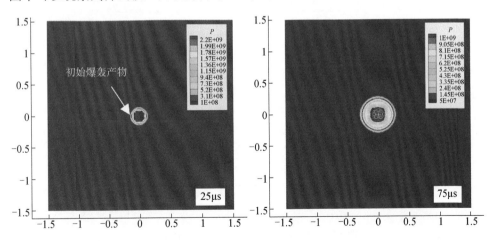

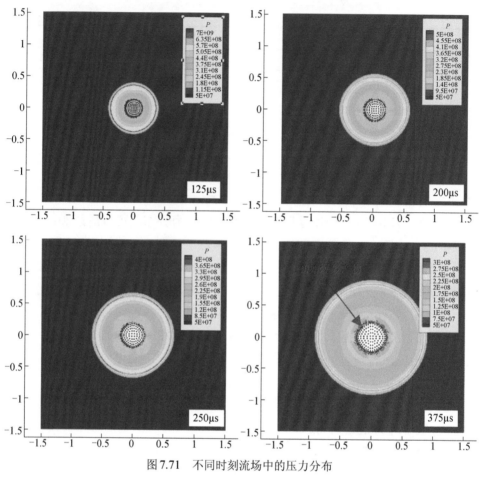

图 7.71　不同时刻流场中的压力分布

图 7.72　不同压力测点的压力时间关系曲线

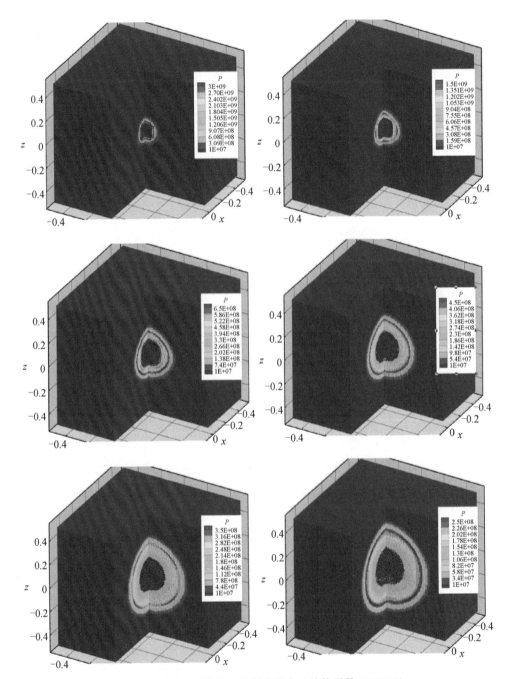

图 7.73　不同时刻流场中的压力分布（总粒子数 1000000）

2. 水中接触爆炸

图 7.74 给出了水中接触爆炸的 SPH 数值模型。如图所示，初始的计算域包

含三部分，分别为水、TNT和薄板。水和TNT材料由流体方程描述，薄板由固体方程描述。TNT材料初始为方形，长和宽均为0.088m。水域的长和宽均为5.0m。薄板的长度L为2.0m，宽度W分别为0.05m，0.07m和0.1m。对薄板的上端和下端进行约束，薄板在水中爆炸载荷作用下将会产生沿爆炸方向的变形。图7.74（a）给出了爆炸距离为0m时的模型。为了模拟不同爆距对薄板结构变形的影响，测试了三种不同的爆距0.0m，0.1m，0.2m。初始的粒子间距为0.01m，计算域共包含了250000个SPH粒子。时间步长Δt固定为0.0000002s。

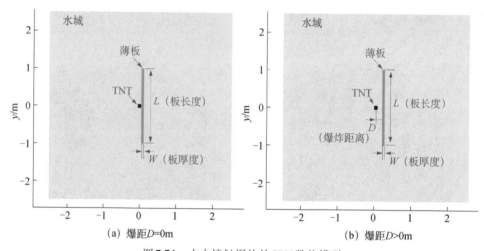

(a) 爆距D=0m   (b) 爆距D>0m

图7.74　水中接触爆炸的SPH数值模型

图7.75给出了水中接触爆炸的模拟结果。计算开始后，爆炸气泡开始膨胀，同时爆炸冲击波开始向周围水域传递。由于爆心右侧存在一固体平板，限制了爆炸气泡和冲击波在该方向上的膨胀和传播；另一方面，在高压流体的作用下，平板开始发生变形。薄板中心与爆心距离最近，在爆炸流体的作用下变形也最严重。图7.75中的颜色代表平板的x方向剪切应力τ_{xx}分布。初始时刻，平板中心在高压的作用下最先被压溃，平板中心破裂，靠近平板中心的塑性变形区域也随着爆炸气泡的膨胀逐渐变大。随着平板中心的破碎，平板也断裂为两段。爆炸载荷作用在上、下段上，产生弯矩效果，使得破口向右突出。爆炸气体也会沿着中心破碎的孔洞喷出，并与平板右侧的水混合。

图7.76给出了不同爆炸距离的模拟结果。图中选取了相同时刻的计算结果。如图所示，爆距为0m时，水中爆炸造成了平板的压溃和破碎，并产生了碎屑，爆炸气泡流体通过破口向右侧水域喷出；爆距为0.1m时，爆炸冲击波最先作用在平板上，在爆炸气泡到达平板之前，造成了平板的破裂，但未产生明显

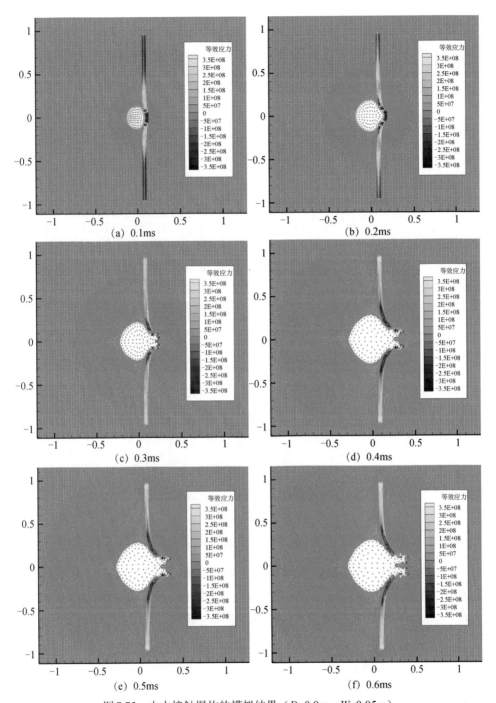

图 7.75　水中接触爆炸的模拟结果（D=0.0m，W=0.05m）

的碎屑，破口的形貌也与爆距为 0m 时不同；爆距为 0.2m 时，爆炸冲击波造成了平板的塑性变形，也导致了平板的破裂，但破裂程度低于爆距为 0.1m 的。

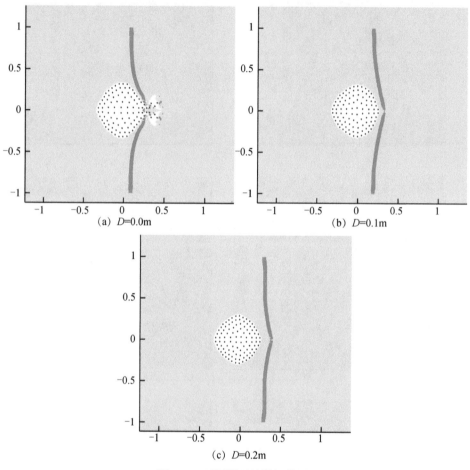

(a) D=0.0m

(b) D=0.1m

(c) D=0.2m

图 7.76   不同爆距的模拟结果

图 7.77 给出了不同板厚的模拟结果。随着平板厚度的增加，平板抵抗水中爆炸载荷的能力也在提升。0.05m 厚度和 0.07m 厚度的破口形貌相似，但破坏程度不同；0.1m 厚的平板在爆炸载荷作用下未产生破口，只发生了塑性变形。

7.6.6   搜索算法优化

本节关注水中爆炸 SPH 模型链表式搜索算法的计算效率，并给出了搜索算法的改进方案，通过实例测试对改进前后的模型计算效率进行分析。在 7.6.6 节 1.计算效率分析中，对水中爆炸模型的计算效率进行分析，并与溃坝 SPH 模拟

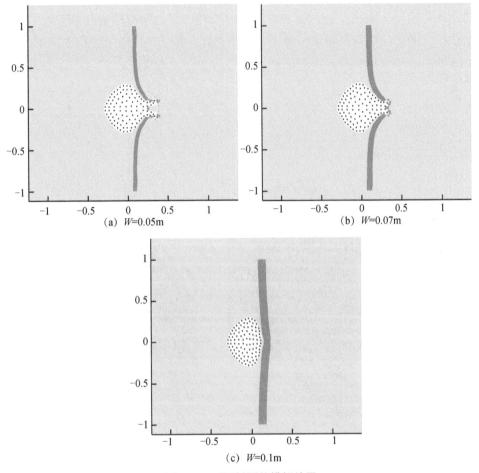

(a) $W=0.05\text{m}$　　(b) $W=0.07\text{m}$

(c) $W=0.1\text{m}$

图7.77　不同板厚的模拟结果

的计算结果进行对比，找出影响计算效率的因素。在7.6.6节2.链表式粒子搜索算法的改进型中，针对水中爆炸问题，提出了带有双层背景网格的链表式搜索算法。在7.6.6节3.改进后的计算效率中，对改进后的数值模型的计算效率进行分析。

1. 计算效率分析

邻域粒子搜索是影响SPH数值计算的关键步骤，本章建立的水中爆炸模型采用了链表式邻域粒子搜索算法（linked-list），其计算效率要优于直接粒子搜索算法（direct-find）；当粒子分布较均匀时，链表式搜索算法的计算效率好于树形粒子搜索算法（tree-searching），而且链表式搜索算法较树形搜索更容易实现。

链表式搜索算法的计算量阶为 O（N），其中N为SPH粒子总数量。下面将通过计算实例，来测试链表搜索算法的参数对计算效率的影响。本节采用了两个计算实例，分别是溃坝流和自由场水下爆炸。图 7.78（a）给出了两个实例的 SPH 模型。溃坝模型的底部和侧面是墙体边界，并设置了一层"排斥力边界"的虚粒子；流体物理参数是根据水来设定的，初始密度为 1000.0kg/m³，并采用人工黏性力；初始粒子距离设置为 0.01m，总共生成 125000 个流体粒子和 5000 个边界虚拟粒子；时间步长设置为 2.5×10^{-5} s，总共计算了 16000 个时间步，对应的物理时间为 4.0s。

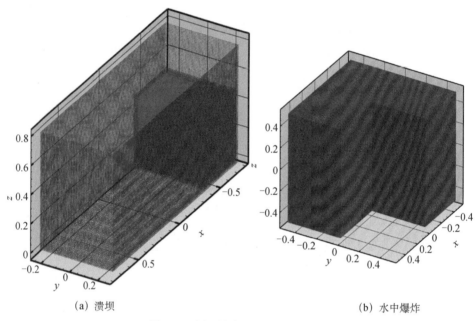

(a) 溃坝   (b) 水中爆炸

图 7.78 用于效率测试的 SPH 模型

如图 7.78（b）所示，水下爆炸模型的计算域尺寸为 1.0m×1.0m×1.0m；在计算域的中心，将长度为 0.1m 的立方体区域设置为 TNT 材料，TNT 的材料密度设置为 1630kg/m³；TNT 从中心点引爆，产生一个初始冲击波，该冲击波传播到水中并将能量传递到水中，推动水介质扩散；整个计算域由 SPH 粒子进行离散化，在初始时间，SPH 粒子呈均匀分布；TNT 粒子和水粒子具有相同的初始粒子间距。

图 7.79 和图 7.80 分别展示了溃坝和水中爆炸过程的模拟结果。在溃坝模拟中，通过适当选择声速来确保流体的弱可压缩性。在计算过程中，溃坝流体的平均粒子间距变化很小，因此采用了固定的、均匀分布的光滑长度。图 7.80 水

中爆炸过程只展示了气体粒子的分布，由图可以看出气体粒子向外膨胀的过程。在气泡膨胀阶段，气体粒子的平均间距逐渐增大，依据可变光滑长度的演化公式，粒子的光滑长度会随粒子间距的增加而增加。为了考察不同阶段的计算效率，我们将计算过程在时间轴上分为四个阶段，四个阶段所对应的时间步数相同。

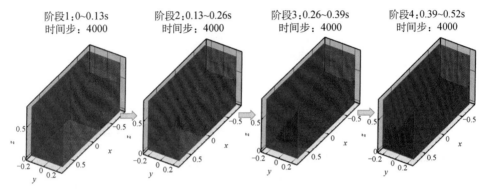

图 7.79　水坝溃塌过程（粒子数量 130000）

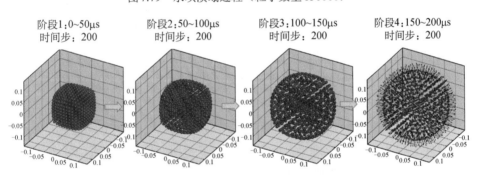

图 7.80　水中爆炸气泡膨胀过程（粒子数量 1000000）

图 7.81 对比四个阶段所消耗的计算时间。如图所示，对于溃坝模拟，各个阶段的计算时间在计算过程中变化很小。而对于水下爆炸模拟，各个阶段所消耗的计算时间随着气泡的膨胀而逐渐增加。因此，在水中爆炸模拟中，计算效率会随着气泡的膨胀过程而逐渐下降。出现该问题的原因，在于链表式搜索过程会随着光滑长度的增加而增大。在水中爆炸模拟，虽然气体粒子间距和光滑长度都随着气泡膨胀而变大，但是水相粒子的平均间距却变化不大。

在链表式搜索算法中，搜索效率与背景网格的尺寸有关，背景网格的尺寸越大，搜索效率越低。因此，在确定链表式搜索的背景网格尺寸时，应该使背景网格的尺寸 D_x 尽可能小。但是，D_x 不能无限制得小，在确保邻域粒子能够

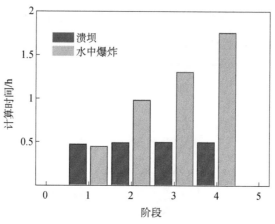

图 7.81 不同阶段计算时间的对比

完全位于本网格相邻网格的前提下，应该保证 $D_x \geq 2h_{max}$ ，式中， h_{max} 为计算域中 SPH 粒子光滑长度的最大值。因此，背景网格的最小尺寸应当取为 $D_x = 2h_{max}$ 。对于水中爆炸模拟，气体粒子的最大光滑长度 $\{h_{max}\}_g$ 可能是水粒子的最大光滑长度 $\{h_{max}\}_w$ 的数倍。为了保证气体粒子搜索的准确性，背景网格的尺寸应取为 $D_x = \{h_{max}\}_g$ 。采用该背景网格建立链表对水粒子进行邻域搜索时，会造成很多不必要的计算量，使得搜索效率下降。可见，解决该问题的可行方案是对气体粒子和水粒子的搜索算法进行改造，减少水粒子邻域搜索的冗余操作。

2. 链表式粒子搜索算法的改进型

为了解决由气体粒子和水粒子间距差异导致的计算效率下降问题，我们提出邻域粒子搜索算法的改进型。它的核心在于使用两层背景网格，分别用于建立气体粒子和水粒子的搜索链表。如图 7.82 所示，第一层网格的尺寸根据水粒子的最大光滑长度设定，即 $d_{1x} = 2\{h_{max}\}_w$ ；第二层网格的尺寸根据气体粒子的最大光滑长度设定，即 $d_{2x} = 2\{h_{max}\}_g$ 。在进行邻域粒子搜索时，气体粒子和水粒子是分别进行的。气体粒子和水粒子的搜索效率与各自的背景网格尺寸有关。从而提升整体的搜索效率和计算效率。

3. 改进后的计算效率

为了测试改进后的搜索算法对计算效率的影响，我们测试了不同粒子数量下原始算法和改进算法的计算耗时。按照图 7.78（b）给出的模型，保持粒子的初始间距不变，通过调整计算域的几何尺寸来获得具有不同粒子数量的初始模型。保持计算域中心的 TNT 材料块的尺寸不变（边长为 0.1m），水域的尺

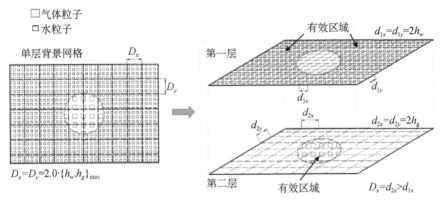

图 7.82　采用双层网格分别建立水域和气体域的搜索链表

寸设置为：0.8m，0.7m，0.6m，0.5m，0.4m，对应的粒子总数量为 512000，343000，216000，125000，64000。对每种粒子数量，分别采用改进后的搜索算法和标准链表式搜索算法进行计算，得到各种情况下的计算耗时，相关数据列在表7.10中。

表 7.10　搜索算法改进前后的计算时间数据

编号	计算域尺寸/m	粒子数量	链表类型	计算时间/s				
				阶段1	阶段2	阶段3	阶段4	总时间/s
1	0.4×0.4×0.4	64000	单层	89.7	174.8	182.3	271.8	718.6
2	0.4×0.4×0.4	64000	双层	54.5	62.3	62.8	63.5	243.1
3	0.5×0.5×0.5	125000	单层	185.1	388.2	418.2	636.7	1628.2
4	0.5×0.5×0.5	125000	双层	103	118.6	124.2	120.5	466.3
5	0.6×0.6×0.6	216000	单层	323.3	699.6	783.5	1263	3069.4
6	0.6×0.6×0.6	216000	双层	174	199	213	209	795.0
7	0.7×0.7×0.7	343000	单层	522.1	1167.7	1304.7	2147.1	5141.6
8	0.7×0.7×0.7	343000	双层	272.7	306.5	329	325.9	1234.1
9	0.8×0.8×0.8	512000	单层	811.4	1771.1	1980.3	3451.2	8014.0
10	0.8×0.8×0.8	512000	双层	408.7	463.6	493.5	484.9	1850.7

　　如图7.83所示，采用了改进的搜索算法之后，计算耗时在水中爆炸的各个阶段基本一致，相比于原始算法计算效率得到了明显改善。在改进算法中，分阶段的计算耗时会随着气泡膨胀过程略微增加，但是增加幅度要远低于原始算法。以图7.83（a）所示的64000粒子数量为例，在阶段1，改进算法的耗时相对于原始算法降低了39.2%；在阶段4，计算耗时降低了76.4%；对于四个阶段总的计算耗时，改进算法相对于原始算法降低了66.2%。这种计算效率的提升幅度

会随着总粒子数量的增加而增大。对于粒子数量为 512000 的情况，改进算法的总计算耗时相对于原始算法降低了76.9%。

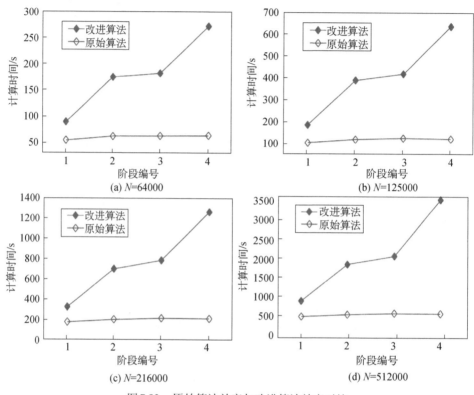

(a) N=64000

(b) N=125000

(c) N=216000

(d) N=512000

图7.83　原始算法效率与改进算法效率对比

　　前面对比了水中爆炸过程中每个阶段的计算耗时，由于膨胀过程中气泡半径是逐渐增加的，因此计算效率也会随着气泡膨胀过程而逐渐降低。下面来分析四个阶段总的计算耗时随粒子数量的变化趋势。图7.84给出了总的计算时间随着粒子数量的变化关系。由图可知，无论是标准算法还是改进算法，总计算时间与粒子数量都是呈线性关系。图7.85给出了计算耗时下降的百分比随着粒子数量的变化关系。总体上讲，使用了改进的粒子搜索算法后，水中爆炸计算效率会得到明显地提升，而且总的提升效果会随着粒子数量的增加而增大。本节关于水中爆炸的三维模拟使用的粒子数量最大达到了100万，在未使用并行技术的情况下具有比较可观的计算效率。本节针对水中爆炸问题提出的链表式搜索算法，为后续开展水中爆炸的大规模运算打下了基础。

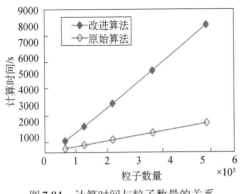

图 7.84　计算时间与粒子数量的关系　　图 7.85　计算耗时下降百分比随粒子数量的
变化曲线

7.7　喷丸颗粒冲击模拟及表面覆盖率预测

7.7.1　概述

喷丸（shot peening）处理是一种表面冷加工工艺，广泛用于提高金属部件的疲劳寿命。该工艺将大量硬质小球以相对较高的速度（40～70m/s）冲击待处理的部件表面，单个喷丸撞击部件表面，形成一个塑性凹痕，并在其下方产生残余压应力，从而有助于防止裂纹扩展并增加表面硬度。喷丸处理是一个复杂的过程，涉及小球之间的碰撞、小球与部件表面的碰撞和金属材料的弹塑性变形。在喷丸处理中，喷丸效果与许多参数有关，可以将这些参数分为三类。

（1）喷丸参数：喷丸尺寸，形状，密度，硬度等；

（2）靶体材料参数：硬度，应变硬化特性，应变率特性；

（3）流量参数：质量流量，喷丸速度，入射角等。

本章关注弹丸的冲击过程，采用 SPH 方法建立单个弹丸和大量弹丸的冲击模型，计算一定速度、直径和质量流量下的喷丸冲击导致的靶体表面的塑性变形和应力分布，为喷丸工艺设计和喷丸效果评估提供计算手段。

7.7.2　数值模型

本章采用 SPH 方法模拟喷丸小球撞击靶体材料表面的过程。其中，假定喷丸小球为刚体，靶体为弹塑性金属材料。靶体由 SPH 粒子离散，靶体的控制方程转换为 SPH 离散方程。本章喷丸颗粒冲击模型所采用的控制方程、状态方程和材料本构模型，与颗粒冲击模型是一致的。

图 7.86 展示了采用 SPH 粒子建立的单个弹丸冲击（图 7.86（a））和多个弹丸冲击（图 7.86（b））模型。多个弹丸冲击模型通过设定弹丸的不同冲击距离、冲击点位置来实现。将靶体考虑为弹塑性材料，并离散为均匀分布的 SPH 粒子。靶体的底部固定，靶体的侧面设置为周期性边界条件。弹丸和靶体粒子之间的相互作用通过接触算法来实现。图 7.87 展示了刚体和靶体粒子之间的接触算法。当检测到弹丸外表面距离 SPH 粒子的垂直距离小于 $h/2$ 时，认为刚体与 SPH 粒子之间接触，此时引入与接触距离相关的排斥力，分别作用于刚体和 SPH 粒子。

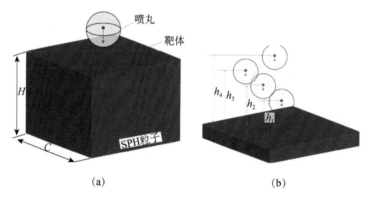

(a)   (b)

图 7.86 喷丸颗粒冲击 SPH 模型

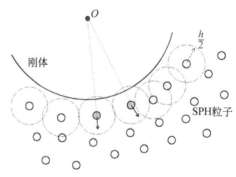

图 7.87 刚体和靶体粒子之间的接触算法

实际的喷丸过程中包含了大量弹丸以粒子流的形式撞击到工件表面。为了模拟这个过程，本章采用多层弹丸对工件表面重复打击。如 7.88 所示，假设弹丸在空间上是成层分布的，每一层中的弹丸又是周期性分布的，每一层弹丸之间的距离为 C，则对于每一层而言，可以抽取边长为 C 的计算单元，该单元在本层水平面上具有周期性分布特征。基于成层分布假设得到的周期性单元，每一层只包含一个弹丸（质量为 M_{single}），各层弹丸的冲击点位置可以不同。层与层之间的间距设置为常数，它取决于两相邻层弹丸之间的时间间隔 $\bar{T}$；如果设定弹丸速度和时间间隔为常数，则弹丸的质量流量可以表达为 $\dot{m} = \dfrac{M_{single}}{\bar{T}}$，该式将单个弹丸参数和喷丸粒子流的宏观参数进行了关联。

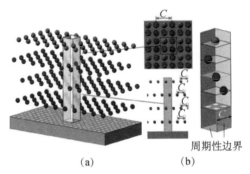

(a)　　　　　　(b)

图7.88　大量弹丸的冲击模型

7.7.3　单个弹丸冲击

选用高强度钢 AISI 4340 做为靶体材料，它的密度为 $\rho = 7800\text{kg}/\text{m}^3$，剪切弹性模量为 $G = 79.5\text{GPa}$。材料的初始屈服应力为 1044.4MPa。该材料的状态方程参数如表 7.11 所示。弹丸的半径为 R=1.0 mm，弹丸冲击速度设置为 50m/s。

表 7.11　AISI 4340 高强度钢的状态方程参数

C_0/（m/s）	S_a	Γ_0	C_v/（J/kg・K）
3935	1.578	1.69	460

采用 Johnson-Cook 本构模型描述靶体材料的塑性行为。初始的屈服强度 A 与洛氏硬度（Rockwell-C）硬度有如下关系：

$$A = \exp\left(A_1 R_C + A_2\right) \tag{7-22}$$

式中，系数 A_1=0.0355，A_2=5.5312，R_C 为钢的洛氏硬度。假定系数之比 B/A 为常数，即 B/A=0.6339。应变硬化系数 N 为 0.26，应变率系数 C 为 0.014。热软化系数 m 为 1.03。靶体材料的融化温度 T_{melt} 为 1793k。

靶体的尺寸设置为：宽度 C=4R，高度 H=4R。初始时刻，构成靶体材料的 SPH 粒子均匀分布，粒子初始间距 d_{ini} 分别设置为 1/10R，1/15R，1/20R，1/25R，1/30R。对比不同粒子间距得到的塑性区深度 H_p 的计算结果，来测试粒子间距的敏感性。结果显示，当粒子间距 d_{ini} <1/15R 时，H_p 开始对粒子间距不

敏感。本次模拟采用的粒子间距为 $d_{ini}=1/20R$（0.05mm）。光滑长度与粒子间距存在以下关系：$h=1.2×d_{ini}$，在计算过程中光滑长度保持不变。总的 SPH 粒子数量大于 300000，计算中采用的时间步长为 $d_t=4.0×10^{-10}\,\text{s}$。

图 7.89 展示了弹丸速度随时间的变化曲线。初始时刻弹丸速度为 50.0m/s，从图中可以看出弹丸与靶体的接触时间约为 2.65μs，弹丸在大约 1.9μs 时开始反弹，最终的反弹速度为 16.7m/s，意味着弹丸只剩余了 11.2% 的动能，其余大部分用于靶体的塑性变形。图 7.90 给出了正则化的接触力（作用在弹丸上）随时间的变化曲线。由图可知接触力在弹丸开始回弹时达到最大，从图中也可以看出弹丸与靶体的接触时间为 2.65μs。

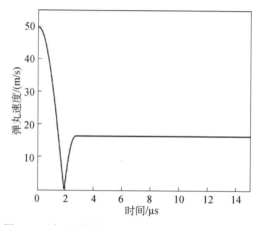

图 7.89　冲击过程中的弹丸速度随时间的变化曲线

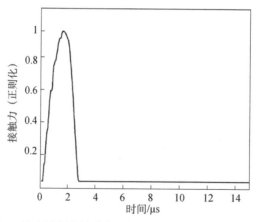

图 7.90　冲击过程中的弹丸承受的接触力随时间的变化曲线

图 7.91 展示了在四个不同时间的应力分布，包括加载阶段（0.8μs，1.6μs），卸载阶段（2.4μs）和非接触（反弹）阶段（3.6μs）。图 7.92 显示了冲击过程中平均塑性应变的变化曲线，其中塑性应变值已经根据塑性应变最大值进行了正则化处理。可以看出，在冲击的初始阶段，塑性应变急剧上升，并且在弹丸反弹时达到最大值；然后，塑性应变将保持恒定，直至计算结束。我们将这个塑性应变的最终值作为结果来评估冲击引起的塑性变形。图 7.91 展示了靶体平均塑性应变随时间变化的曲线。

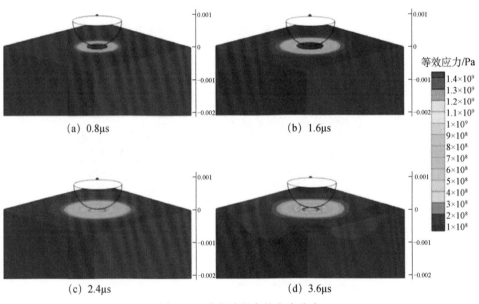

图 7.91 冲击过程中的应力分布

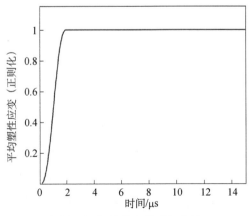

图 7.92 塑性应变的时间曲线

下面进一步检验喷丸速度对塑性区发展的影响。本次测试了三种不同的冲击速度，分别为30m/s、50m/s 和70m/s。如图7.93所示，显示了由不同速度冲击导致的压痕。显然，速度越大，压痕的半径越大。冲击中心线下方的等效塑性应变随目标材料深度的分布，如图7.94所示。可以看出，弹丸速度的增加导致了塑性区深度的增加，并且最大塑性应变也增加了。它表明，最大等效塑性应变的位置不受弹丸速度的影响。一般认为，压缩残余应力层的深度通常与塑性区深度一致，这也表明速度会影响残余应力层的深度。

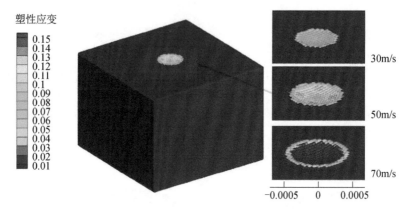

图 7.93　不同喷丸速度下的表面凹痕

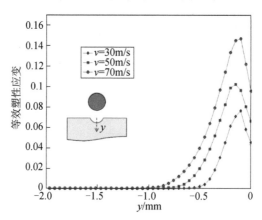

图 7.94　压痕下方的塑性应变沿深度的变化曲线

本章采用Johnson-Cook材料模型模拟工件的塑性行为。为了测试应变率因素对数值结果的影响，在有应变速率和无应变速率的结果之间进行比较，即当Johnson-Cook方程中的塑性应变率常数设置为零时，则认为忽略应变率的影响。图7.95显示了应变率不敏感和应变率敏感的 AISI 4340 目标的塑性应变分布。结果表明，当考虑应变率效应时，等效塑性应变的最大值出现在表面之下某位置，而塑性区的深度受应变率的影响较小。

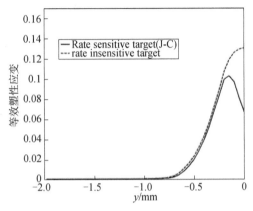

图 7.95　应变率效应对塑性应变分布

7.7.4　大量弹丸冲击

采用周期性单元格来预测大量弹丸冲击作用下的喷丸处理效应。如图 7.96 所示，单元格靶体的宽度 C 为 2mm（$2R$），靶体块高度为 3.2mm。图 7.96 左侧图显示了完整模型的俯视图，右侧图分别为两个按照不同位置提取的单元格模型。如图所示，分别选择正方形的中心和角点作为弹丸的冲击点。考虑到周期性假设，这两个冲击点对应的应变和应力分布应该是相同的。如图 7.97 和图 7.98 所示，冲击中心线下方的应力和应变分布表明，两个冲击点对应的结果非常吻合，证明周期性边界条件的正确性。

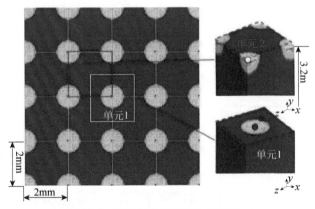

图 7.96　周期单元模型和全模型展示

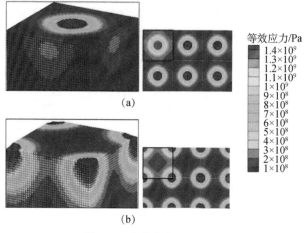

图 7.97　应力分布（0.8μs）

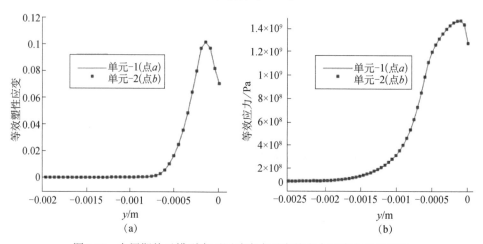

图 7.98　在周期单元模型中不同冲击点对应的应力和应变分布对比

　　下面使用周期性单元格模型模拟4个弹丸的冲击过程，来观察多个弹丸冲击作用过程。四个弹丸在垂直方向上呈不同分布，认为四个弹丸处于不同的层位。如图7.99所示，分别模拟了非重叠冲击图7.98（a）和重叠冲击图7.98（b）两种情况。在多个弹丸的模拟过程中，弹丸依次冲击工件表面。在图7.99中，数字1到4代表弹丸的撞击顺序。弹丸之间的时间间隔 $\overline{T}$ 为12μs。

　　图7.100展示了四个弹丸冲击过程中的能量随时间的变化规律。可以看出，总能量是守恒的；在每个弹丸冲击过程中，弹丸的动能转化为靶体内能。每次撞击的接触时间相对于总时间而言非常短。对于重叠的冲击，凹痕彼此重叠，在重叠区域产生更多的塑性变形，如图7.99（b）所示。在实际的喷丸过程中，

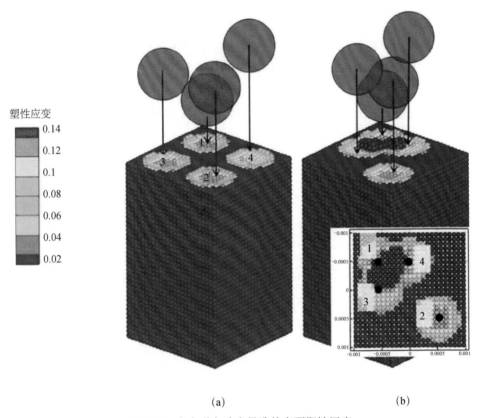

(a)　　　　　　　　　　　　　　(b)

图 7.99　多个弹丸冲击导致的表面塑性压痕

重叠和非重叠冲击是随机发生的。表面覆盖率是评价喷丸效果的参数之一，覆盖率定义为喷丸压痕覆盖的面积与总处理表面积之比，通常以百分比表示。在模拟过程中记录靶体材料表面的塑性应变，通过塑性应变来评估表面覆盖率。

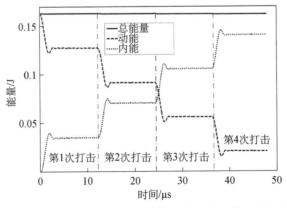

图 7.100　四个弹丸冲击过程中的能量随时间的变化曲线

图 7.101 显示单个弹丸垂直冲击后表面粒子的塑性应变曲线和压痕曲线。从图上可以看到凹痕周围的堆积。考虑到堆积不是压痕的一部分,可以将压痕的边界定义为垂直方向位移为零的曲面线。根据这一定义,对于图 7.101 中的冲击结果,可以获得半径为 0.34mm 的压痕。此外,在凹痕边界处的塑性应变为 0.076,即塑性应变大于 0.076 的表面点可以视为已处理的材料。

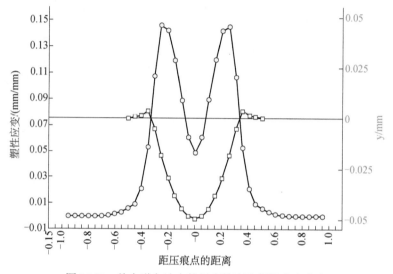

图 7.101　单个弹丸冲击的压痕轮廓和塑性应变分布

为了获得 100% 的覆盖率,设计使用 25 个弹丸分 16 层配置来冲击一个周期性单元格靶体,如图 7.102 示。图 7.102 显示了表面上每个撞击点的位置。图中

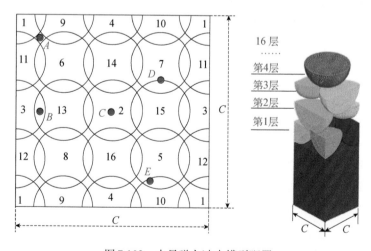

图 7.102　大量弹丸冲击模型配置

也显示了模型的初始配置，该模型中共设置16层，图中仅显示4层。从图中可以看出，第一层撞击包括4个弹丸，第二层包含了2个弹丸。在表面取五个不同的点来记录塑性应变沿深度方向的变化情况，这五个点分别为：

（1）点A位于四个相邻撞击点构成的正方形的形心位置；

（2）点B位于两个相邻撞击点连线中心位置；

（3）点C位于某个撞击点上；

（4）点D和E是随机选取的点。

图7.103展示了靶体表面在不同时刻的塑性应变分布。在第一层弹丸撞击之后，在靶体的拐角处形成凹痕（图7.103（a）），然后在靶体的中心形成了由第二层碰撞引起的凹痕（图7.103（b））。随着各层弹丸的不断冲击，靶体表面逐渐被压痕覆盖。从图中也可以直观观察到，16层弹丸冲击之后靶体表面的覆盖率应达到接近100%的数值。图7.104给出了五个测试点下方的塑性应变沿深度方向的演化情况。由图可知，在16层弹丸冲击完毕后，各测试点的塑性区深度基本一致；塑性应变的最大值也非常接近，说明了16层弹丸冲击后产生比较均匀的覆盖率。

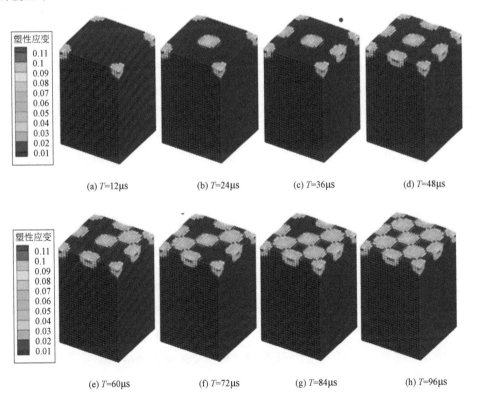

(a) T=12μs　　(b) T=24μs　　(c) T=36μs　　(d) T=48μs

(e) T=60μs　　(f) T=72μs　　(g) T=84μs　　(h) T=96μs

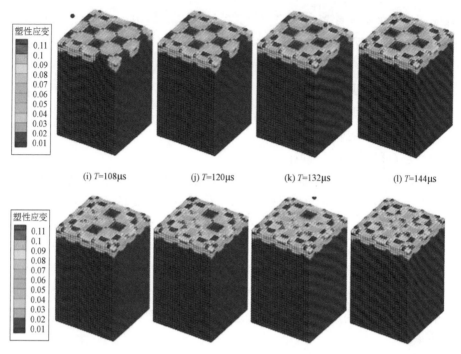

(i) T=108μs   (j) T=120μs   (k) T=132μs   (l) T=144μs

图 7.103 表面塑性应变的演化

如上所述，可以通过表面粒子的塑性应变来评估表面覆盖率。图 7.105 展示了大量弹丸冲击后表面塑性变形的演化过程，图中的颜色代表塑性应变。如图 7.105（a）所示，随着各层弹丸的冲击，表面覆盖率逐渐增加，完成 16 层冲击之后，大约达到 100%的覆盖率。图 7.105（c）示出了从实验获得的表面覆盖率的图像。模拟所采用的 16 层弹丸，其冲击点是有目的设置的，就是为了更"有效"地获得 100%的覆盖率。在喷丸处理工程中，通常使用理论模型来评估和预测表面覆盖率。Kirk 和 Abyaneh 模型是最常用的模型之一，覆盖通过以下公式以指数形式表示：

$$C_o\% = 100 \times \left(1 - e^{-A_r}\right) \tag{7-23}$$

式中，C_o 是指表面覆盖率百分比，A_r 是指压痕面积与总表面积之比。将喷丸工艺参数代入，式（7-32）转变为

$$C_o\% = 100 \times \left(1 - e^{-3\bar{r}^2 \dot{m}t/(4\bar{A}R^3\rho)}\right) \tag{7-24}$$

式中，$\dot{m}$ 为弹丸的质量流量，单位 kg/s；$\bar{A}$ 为喷丸区域面积，单位 m²；R 为弹丸直径，单位 m；$\bar{r}$ 为压痕的平均半径，可由单个弹丸冲击测试得到，单位 m；ρ 为弹丸材料的密度，单位 kg/m³。

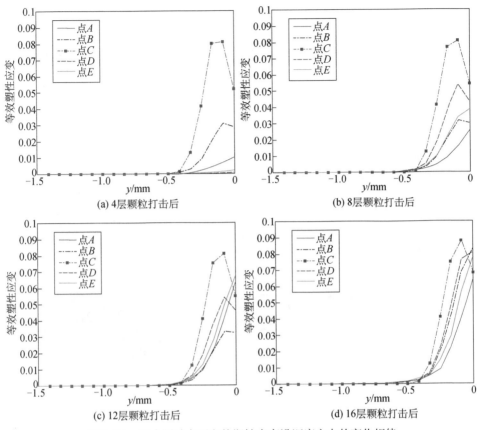

图 7.104　五个测试点下方的塑性应变沿深度方向的变化规律

KA（Kirk-Abyanen）模型假设在喷丸处理的早期，压痕最有可能在没有重叠的情况下发生，因此表面覆盖率随时间线性增加。然后，随着表面逐渐变硬，重叠率增加，使得覆盖率增速减缓。图 7.106 显示了覆盖率和喷丸时间之间的相关性。在喷丸处理的早期阶段（从 1 到 6 层的喷丸），会产生不重叠的压痕，导致覆盖率随时间线性增加。如图 7.106 所示，与理论模型相比，数值模型高估了覆盖率。SPH 模型在大约 200μs 的时间内获得了 100%的覆盖率，而同时刻理论模型的预测结果仅为 70%。因为数值模型使用了均匀分布的冲击点，这相对于实际的喷丸处理过程过于理想化。在实际的喷丸处理过程中，从喷嘴喷出的许多弹丸随机地、无序地冲击靶体表面。此外，实际喷丸处理过程涉及入射弹丸和回弹弹丸之间的相互作用，这在数值模型中并未考虑。为了更好地模拟实际的喷丸处理过程，在 SPH 模型中采用了随机分布的冲击点。冲击点的坐标按照下式所示的随机方式产生：

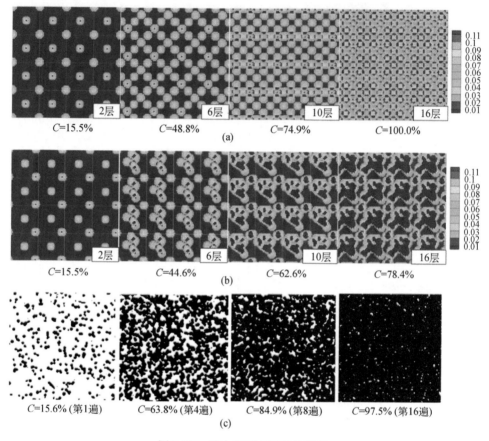

图 7.105　喷丸后的表面覆盖情况

$$x = -\frac{C}{2} + C \times \text{rand}(1,1) \qquad (7\text{-}25)$$

$$z = -\frac{C}{2} + C \times \text{rand}(1,1) \qquad (7\text{-}26)$$

式中，Matlab 中的指令 rand（1，1）产生（0，1）区间内的随机数，$(x，z)$ 为冲击点的位置坐标。注意，在随机分布模型中，只有冲击点的位置是随机确定的，其他喷丸参数（如每层之间的时间间隔等）不变。

图 7.107 给出了随机分布的冲击点，使用该随机分布形式的冲击点进行数值模拟，得到的表面塑性应变分布如图 7.105（b）所示。由图 7.105（b）可知，16 层弹丸撞击之后，并未形成 100% 的覆盖率。这里将覆盖率随时间的变化曲线与 KA 模型进行对比，如图 7.108 所示，使用了随机分布冲击点的 SPH 模型预测的演变曲线比 KA 模型吻合性更好。

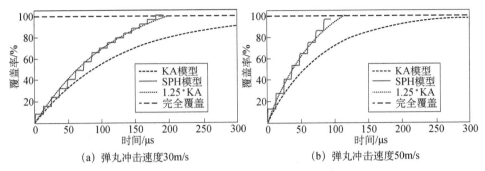

(a) 弹丸冲击速度30m/s   (b) 弹丸冲击速度50m/s

图 7.106 覆盖率与喷丸时间的关系

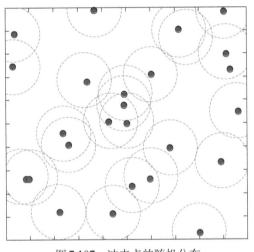

图 7.107 冲击点的随机分布

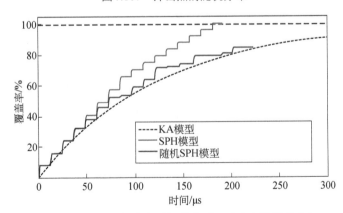

图 7.108 覆盖率与喷丸时间的关系（冲击点随机分布）

　　本节针对喷丸处理工艺，建立了弹丸冲击金属靶材的三维 SPH 模型。在本模型中，靶材被离散为一系列均匀分布的 SPH 粒子，弹丸处理成刚体。弹丸和靶体之间的相互作用通过接触算法来实现。本章随后使用了SPH模型模拟了单个弹丸和大量弹丸冲击金属靶材的过程，提出了模拟大量弹丸冲击的周期性单元格模型，并将模型中的弹丸冲击速度、间隔时间与喷丸工艺参数质量流量建立联系。在大量弹丸冲击模拟中，使用两种不同的策略来初始化冲击点。结果表明，具有随机分布的冲击点更符合喷丸处理实际过程。本章所提出的SPH模型能够捕捉喷丸过程中塑性变形的主要特征，为喷丸工艺的优化设计提供参考。

7.8 浮体在波浪水槽中的运动行为分析

7.8.1 概述

浮体在波浪中的运动现象广泛存在于海洋工程和波浪能发电领域，属于流固耦合问题，同时涉及自由表面流动、运动边界和刚体运动。自由表面流与刚体的耦合运动现象在海洋工程领域扮演了重要角色，例如海洋平台或波浪浮子与水波的耦合运动、各类船体与水波的相互作用、水上飞机落入水面的过程、船载液化天然罐中的液体晃动问题等。该类现象往往伴随着自由表面的大变形、水波的飞溅和破碎，这使得传统的数值模拟方法在模拟该类问题时存在很多困难。

随着计算技术的飞速发展，计算流体力学（CFD）在海洋工程领域得到了广泛的应用。海洋工程领域中的CFD方法可以分为两类：网格方法和无网格方法。网格法包括有限元法、有限差分法、有限体积法等。自由表面的大变形，使得基于欧拉模式的网格法对自由液面跟踪的复杂性和难度大大增加；而基于拉格朗日模式的网格法，例如有限元法，自由表面的大变形会导致网格变形过大，从而使得计算误差增加和数值稳定性下降。弱可压缩SPH方法是一种无网格方法，它不需要网格来离散计算域，而且还具有拉格朗日方法的特性，因此为自由表面与刚体运动耦合现象的模拟提供了一种有效手段。

本节采用弱可压缩SPH方法，建立浮体与波浪相互作用的流固耦合数值计算模型，模拟浮体在波浪水槽中的运动过程，通过线性波浪理论和水槽实验验证了模型的准确性，借助于数值模拟研究浮体的形状、尺寸、密度等参数对浮体运动规律产生的影响。

7.8.2 基本方程

浮体与波浪耦合涉及刚体与自由表面流的相互作用，其中自由表面流部分采用标准的弱可压缩SPH方程描述，浮体运动采用刚体运动方程描述。拉格朗日形式的控制方程包括质量守恒和动量守恒方程：

$$\frac{\mathrm{d}\rho}{\mathrm{d}t} = -\rho\nabla\cdot\boldsymbol{v} \tag{7-27}$$

$$\rho\frac{\mathrm{d}\boldsymbol{v}}{\mathrm{d}t} = -\nabla P + \boldsymbol{F}_v + \boldsymbol{F}_B \tag{7-28}$$

式中，ρ，$\boldsymbol{v}$，P 分别代表流体密度、速度和压力，单位分别为 $\mathrm{kg/m}^3$，m/s，Pa；$\boldsymbol{F}_v$，$\boldsymbol{F}_B$ 分别代表流体的黏性力、体积力，其中，黏性力采用人工黏性力，体积力为重力。

采用线性状态方程建立压力与密度、声速的关系式：

$$P = c^2\left(\rho - \rho_0\right) \tag{7-29}$$

式中，c 为流体声速，ρ_0 为流体的参考密度。

自由表面流体控制方程的SPH离散方程表达为

$$\frac{\mathrm{d}\rho_i}{\mathrm{d}t} = \sum_j m_j \boldsymbol{v}_{ij}\cdot\nabla_i W_{ij} \tag{7-30}$$

$$\rho_i\frac{\mathrm{d}\boldsymbol{v}_i}{\mathrm{d}t} = -\sum_j m_j\left(\frac{P_i}{\rho_i^2} + \frac{P_j}{\rho_j^2} + \varPi_{ij}\right)\nabla_i W_{ij} + \rho_i\boldsymbol{g} \tag{7-31}$$

浮体与波浪耦合模型的建立需要考虑流体对浮体的作用力，得出浮体的运动方程。浮体采用固壁虚粒子进行离散，其运动遵循刚体运动的牛顿第二定律。浮体在波浪中随波浪运动，将浮体考虑为刚体，设定浮体的质量、转动惯量等惯性参数，在仿真的过程中浮体也被离散为SPH粒子。根据积分的步骤，能够计算出每个边界粒子的周围流体粒子对边界粒子的力：

$$\boldsymbol{f}_k = \sum_{a\in\mathrm{WPs}} \boldsymbol{f}_{ka} \tag{7-32}$$

$$m_k\boldsymbol{f}_{ka} = -m_a\boldsymbol{f}_{ak} \tag{7-33}$$

式中，WPs指边界粒子 k 邻域范围内的流体粒子；$\boldsymbol{f}_{ka}$ 是边界粒子 k 所受到的周围流体粒子 a 的作用力且 a 粒子是指 k 粒子的支持域之内的粒子，单位N；$\boldsymbol{f}_{ak}$ 是指流体粒子 a 上所受到的边界粒子 k 的反向作用力，单位N；m_k 和 m_a 分别代表边界粒子质量和流体粒子的质量，单位kg。

通过刚体的运动方程可以求出运动中的刚体的相关参数，式（7-34）为平动方程、式（7-35）为转动方程：

$$M\frac{\mathrm{d}\boldsymbol{V}}{\mathrm{d}t} = \sum_{k\in\mathrm{BPs}} m_k\boldsymbol{f}_k \tag{7-34}$$

$$I\frac{\mathrm{d}\boldsymbol{\Omega}}{\mathrm{d}t}=\sum_{k\in\mathrm{BPs}}m_k\left(\boldsymbol{r}_k-\boldsymbol{R}_0\right)\times\boldsymbol{f}_k \qquad (7\text{-}35)$$

式中，BPs 是指所有的边界粒子，M 为刚体质量，I 为刚体的惯性矩，$\boldsymbol{V}$ 代表刚体的速度矢量，$\boldsymbol{\Omega}$ 代表刚体的角速度矢量，$\boldsymbol{R}_0$ 代表刚体质心的位置矢量。

对以上两个公式进行积分即能够得到刚体在某一个时间的速度和角速度值。刚体被离散为多个 SPH 粒子，并且这些粒子可以看做是多个质点，通过下式可以求出每一个边界粒子的速度：

$$\boldsymbol{u}_k=\boldsymbol{V}+\boldsymbol{\Omega}\times\left(\boldsymbol{r}_k-\boldsymbol{R}_0\right) \qquad (7\text{-}36)$$

7.8.3 数值水槽模型

数值水槽与实际的造波水槽作用原理相似，包括摇板式、推板式、冲箱式等。

1. 造波水槽分类

机械式造波装置是使用机械部件运动来改变水体的状态产生波浪。目前常用的机械式造波装置分为 4 种，分别为摇板式、推板式、冲箱式和气压式。

（1）摇板式造波装置：由电机、曲柄连杆机构、摆板等部分构成，摇板的摆动幅度决定了波高，摇板的摆动频率决定了波浪周期和波长。

（2）推板式造波装置：电机驱动丝杠转动，使丝杠的径向运动变成推板在导轨上的直线运动，丝杠转动是周期性的，所以推板也会以相同周期做往复运动，推动水体运动，产生波浪；推板的最大行程和运动速度决定了波高，推板的往复频率决定了周期。

（3）冲箱式造波装置：造波部件是具有特殊截面的柱体，工作时冲箱沿着垂直于水面的方向做上下往复运动，冲箱上下运动的周期决定了波长。

（4）气压式造波装置：通常以鼓风机作为气源，通过配气阀来控制内部空气压力进行周期性变化，进而改变水体状态，产生波浪。阀门摇动周期与波周期相等，而阀门工作周期和水深决定了波长。

2. 摇板造波模型

摇板造波水槽的 SPH 模型，如图 7.109 所示，计算域包含流、固壁边界两部分。其中，流体部分采用 SPH 粒子填充，由自由表面流 SPH 模型描述。固壁边界采用排斥力边界条件，它又包含摇板和固定边界。在本小节模拟中，摇板和固定固壁边界均采用单层排斥力虚粒子。初始水深设置为 0.2m，粒子间距设置为 0.01m，平面水底长度为 1.0m，消波板的倾斜角为 5°，波浪的斯托克斯数设置为 0.2422m，周期为 1.4s。初始时刻，摇板位于最右侧的极限位置。计算开始后，摇板按照给定的运动规律运动，组成摇板的虚粒子也随着摇板运动而运动。计算过程中，时间步长固定为2.5×10^{-5} s，本算例共计算 20 万步，对应物理时间 5.0s。

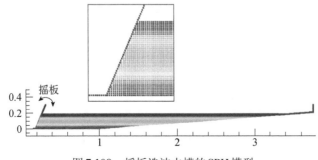

图 7.109　摇板造波水槽的 SPH 模型

图 7.110 展示了 2 个周期的摇板造波水槽内的波浪运动模拟结果，其中云图颜色代表了竖直方向的速度分布。由图可知，SPH 数值水槽的流场仿真过程与

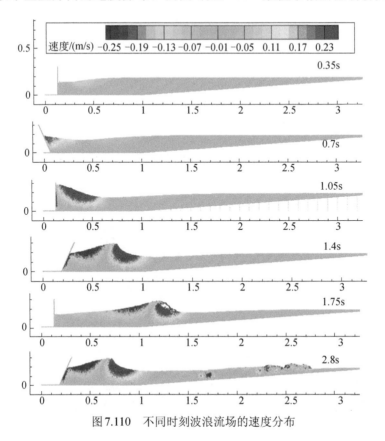

图 7.110　不同时刻波浪流场的速度分布

真实的摇板造波过程是一致的,这得益于 SPH 方法的拉格朗日属性。计算开始,摇板首先由最右侧的极限位置向左侧摆动;在第一次到达最左侧位置时(0.7s),水槽内的流体在摇板位置处产生了第一个波峰;随后,摇板开始向右侧摆动,第一个波峰逐渐形成,并在摇板的推动下向右侧水体计算域内传递。传递过程中波峰两侧的流体速度分别为负值和正值,展示了波浪传递过程中的流场速度特点。

3. 推板造波模型

图 7.111 给出了推板式造波水槽的几何参数,包括水槽高度 h,水底长度 l,水深 h_w,推板高度 h_B,推板厚度 w,消波板的倾角 α。其中,推板按照给定的运动规律做直线往复运动。对应图中所示的参数,本小节采用的水深为 0.1m,水底长度为 1.0m,消波板倾角为 15°,推板厚度为 0.05m,推板行程为 0.04m,波浪周期设置为 0.8s。根据以上设计参数,建立推板式的 SPH 数值造波水槽。

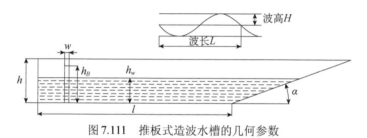

图 7.111　推板式造波水槽的几何参数

图 7.112 展示了推板式造波水槽的 SPH 数值模型,模型中包含了三类粒子,分别为流体粒子、推板边界粒子和固定边界粒子。流体粒子的运动由自由表面流 SPH 模型描述,采用人工黏性力来代替物理黏性力,人工黏性项系数取为0.01。推板边界粒子与固定边界粒子为相同类型的虚粒子,不同之处在于,推板粒子的运动按照推板运动规律给定。下式给出了常用的推板正弦运动规律:

$$e_1(t) = \frac{S_0}{2}\sin(\omega t + \delta)$$ （7-37）

式中,S_0 为推板行程;ω 为频率,频率与波浪周期 T 的关系为 $\omega = \frac{2\pi}{T}$;δ 为推板的初始相位。则推板的瞬时速度表达为

$$v_1(t) = \frac{\omega S_0}{2}\cos(\omega t + \delta)$$ （7-38）

在 SPH 模型计算时,在每一个时间步,首先根据时间 t 计算推板的瞬时速度,然后在时间步结束时按照瞬时速度更新推板的位移。此外,在计算中还使

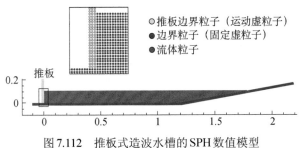

图 7.112　推板式造波水槽的 SPH 数值模型

用了 MLS 密度修正算法，确保得到光滑的压力场。粒子初始间距设置为 0.005m，时间步长固定为 1.0×10^{-5} s，总运行 50 万步，对应的物理时间为 5.0s。

图 7.113 展示了 3 个周期内的推板造波水槽内的波浪运动模拟结果。计算开始后，初始时刻静止的推板按照给定的水平运动规律开始移动，在排斥力和重力作用下，流体随推板的推动而运动，产生与推板运动规律一致的波浪周期和波长。从 1.4s 到 2.2s 为一个推板运动周期，推板由左侧某位置向右运动到极限位

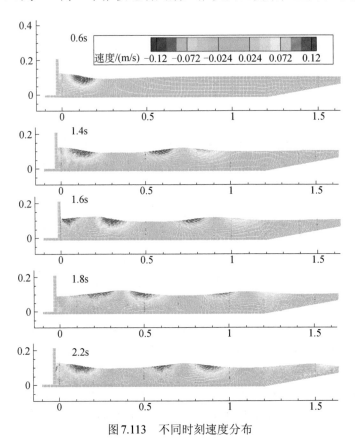

图 7.113　不同时刻速度分布

置，由向左运动到极限位置，最后在2.2s返回到1.4s时的位置。由图可以看出1.4s和2.2s对应的流场速度分布基本一致。推板运动过程中，产生的波峰和波谷不断向右侧传递，在消波板的影响下完成耗散。

4. 数值模型验证

根据上一小节建立的推板造波数值模型，进行波浪水槽造波的数值模拟。波形采用二阶斯托克斯波：

$$e(t) = e_1(t) + e_2(t) \tag{7-39}$$

其中，

$$e_1(t) = \frac{S_0}{2} \sin(\omega t + \delta) \tag{7-40}$$

式中，S_0 为造波板运动行程，单位 m；ω 为角速度，单位 rad/s；δ 为初始相位，单位 rad。

$$e_2(t) = \left(\frac{H^2}{32d} \cdot \frac{3\cosh(kd)}{\sinh^3(kd)} - \frac{2}{m} \right) \sin(2\omega t + 2\delta) \tag{7-41}$$

式中，H 为波高，单位 m；d 为水深，单位 m；$k = \frac{2\pi}{L}$，L 为波长，单位 m；

$m = \dfrac{2\sinh^2(kd)}{\sinh(kd)\cosh(kd) + kd}$。

利用SPH模型模拟水槽造波运动，设置波浪参数为波高0.1m、周期1.2s、水深0.4m，模型被离散为间距0.015m的粒子，仿真过程中设置每0.06s输出一次。

水槽尺寸整体长度11.0m（含消波板长度），推板高度0.7m，消波板坡度5.7°。图7.114为推板式造波在不同时刻的SPH模型的粒子分布，由粒子分布特征可以观察波形的分布特征。图7.115为SPH模拟结果和理论解的对比，其中图7.115（a）为水槽中某一位置处波浪液面高度随时间变化的对比，图7.115（b）为水槽中某一位置处波浪水平方向速度对比，图7.115（c）为水槽中某一位置处波浪竖直方向速度的对比。由图7.115可知，通过SPH方法仿真得到的结果和理论解相吻合，说明SPH方法能够有效模拟推板造波水槽中波浪的自由表面流动特性。而且运用SPH方法前处理过程简单，不需要画网格，避免了流体仿真过程中网格的变形导致计算失败的问题，大大提高了整个仿真过程的效率。

以上通过与理论解对比验证了模型在模拟波浪运动时的准确性。为了进一步验证数值模型对流固耦合问题的适用性，搭建了造波水槽实验台。利用该实验装置，进行波浪与浮体相互作用实验，将实验结果与仿真结果作对比。实验装置由造波机构和水槽两部分组成。造波机构包括伺服电机控制器、伺服电机

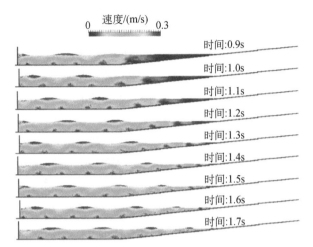

图 7.114　SPH 模拟得到的不同时刻波形图

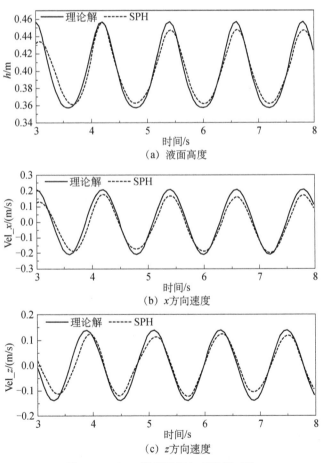

（a）液面高度

（b）x 方向速度

（c）z 方向速度

图 7.115　SPH 模拟结果与理论解对比

驱动器、伺服电机、联轴器、丝杠导轨、造波板。伺服电机控制器控制电机旋转，丝杠导轨将电机的旋转运动转变为造波板的往复直线运动，造波板推挤流体产生波浪。水槽是用透明玻璃制成的，用高速摄像机记录浮体在波浪中的运动过程。通过图像处理，记录浮体的位置，通过描点绘出浮体的运动轨迹，从而将实验数据与仿真数据进行对比。

为了将仿真结果与实验结果相对比，仿真过程中使用的水槽尺寸与实验室室内的水槽尺寸以及结构均相同，长3m、高0.45m，推板式造波，造波板距离水槽的左侧100mm，水深100mm，斜坡式消波、消波板长度1m、倾斜角度14°。仿真过程中造波板的运动规律与实验过程中造波板的运动规律相同。

仿真过程中数值模型被离散成间距为2mm的粒子。图7.116为在不同时刻利用SPH仿真得到的波形图与实验得到的波形图的对比，图7.117为距离水槽左侧800mm处液面高度的变化曲线。通过图7.116可以直观地看出实验与仿真波形图比较相近。图7.117中液面高度曲线仿真与实验比较吻合，都能够说明利用SPH方法模拟波浪造波这一运动的可行性与准确性。

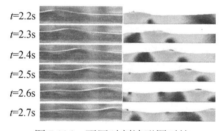

图7.116　不同时刻波形图对比

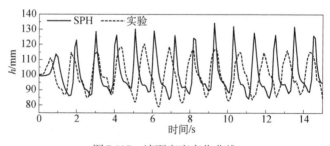

图7.117　液面高度变化曲线

7.8.4 浮体在水槽中的运动分析

1. 模拟结果与实验结果对比

为了将SPH仿真结果与实验结果进行对比，本节建立如图7.118所示的波浪水槽，其尺寸与实验室内搭建的造波水槽实验台的尺寸相一致，数值水槽被离散为一系列的粒子，SPH模型如图7.118（b）所示。

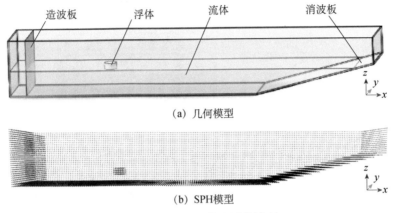

(a) 几何模型

(b) SPH模型

图7.118　三维水槽和浮体模型

图7.119为实验与仿真过程中，初始时刻浮体静止于水面之上的对比图。根据阿基米德定律，经过计算，浮体理论上有3/5处于液面以下，浮体处于静止的时候实验和仿真结果均同理论结果相吻合。静止状态中的浮体主要受到重力和液体对浮体表面的压力，图中的结果较好地说明SPH方法能够模拟静止状态下浮体在水中的状态。

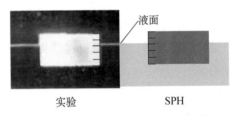

实验　　　　　　SPH

图7.119　浮体在液面中静止时实验与仿真对比图

将浮体在波浪中的运动仿真结果与实验结果相对比，为了保证仿真与实验条件一致，仿真与实验的过程中造波板的运动规律相同。图7.120为不同时刻的实验与仿真结果的瞬时对比，图7.121分别为浮体在波浪中的水平位移和竖直位移随时间变化的实验结果与仿真结果的对比图。

对比可知，浮体在波浪中运动轨迹的实验结果与仿真结果基本相同，其运动规律在水平方向和竖直方向的位移曲线也基本吻合。其曲线还存在一定的误差，在实验的过程中，造波板为铝制平板，在丝杠导轨带动造波板运动的过程中，力矩过大，造波板的刚性不足使得其在一定程度上发生变形以及晃动等问

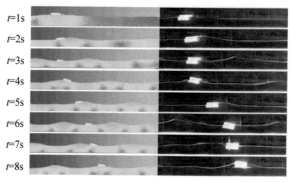

图 7.120　不同时刻的实验与仿真结果的瞬时对比图

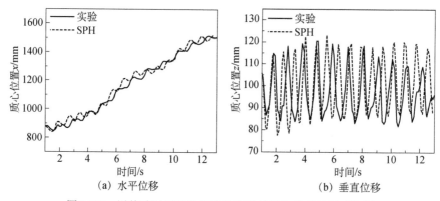

（a）水平位移　　　　　　　　（b）垂直位移

图 7.121　浮体随时间运动规律的实验结果与仿真结果对比图

题，导致实验结果存在一定的误差。在误差允许的范围内，采用 SPH 方法能够有效模拟浮体在波浪中的运动规律，进而可以继续通过仿真去研究其他因素对浮体在波浪中运动的影响。

2. 不同形状浮体运动规律

本节通过 SPH 数值模拟，分析不同形状的浮体在波浪中的运动规律。如图 7.122 所示，针对三种不同形状的浮体，分别为扁平形、球形、圆柱形。扁平形浮体是由两个球缺形状叠加在一起，整体高度为 50mm。球缺的半径为 108.33mm，球形浮体的半径为 45.428mm，圆柱形浮体的半径为 50mm，浮体高度分别为 30mm、50mm、70mm，在研究不同形状浮体时采用的圆柱体浮体是高度 50mm 的浮体。仿真过程中浮体的密度设置为 600kg/m^3，水的深度为 100mm，在 SPH 中模型被离散为间距为 8mm 的粒子，即设置粒子间距为 8mm。

图 7.123 给出了不同形状浮体在水平方向位置随时间的变化规律，图 7.124 给出了不同形状浮体在竖直方向位置随时间的变化规律。在水平方向，控制浮

图 7.122　不同形状的浮体

体的初始位置相同，浮体在沿着波浪前进的方向不断向前运动，前期的位移曲线基本上重合，但随着时间的推移，后期不同形状的浮体在水平方向的位移之差逐渐变大，扁平形的浮体在水平方向的位移最大、圆柱形位移次之、球形浮体产生的位移距离最小；在竖直方向上，同样是初始位置设置相同，三种形状浮体的振幅基本相同，在后期，扁平形浮体相对于其余两种浮体在竖直方向位置更高一些，其余两种浮体的位移曲线基本上是相同的。

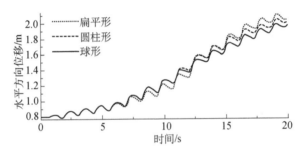

图 7.123　浮体水平位移随时间变化规律

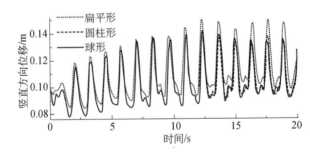

图 7.124　浮体竖直位移随时间变化规律

图 7.125 与图 7.126 分别表示浮体的横摇角与纵摇角随着时间的变化规律。横摇和纵摇体现的是浮体绕着某一根轴摆动的程度，波浪沿 x 轴方向传播。在摆式波浪能转换装置中，浮体的摆动角度将直接影响波浪能转换装置的能量转换能力。比较分析可知，球形产生的摇晃角度最大，而球形由于整体对称的结构特点使得球形浮体容易产生大角度的偏转，扁平形的摇晃角度略大于圆柱形浮体。

　　浮体与波浪相互作用的过程受浮体形状的影响较大，特别是在水平方向浮体产生的位移与浮体的形状密切相关。随着波浪的波峰与波谷的交替，不同形

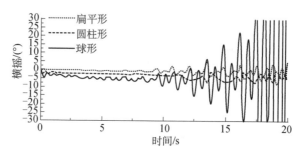

图7.125　浮体的横摇角随着时间的变化规律

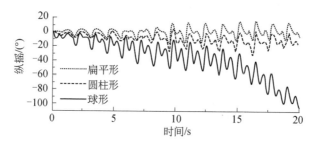

图7.126　浮体纵摇角随着时间的变化规律

状的浮体都会必然产生纵摇，即浮体必然会随着波浪的波峰与波谷的交替而产生不同程度的摇摆；通过将浮体的横摇曲线和纵摇曲线相比较可得，由于波浪传播方向产生的影响，扁平形和圆柱形浮体所产生的纵摇的角度要远远大于横摇的角度。对于摆式波浪能转换装置，主要是靠浮体的纵摇来将波浪能转换为浮体的动能，再转换为重摆的动能；同时浮体的横摇对于摆式波浪能转换装置是一种不利的因素，因为重摆只能沿纵摇的方向产生摇摆，横摇方向上并不能摇摆，浮体的横摇只会给装置的能量转换带来阻碍作用甚至是破坏作用，应该尽量通过优化装置来减少浮体产生的横摇程度。

3. 不同密度浮体运动规律

本节将选用不同密度的圆柱形浮体，分析不同密度的浮体在波浪中的运动有什么区别。采用圆柱形浮体，浮体的密度分别设置为600kg/m^3、700kg/m^3、800kg/m^{3}和900kg/m^3。通过仿真分析发现，不同密度的浮体在波浪中的运动过程中会发生越浪的现象，且随着密度的增加越浪现象会更加明显。在波浪向浮体方向传播的过程中，当波峰到达浮体时，浮体左侧被迫抬升，其右侧被迫降低，当波峰到达浮体的时候，在浮体的阻碍作用下，波浪质点会被迫上升，而此时如果浮体的密度较大，浮体不能立即跟随波浪做上升运动，从而导致波浪会越过浮体，此即称为越浪现象。图7.127为有、无越浪现象的对比图，图7.128

为不同密度的浮体在波浪中的越浪现象的对比图。

无越浪现象　　　　　　有越浪现象

图 7.127　有、无越浪现象的对比

通过观察图 7.128 可知，浮体的密度为 600kg/m³ 时几乎不会产生越浪现象，而随着浮体密度的增加，其越浪现象也逐渐显现，当浮体密度达到 800kg/m³ 时，即能够看到明显的越浪现象，当达到 900kg/m³ 时，每次波峰经过浮体时都会伴随产生越浪现象。针对摆式波浪能转换装置来说，我们不希望其产生越浪现象，由此，我们在设计浮体以及内部各传动机构时，要控制好整体的质量与体积的比，不要使得密度太大，从而造成波峰经过浮体时会有水流流经浮体上方。

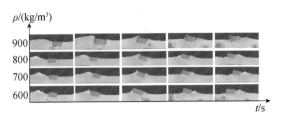

图 7.128　不同密度的浮体在波浪中的越浪现象对比

下面比较同为圆柱形浮体但是高度不同所带来的影响。圆柱体高度分别为 30mm、50mm、70mm。图 7.129 为在第 16s 时刻不同高度圆柱形浮体在水平方向所受到的力和在水平方向发生的位移。随着圆柱形浮体高度的逐渐增加，浮体的质量会逐渐加大，浮体所受到的阻力逐渐增加，从图中可以看到，随着浮体高度的增加，在水平方向上浮体受到的力也逐渐增加，产生的位移却逐渐减小。在利用 SPH 方法做仿真的过程中，同时发现了随着浮体高度的增加，浮体在波浪中的运动会发生一定的倾斜现象（图 7.130），并且倾斜角度随着高度的增加而增加，呈正相关的关系。

对于摆式波浪能转换装置来说，我们总是希望装置在平衡状态时是处于水平的一种状态，随着波浪的起伏而产生摇摆运动，而不希望在平衡状态中的浮体处于倾斜状态。由于圆柱形浮体在波浪中会产生一定的倾斜现象，而仿真过程中发现扁平形浮体没有倾斜的现象，因此在选择浮体形状时，优先使用扁平形。

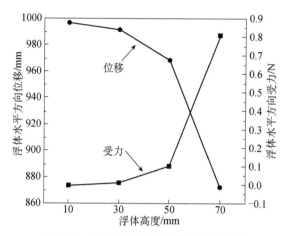

图 7.129　不同高度圆柱浮体受力和位移

图 7.130　随着高度增加浮体产生倾斜现象

4. 不同浮体长度比较

经过以上分析，确定扁平形浮体的摆动角度更大，更加有利于摆式波浪能转换装置的能量转换。但由于扁平形上部分的圆弧对于浮体与波浪的相互作用影响不大，且考虑到重摆是单方向摆动，现将扁平形浮体外观改进为船舶外观的样式，如图 7.131 所示。

图 7.131　浮体尺寸

对于改进后的浮体，改变浮体长度后进行仿真分析，观察不同长度的浮体在波浪中的转动角度有何不同。浮体形状如图 7.131 所示，浮体高度 $h=50$mm，选取了三个不同的浮体长度，分别为 $d=150$mm、$d=200$mm、$d=250$mm。经过仿真分析，不同长度浮体在波浪中的摇摆角度随时间变化如图 7.132 所示，浮体在波浪中运动的模拟结果如图 7.133 所示。从图 7.132 中曲线可以看出，浮体有规律地随着波浪的起伏进行摆动，越短的浮体其摆动的角度也相应越大，这一点说明在设计摆式波浪能转换装置时，应该结合装置所放置的海域海况进行相应的长度设计，在允许的情况下尽量缩短浮体来增加其摆动的角度，而摆式波浪能转换装置的能量转换效率与浮体的摆动角度息息相关，因此增加摆动角度从而提高装置的能量转换效率。浮体的总长度应该小于波浪的波长的一半，若浮体太长，甚至达到波长，将会出现两个或两个以上的波峰同时支撑浮体，从而使得浮体不会发生摆动。

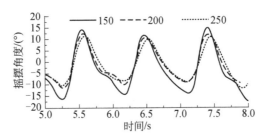

图 7.132　不同长度浮体的摇摆角度随时间变化

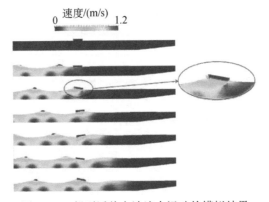

图 7.133　船型浮体在波浪中运动的模拟结果

本小节建立了推板式造波水槽的 SPH 数值模型，通过 SPH 仿真模拟同理论解进行对比发现，SPH 方法能够有效模拟水槽造波，且其仿真结果同理论解相互吻合程度较高。之后再将 SPH 仿真结果同实验结果进行对比，通过实验室内搭建的造波水槽实验台进行造波实验，将实验结果同仿真结果对比后发现，两者结论也较为吻合，结合之前和理论解的对比，验证了 SPH 数值水槽模拟结果的正确性。

采用 SPH 方法模拟浮体在波浪中的运动，仿真模型同实验室内波浪水槽的尺寸完全相同。首先采用的是圆柱形浮体，模拟了浮体在波浪中的运动，同时在实验室内通过实验的方法测试了浮体在水槽中的运动规律，并将两者的结果进行对比分析，分析也显示了两者结果较为吻合。经过验证之后，模拟了不同形状、不同尺寸的浮体以及不同密度但形状相同的浮体在波浪中的运动，观察浮体的形状、尺寸和密度等参数对浮体运动规律的影响。通过以上分析，研究浮筒的不同参数对摆式波浪能转换装置的能量转换的影响，在后期的研究中能够不断优化装置，提高装置能量转换的效率。

针对不同形状的浮体在波浪中的水动力学运动规律进行研究，得到如下结论：

（1）采用所建立的 SPH 数值水槽模型进行波浪与浮体相互作用的数值模拟。相比于欧拉网格法，无网格 SPH 方法的建模流程更便捷，采用粒子直接填充流体计算域，流固耦合过程不受限于网格拓扑关系，更适应复杂几何形状的计算域，适用于浮体的大位移运动模拟。

（2）通过波浪理论验证了 SPH 模型对波浪运动波形模拟的正确性，在此基础上进一步模拟了浮体与波浪的作用过程，得到的浮体位移–时间关系与实验数据吻合较好。同时，捕捉到了越浪、波浪作用下的浮体侧倾等现象，展现了无网格 SPH 方法在自由表面流动和浮体相互作用模拟中的优势。

（3）不同形状的浮体在波浪中的运动规律具有明显的差别，相同形状的浮体但不同的尺寸参数和密度对浮体的运动也会产生较大的影响，通过本节的研究为浮子式波浪能发电装置中浮子的优化方法提供参考。

本 章 小 结

本章的内容梳理如下。

（1）7.1 节，采用多相流 SPH 模型模拟油水分离过程；其中，水为连续相，油滴和气泡以分散相形式存在，并具有一定的分布特征；分散的油滴或气泡在重力和表面张力作用下上浮、变形以及融合，最终形成稳定的油水或气液界面。

（2）7.2 节，采用液滴冲击模型模拟自由表面液滴冲击弹性基底过程，探究液滴冲击微悬臂梁、两端固定梁的力学行为。

（3）7.3 节和 7.4 节，采用颗粒冲蚀模型分别研究角型颗粒冲击延性材料和脆性材料的冲蚀机理，借助于数值模拟，还原微小角型颗粒冲击导致的材料表面大变形、材料脱落、微裂纹等非线性行为。

（4）7.5 节，采用颗粒射流耦合冲蚀模型，研究磨料水射流切割特性，考虑了延性和脆性两类被切割的材料类型，分析了颗粒形状等因素对切割特性的影响，并与实验结果进行对比。

（5）7.6 节，采用多相流 SPH 模型模拟水中自由场爆炸和水中接触爆炸现象，针对爆炸气泡膨胀导致的计算效率下降问题，提出了粒子搜索算法的改进算法，提升了粒子搜索效率和计算效率。

（6）7.7 节，采用颗粒冲蚀模型模拟喷丸颗粒的冲击过程，包括单个弹丸冲击和大量弹丸冲击，通过数值模拟，预测大量弹丸冲击作用下靶材表面的喷丸覆盖率。

（7）7.8 节，采用自由表面流弱可压缩 SPH 模型模拟浮体与波浪的相互作用过程，分析了不同形状浮体在波浪水槽中的运动特点。

第8章 计算机程序开发

本章介绍弱可压缩 SPH 数值算法的计算机编程的相关内容，进一步说明 SPH 数值模拟的一般流程，并给出本书所提供代码的程序结构以及变量定义方式。此外，本章还对邻域粒子搜索算法及实施、粒子配对及存储等方面的内容进行介绍。随后，本章结合两个具体计算实例，详细阐释采用 Fortran 90 语言编制的弱可压缩 SPH 计算代码。本章旨在使读者尽快掌握弱可压缩 SPH 方法的编程技术，为读者开发自己的 SPH 程序提供参考。

8.1 数值计算流程

当使用 SPH 方法建立数值模型时，首先需要确定物理模型的计算域，然后将计算域离散为 SPH 粒子，并对粒子的变量值进行初始化。粒子初始化过程包括粒子生成和变量赋初值。对于几何形状规则的计算域，可采用均匀分布的粒子，产生类似于结构化网格的粒子分布；对于不规则或形状复杂的计算域，可借助于第三方的网格划分程序，将计算域划分为三角形（二维）或四面体（三维）网格单元，然后在网格单元的形心位置生成 SPH 粒子。图 8.1 给出了弱可压缩 SPH 数值计算的一般流程。

SPH 是一种拉格朗日方法，在计算时，粒子位置不断变化，粒子的支持域也在不断地变化，因此需要在每个时间步进行粒子搜索，即"邻域粒子搜索"（neighbouring-particle searching，NPS）。计算域内粒子从初始运动，发展至稳定的平衡状态所需的时间为计算的总物理时间。计算的总物理时间应当根据具体问题来确定，原则是确保时间长度能够覆盖关键物理现象的发展历程。时间步数量与单位时间步长的乘积等于总物理时间，单位时间步长由 CFL 准则计算得到。当单位时间步长为常数时，运行的时间步数量为总物理时间与单位时间步长的比值。

在实际计算时，可以采用两种方式来判定迭代是否结束：一是通过判断时间步数是否超过最大时间步；二是通过判断当前物理时间是否超过预设的物理时间。其中，第一种方式适用于时间步长在整个计算过程中为常数的情况，第二种方式适用于可变时间步长的情况。

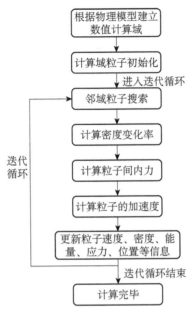

图 8.1　弱可压缩 SPH 数值计算的一般流程

8.2　程序结构及变量定义

本节按照图 8.1 给出的弱可压缩 SPH 数值计算流程，编制了基于 Fortran 90 语言的计算机程序代码。本书介绍的计算机代码是在 G. R. Liu 专著中所提供的开源代码的基础上完成的，在 Windows 系统计算机和 Intel Fortra 编译环境下进行测试。表 8.1 中列出了程序代码的主要文件及函数，所有文件均为 .f90 后缀，文件名与文件中的函数名一致。图 8.2 给出了各函数文件的调用顺序。

表 8.1　Fortran 程序代码的主要文件及函数

文件名	函数	功能
Config_parameter.f90	config_parameter	头文件，定义全局变量和参数
Source.f90	SPH	主程序
Intialization.f90	initialization()	粒子初始化
Time_integration.f90	time_integration()	主循环
Single_step.f90	single_step()	
Particle_searching.f90	particle_searching()	邻域粒子搜索
Pressure EOS.f90	pressure()	计算粒子的压力
Art_visc.f90	art_visc()	计算粒子的人工黏性力
Internal_force.f90	int_force()	计算粒子的内力

续表

文件名	函数	功能
External_force.f90	ext_force()	计算粒子的外力
Density.f90	con_density()	计算粒子的密度变化率
XSPH.f90	XSPH()	计算粒子位置修正矢量
Output.f90	Output()	数据输出

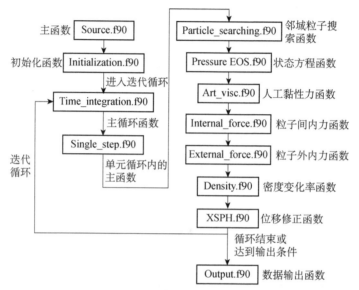

图8.2　各函数文件的调用顺序

本书程序代码中的变量和参数主要分为三类，分别为：

（1）物理变量：是与物理过程和材料相关的变量，例如密度、速度、应力、温度、应变、压力等。

（2）数值变量：是与数值算法相关的变量，例如光滑长度、粒子间距、粒子数量、时间步长等。

（3）常数参数：是程序中定义的值为常数的量，包括圆周率、维度（二维或三维）、重力加速度等。

表8.2给出了头文件config_parameter.f90中的部分代码，该文件中定义了整个程序代码的公用变量和常数参数。变量maxn代表了SPH粒子的最大数量，max_interaction为"粒子对"的最大数量，这两个量分别规定了粒子数量和粒子对数量的最大值。注意，这两个变量应该按照计算域实际容量给定，如果给定的数值小于实际值，则会导致数组数值超限。dim代表了计算的维度，dim=2说明为二维计算。参数d_ini代表初始的SPH粒子间距。gravity_a代表重力加速度

值，程序中默认重力加速度方向为 y 轴的负方向。

表8.2　头文件中的变量和参数

```
module config_parameter
implicit none
public dim
integer（4），parameter：：dim=2                    !----二维
public maxn, max_interaction
integer（4），parameter：：maxn=50000              !----最大粒子数量
integer（4），parameter：：max_interaction=50 * maxn  !----最大粒子对数量
public d_ini
real（8），parameter：：d_ini=0.02                 !----粒子初始间距
public gravity_a, water_density, pi
real（8），parameter：：gravity_a=9.8             !----重力加速度量值
real（8），parameter：：water_density=1000.0       !----水的密度
real（8），parameter：：pi=3.14159265358979323846   !----圆周率
end module
```

8.3　粒子的搜索及配对

在 SPH 方法中，因为光滑函数具有紧致的支持域，在进行粒子近似时，只有有限数量的粒子位于半径为 κh 的支持域内。这些位于支持域内的粒子被称为待估粒子的"邻域粒子"。在 SPH 方法实施流程中，找出这些邻域粒子的过程被称为"邻域粒子搜索"。与传统的网格方法不同，由于 SPH 方法的拉格朗日特性以及 SPH 方法一般用于大变形问题的模拟，因此邻域粒子会随着计算时间而不断变化，故有必要在每一个时间步都进行邻域粒子的搜索。如图8.3所示，常用的邻域粒子搜索方法有直接搜索法、链表式搜索法和树形搜索法。本节将介绍直接搜索法和链表式搜索法的实施流程和计算机代码。

在介绍两种方法之前，首先介绍搜索后的粒子对信息是如何存储和调用的。

8.3.1　粒子配对、存储及求和

在 SPH 数值算法中，当求解两个粒子之间的相互作用力时，为了确保动量守恒，粒子和粒子之间是以"粒子对"形式出现的，互为支持域的两个粒子组成一个"粒子对"。在计算程序中，定义粒子对的总数量为 niac，而且程序中粒子对信息存储在 pair_i() 和 pair_j() 两个数组中。如图8.4所示，pair_i() 和 pair_j() 分别存储了粒子对中的粒子索引编号。在进行粒子求和计算时，通过索引这两个数组来调出粒子对信息，索引顺序为从 1 到 niac。变量 niac、pair_i 和 pair_j 在一般在文件 single_step.f90 中定义，如下面代码所示：

```
integer niac
integer pair_i（max_interaction），pair_j（max_interaction），countiac
(maxn)
```

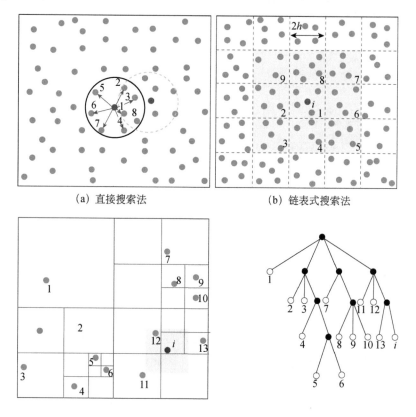

（a）直接搜索法　　　　　　　　　　（b）链表式搜索法

（c）树形搜索法

图8.3　SPH最近相邻粒子搜索方式

变量niac和数组pair_i，pair_j中皆为整形。

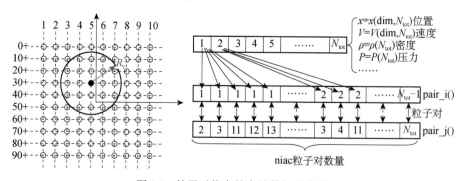

图8.4　粒子对信息的存储数组示意图

对任意粒子对，需要计算两个粒子之间的核函数值和核函数梯度值，分别存储在数组 w（max_interaction）和数组 dwdx（dim, max_interaction）中，在进行粒子求和时，可以直接调用这两个数组中的数据。

下面以连续性方程为例，介绍粒子求和计算过程。连续性方程采用粒子密度导数形式，在数值计算时，需要计算每一个粒子的密度导数。依据粒子对数组结构和数组内变量的索引方式，密度导数的计算过程通过以下代码完成。

```
do k=1, niac              !----遍历所有粒子对
    i=pair_i(k)     !----第 k 个粒子对中的粒子编号 i
    j=pair_j(k)     !----第 k 个粒子对中的粒子编号 j
    do d=1, dim
        dvx(d)=vx(d, i)-vx(d, j)
    enddo
    vcc=dvx(1)*dwdx(1, k)
    do d=2, dim
        c=vcc+dvx(d)*dwdx(d, k)
    enddo
    drhodt(i)=drhodt(i)+mass(j)*vcc
    drhodt(j)=drhodt(j)+mass(i)*vcc
enddo
```

参考：连续性方程的数学表达式 $\dfrac{\mathrm{d}\rho_i}{\mathrm{d}t}=\sum\limits_j m_j v_{ij}^{\alpha}\cdot\dfrac{\partial W_{ij}}{\partial x_i^{\alpha}}$

通过上述代码，则可求出当前时刻计算域内任意粒子 i 的密度导数值 drhodt(i)。

8.3.2　邻域粒子搜索

在弱可压缩 SPH 方法中，控制方程的代数求解是通过邻域粒子之间的相互作用来完成的。离散控制方程的粒子求和公式仅针对位于支持域半径内的有限数量的粒子。SPH 计算量受邻域粒子搜索过程影响很大，是影响计算效率的关键问题。最简单的搜索方式是计算任意两粒子的空间距离，即"直接搜索法"，又称为"全配对搜索法"，它的优点是简单，但是计算量阶为 N^2（N 为计算域内粒子总数），不适用于大规模计算。另一种常用的邻域粒子搜索方法为"链表式搜索法"，它是通过在计算域覆盖一层背景网格，通过粒子位置与背景进行关联，建立搜索链表。本小节将分别介绍这两种搜索方法的原理及编程方法。

1. 直接搜索法

直接搜索法是一种比较简单的邻域粒子搜索方法。它是通过对计算域内所有粒子进行遍历，来判定计算域粒子是否位于当前粒子的支持域内。直接搜索法的 Fortran 代码为：

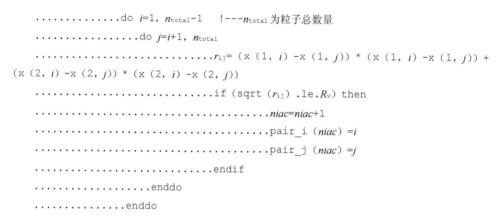

上述代码共包含了两个嵌套的粒子遍历语句。如上述代码所述，粒子 i 与粒子 j 的距离为 r_{ij}，如果 r_{ij} 小于粒子 i 的支持域半径 r_v，则配对成功，粒子对数量（niac）加 1，同时 pair_i() 和 pair_j() 数组中分别存储了两个粒子的索引编号。采用直接搜索法进行搜索，共需要进行 $N \cdot (N-1)/2$ 次对比，其中，N 代表粒子数量。

2. 链表搜索法

链表式搜索算法是一种高效的搜索算法，效率远高于直接搜索法，且随着粒子数量的增加计算效率增加效果更明显。如图 8.5 所示，首先生成一覆盖计算域（Ω）的背景网格，网格的尺寸与支持域的半径一致（或略大于支持域的半径）。对某一待估粒子（如粒子 i），它的邻域粒子一定是位于粒子 i 所在网格或它相邻的 8 个网格之内。因此，当进行邻域搜索时，只需要对这 9 个网格中的粒子进行"配对"对比计算即可，不需要再对整个计算域进行配对。使用链表式搜索算法，计算量与粒子数量是呈正比变化的。

图 8.6 给出了链表式搜索方法的实施流程示意图。链表式搜索方法的第一步是背景网格的初始化。如图 8.5（a）所示，背景网格的尺寸为 D_x 和 D_y。背景网格应该足够大，完全覆盖计算域 Ω。除此之外，网格单元的尺寸 d_x 和 d_y 应该与粒子的支持域半径相适应，应符合以下关系：$d_x \geqslant r_v$，$d_y \geqslant r_v$，其中，r_v 代表支持域半径。当使用样条核函数时，支持域半径与光滑长度存在以下关系：

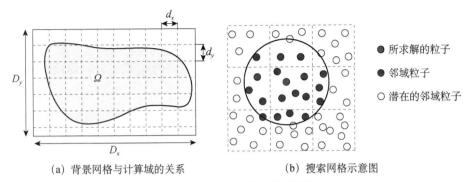

（a）背景网格与计算域的关系　　　（b）搜索网格示意图

● 所求解的粒子

● 邻域粒子

○ 潜在的邻域粒子

图 8.5　链表式搜索的背景网格

$r_v = 2h$。由此，可以计算背景网格在 x 方向和 y 方向的数量为

$$\begin{cases} N_x = \mathrm{INT}\left(D_x / (2h)\right) \\ N_y = \mathrm{INT}\left(D_y / (2h)\right) \end{cases} \tag{8-1}$$

式中，N_x 和 N_y 为背景网格的数量。

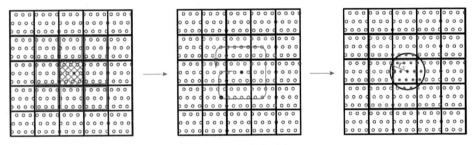

图 8.6　链表搜索过程

基于所建立的背景网格，第二步内容是建立搜索链表。首先遍历计算域中的所有粒子，确定粒子所属的网格编号。然后，为每一个网格单元建立"粒子-网格"链表。建立链表的 Fortran 代码如下所示：

```
For i=1, N_tot
```

$$n_x = \mathrm{INT}\left(\frac{N_x}{D_x} \times \left(x(i) - x_{\min}\right) + 1\right)$$

$$n_y = \mathrm{INT}\left(\frac{N_y}{D_y} \times \left(y(i) - y_{\min}\right) + 1\right)$$

```
    celldata (i) =grid (n_x, n_y)
    grid (n_x, n_y) =i
end
```

其中，N_tot 为计算域中总的粒子数量；n_x 和 n_y 代表粒子所位于的网格编号；数组 celldata() 为链表，它将位于某网格单元内的粒子"链接"在一起，方便调用。如图 8.7（a）所示，粒子 i' 为网格单元 $<n_x, n_y>$ 中的"第一个"粒子，它可以索引为 grid（n_x, n_y）；一旦该单元中"第一个"粒子 i' 被索引，则该网格单元内的其他粒子可以通过链表 celldata() 来顺序索引。

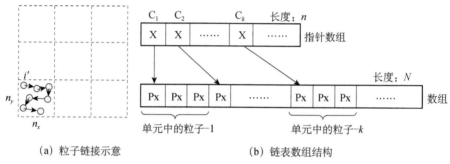

（a）粒子链接示意　　　　　　　　　（b）链表数组结构

图 8.7　粒子–网格链表

图 8.7（b）给出了粒子和网格之间链表数据结构及指针。其中，上排为链表指针数组，下排为粒子链数组。位于同一网格的粒子在"粒子链数组"中是堆栈在一起的。"指针数组"提供了指向该粒子链起始的指针，通过网格编号就可以对应地找出所有位于该网格内的粒子。因此，当寻找某待估粒子（编号 i）的邻域粒子时，首先确定该粒子位于的网格编号，然后找出网格的周围网格（对于二维情况，即上、下、左、右、东北、西北、东南、西南共 8 个网格），通过粒子–网格链表遍历这 9 个网格中的所有粒子（j），并计算与粒子 i 之间的距离 r_{ij}。如果 $r_{ij} < \kappa h$，则认为该粒子为粒子 i 的邻域粒子。

3. 链表搜索法实施流程

链表式搜索函数 link_list() 在 single_step 函数中调用。当设定 nnps 值为 1 时，则调用直接搜索法的函数（direct_find）；当 nnps 值为 2 时，调用链表搜索函数。

```
if (nnps.eq.1) then
    call direct_find (itimestep, ntotal, nvirt, hsml, x, niac, pair_i,
pair_j, w, dwdx, ns)
    elseif (nnps.eq.2) then
    call link_list (itimestep, ntotal, nvirt, maxval (hsml), x, niac, pair_i,
pair_j, w, dwdx, ns, hsml, itype)
    endif
```

在链表式搜索算法的 link_list 函数中，包含了三个子函数，分别为 init_grid()，

grid_geom()，kernel()，各子函数所实现的功能如表 8.3 所示：

表 8.3 link_list 函数中各子函数的功能

init_grid()	初始化背景网格
grid_geom()	确定任意粒子 i 所位于的网格
kernel()	计算粒子 i 与邻域粒子 j 之间的核函数值和核梯度值

链表式搜索算法的计算流程总结如下。

（1）背景网格的初始化：建立背景网格，背景网格区域应当完全覆盖当前的计算域范围。

（2）根据粒子的位置坐标，确定粒子 i 所属的网格编号。

（3）建立网格–粒子链表：对任意网格，可以根据网格编号确定该网格链表的第一个粒子，然后根据链表，顺序地找到该网格内的其他粒子。

（4）遍历粒子，搜索该粒子的邻域粒子，具体为：

（i）根据粒子编号，找到该粒子所属的网格；

（ii）根据该粒子所属的网格，遍历本网格及周围网格；

（iii）对当前被遍历的网格，根据建立的网格–粒子链表，找到该链表的第一个粒子。

（iv）遍历链表，找出该网格内的所有粒子，并与当前粒子的距离进行对比，判定是否为邻域粒子。

（5）如果为邻域粒子，则进行粒子配对，计算核函数和核梯度值，并将粒子对信息存储。

8.4 计算实例及代码

8.4.1 溃坝流动

1. 模型描述

图 8.8 给出了水坝模型的计算参数。其中，模型左侧、底部和右侧为固壁边界，设置一层固定的虚粒子。固壁虚粒子和流体粒子之间的力采用 Lennard-Jones 公式计算。流体物性参数按照水进行设置，初始密度 1000.0kg/m^3。流体粒子和边界粒子的初始间距都为 0.02m，共生成 5000 个流体粒子和 601 个边界粒子。时间步长设置为 2.0×10^{-5} s，共计算 20 万个时间步，对应的总物理时间为 4.0s。

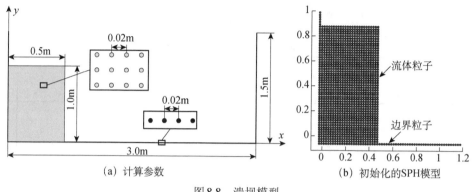

(a) 计算参数　　　　　　　　　　　　(b) 初始化的SPH模型

图8.8　溃坝模型

2. Fortran代码

程序采用Fortran语言编写，共包含15个文件（.f90后缀），1个主函数，14个子函数。除了Config_parameter.f90文件外，一个.f90文件中包含了一个函数。Config_parameter.f90为程序的头文件，定义了全局变量。下面，将对全部代码进行解释。表8.4和表8.5分别列出了溃坝模拟Fortran程序头文件中的变量和其他主要变量。图8.9是控制台运行过程中的截图。图8.10展示了每间隔1000时间步存储的结果数据。

表8.4　头文件中的变量

变量名	含义	变量名	含义
dim	维数，dim=2 为二维问题	height	坝体初始高度1.0m
maxn	SPH粒子的数量上限	width	坝体初始宽度0.5m
max_interaction	粒子对的数量上限	length	水槽长度3.0m
d_ini	粒子的初始间距0.02m	gravity_a	重力加速度
water_density	水的密度	pi	圆周率

表8.5　其他主要变量

变量名	含义	变量名	含义
ntotal	SPH粒子数量	maxtimestep	运行时间步的数量
nvirt	边界粒子的数量	x()	粒子的位置向量
itype()	粒子的类型（=1为流体粒子，=-1为边界粒子）	vx()	粒子的速度向量
mass()	粒子的质量	rho()	粒子的密度
c()	粒子的声速	hsml()	粒子的光滑长度
timestep	时间步	dt	时间步长

计算开始后，首先调用主程序 Source，主程序中包含初始化函数（initialization）和时间积分函数（time_integration）两个函数。

```
dt=2.e-5
maxtimestep=200000
call initialization (x, vx, mass, c, rho, itype, hsml, ntotal, nvirt)
call time_integration (x, vx, mass, c, rho, itype, hsml, ntotal, nvirt,
maxtimestep, dt)
```

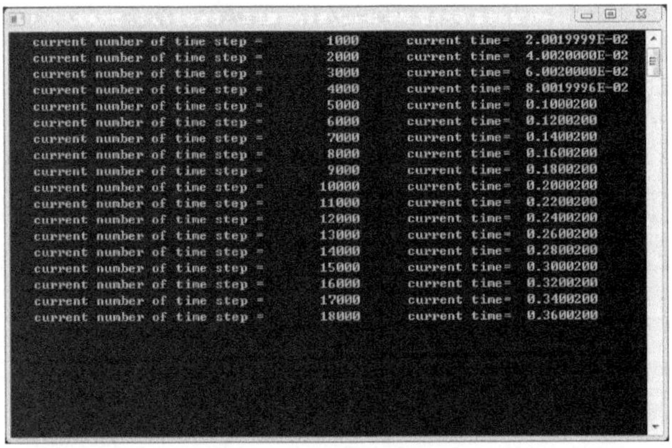

图 8.9　控制台程序运行

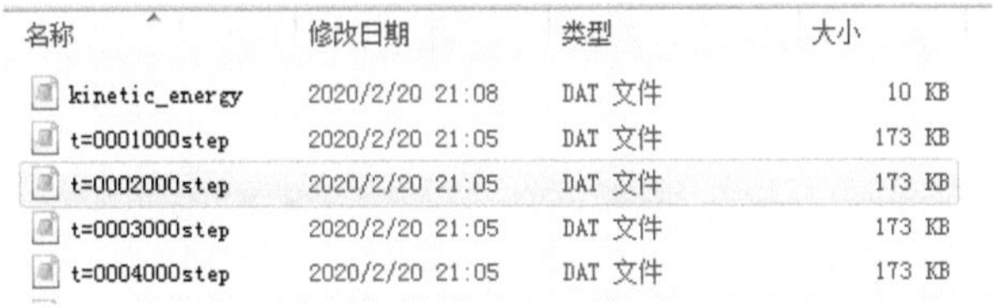

名称	修改日期	类型	大小
kinetic_energy	2020/2/20 21:08	DAT 文件	10 KB
t=0001000step	2020/2/20 21:05	DAT 文件	173 KB
t=0002000step	2020/2/20 21:05	DAT 文件	173 KB
t=0003000step	2020/2/20 21:05	DAT 文件	173 KB
t=0004000step	2020/2/20 21:05	DAT 文件	173 KB

图 8.10　导出的数据文件

在该函数中给时间步长 dt 和总计算时间步数 maxtimestep 赋值。随后，调用函数 initialization，对计算域进行初始化，生成初始分布的流体粒子和边界粒子；调用函数 time_integration，完成时间积分计算。

1）粒子初始化

在 initialization 函数，通过下面代码完成对坝体计算域粒子的初始化：

```
do i=1, m1
    do j=1, n1
        ntotal=ntotal+1
         x (1, ntotal) =0.0+ (i-1) *dx+dx/2.0
        x (2, ntotal) =0.0+ (j-1) *dy+dy/2.0
        itype (ntotal) =1
    enddo
enddo
```

按照模型尺寸 height（1.0m）、width（0.5m）、length（3.0m）和及粒子间距 d_ini（0.02m），生成 SPH 流体粒子和固壁边界粒子。$m1$ 和 $n1$ 分别为 x 和 y 方向坝体粒子的数量，则乘积 $m1 \times n1$ 代表流体粒子的总数量。流体粒子类型 itype 定义为 1；生成底边的固壁边界粒子，共 1 层，粒子类型 itype 定义为 -1；生成左、右侧边的固壁边界粒子，各 1 层，粒子类型 itype 定义为 -1。初始化的 SPH 模型如图 8.8（b）所示。

2）时间积分流程及粒子信息的更新

粒子初始化完毕，调用 time_integration，开始时间积分流程。溃坝（dam break）模型的时间积分格式为蛙跳法，参照蛙跳法的时间步进格式可知，粒子位移比粒子的速度要多计算 $1/(2\Delta t)$。在第一个时间步，对速度和位移进行积分时，速度按照 $1/(2\Delta t)$ 的时间积分，而位移按照 Δt 积分，即

```
if (itimestep.eq.1) then    !--注释：在第一个时间步
    do i=1, ntotal
        rho (i) =rho (i) + (dt/2.) * drho (i)
        do d=1, dim
            vx (d, i) =vx (d, i) + (dt/2.) * dvx (d, i)
            x (d, i) =x (d, i) +dt * (vx (d, i) +av (d, i))
        enddo
    enddo
```

在随后的计算中，当前时间步（n）的速度和密度始终落后于位移，因此，在时间步起始，首先利用前一时间步（$n-1$）得到的导数值，更新速度和密度值，即

```
do i=1, ntotal
    rho_min (i) =rho (i)
    rho (i) =rho (i) + (dt/2.) * drho (i)
    do d=1, dim
        v_min (d, i) =vx (d, i)
        vx (d, i) =vx (d, i) + (dt/2.) * dvx (d, i)
    enddo
enddo
```

然后，调用函数 single_step，利用当前时间步的位移、速度、密度值，计算当前时间步各变量的导数值。

```
call single_step (itimestep, dt, ntotal, nvirt, hsml, mass, x, vx, rho,
```

drho, p, c, dvx, itype, av)

此时，drho 和 dvx 数组中存储了更新后的密度和速度导数值，利用新计算的导数值，更新粒子的位移、速度、密度，即

```
do i=1, ntotal
    rho (i) =rho_min (i) +dt * drho (i)
    do d=1, dim
        vx (d, i) =v_min (d, i) +dt * dvx (d, i)
        x (d, i) =x (d, i) +dt * (vx (d, i) +av (d, i))
    enddo
enddo
```

3）粒子密度、速度导数的计算

single_step()函数是代码的核心部分，通过调用以下 7 个函数，求得粒子密度和速度的导数。

```
call particle_searching (itimestep, ntotal, x, niac, pair_i, pair_j, w,
dwdx, ns, hsml, itype)
call pressure (ntotal, itype, rho, p, c)
call art_visc (ntotal, hsml, mass, x, vx, niac, rho, c, itype, pair_i,
pair_j, w, dwdx, ardvxdt)
call int_force (itimestep, dt, ntotal, nvirt, hsml, mass, vx, niac, rho,
pair_i, pair_j, w, dwdx, itype, x, c, p, indvxdt)
call ext_force (itimestep, ntotal, mass, x, niac, pair_i, pair_j, itype,
hsml, exdvxdt)
call con_density (itimestep, ntotal, hsml, mass, niac, pair_i, pair_j, w,
itype, rho, drhodt, dwdx, x, vx, c)
call XSPH (ntotal, mass, hsml, niac, pair_i, pair_j, w, vx, rho, av, itype)
```

4）数据的导出

在计算过程中，每隔 1000 个时间步，存储计算数据，通过以下代码实现：

```
if (mod (itimestep, 1000) .eq.0) then
    call output (itimestep, ntotal, x, vx, mass, rho, p, itype, hsml)
    write (*, *) ' current number of time step=', itimestep, ' current
time=', real (time+dt)
endif
```

3. 计算结果

图 8.11 给出了水坝坍塌计算结果，呈现了水坝坍塌的动态过程。初始时刻

（图8.11（a）），水块处于静止状态；计算开始后，水块在重力作用下坍塌，水块的右下角开始加速（图8.11（b）），并向右侧运动；随着坍塌的进行，坍塌水体的前沿抵达右侧固壁后沿固壁向上运动，并向反方向折返。最终，水体稳定在宽度为3.0m的水槽中，静水深度由1.0m降低到0.167m。图8.12给出了系统动能随时间的变化关系，动能在0.6s左右达到最大值，在撞击到固壁后动能逐渐降低（0.8s左右），直至准静态状态。

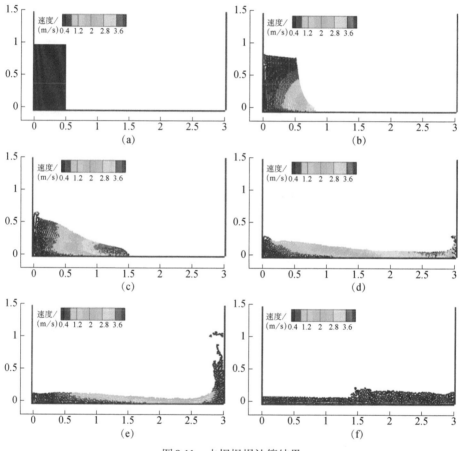

图8.11 水坝坍塌计算结果

本小节采用二维水坝坍塌算例来介绍SPH方法的编程实施过程。读者们对照本节内容，运行附录中的代码文件，初步掌握SPH编程方法及显式计算流程，同时对SPH算法中的关键步骤如粒子搜索过程、固壁边界算法等有了进一步的认识。

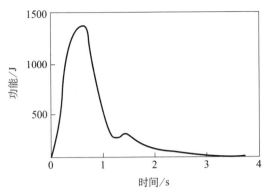

图8.12　动能和时间的关系

8.4.2　水弹性耦合

1. 问题描述

本小节的算例针对溃坝过程建模，如图8.13所示，在右下方出口处放置了一个弹性闸门。溃坝产生的水压会引起弹性板的运动和变形，使得弹性闸门逐渐打开；随后水流由闸门下方流出，在流出的过程中，水流与弹性闸门持续相互耦合作用。因此，该过程属于自由表面流动与弹性固体的流固耦合问题。

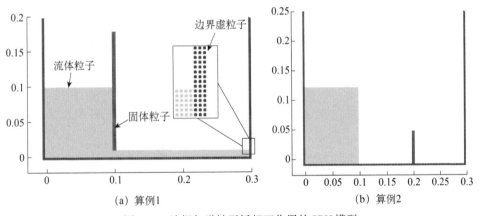

(a) 算例1　　　　　　　　　　　(b) 算例2

图8.13　溃坝与弹性平板相互作用的SPH模型

弹性闸门顶部固定，底部设置为自由端。水坝的高度和宽度分别为0.1m和0.1m，弹性闸门的高度为0.18m，厚度为0.005m，弹性闸门底部距离水底为0.01m，闸门右侧水底的深度也为0.01m。计算中采用的水的密度 ρ 和压缩模量 ξ 分别为1000kg/m³和 2×10^6N/m²，则人工声速为 $c=\sqrt{\dfrac{\xi}{\rho}}=44.72$ m/s。弹性闸门的材料密度、体积模量和剪切模量分别为 1100kg/m³，$1×10^7$N/m² 和 $1.0×10^6$ N/m²，则弹性材料的人工声速为95.35m/s。

图8.13（b）展示了初始化的SPH计算模型，包含三种类型的SPH粒子：流体粒子（浅绿色）、边界粒子（蓝色）和弹性固体粒子（红色）。其中，边界粒子包含三层，采用动态边界算法。初始的粒子间距设置为0.001m，总粒子数量为15000个。采用三次样条核函数，根据CFL准则，时间步长设置为$2×10^{-6}$s，共运行40万步（对应物理时间0.8s）。

2. Fortran 代码

程序的计算流程图如图8.14所示。与溃坝算例不同，本算例属于流固耦合问题，数值算法中包含了对弹性固体变形的求解。在头文件Config_parameter中定义水和弹性平板的参数，包括弹性平板的剪切模量和体积模量。弹性平板的材料声速可以由体积模量和密度之间的关系计算得到。

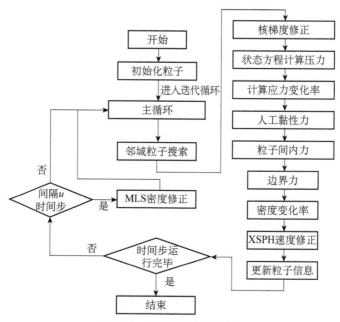

图8.14　程序的计算流程图

```
public gravity_a, water_density, pi, sound_speed_water
real (8), parameter:: gravity_a=9.8            !---重力加速度
real (8), parameter:: water_density=1000.0      !---水的密度 kg/m³
real (8), parameter:: pi=3.14159265358979323846  !---圆周率
real (8), parameter:: sound_speed_water=sqrt (2.0e6/water_density) !---水的
```

声速 m/s
```
    public solid_density
    real (8), parameter:: solid_density=1100.0              !----弹性平板材料的密度
kg/m3
    public shear_modulus, bulk_modulus, sound_speed_solid
    real (8), parametershear_modulus=4.27e6             !----剪切模量 Pa
    real (8), parameter:: bulk_modulus=2.0e7             !----体积模量 Pa
    real (8), parameter:: sound_speed_solid=sqrt (bulk_modulus/solid_density)
!----材料声速 m/s
```

图 8.15 给出了算例 2 的 Fortran 程序的源代码文件调用顺序。如图所示，在任意一个时间步内，核梯度修正函数（文件 kernel_gradient_correction.f90）需要在邻域粒子搜索（particle_searching.f90）之后进行调用；此后，在本时间步之后的内力计算中，用到核梯度的代码都采用 KGC 修正后的核梯度值。

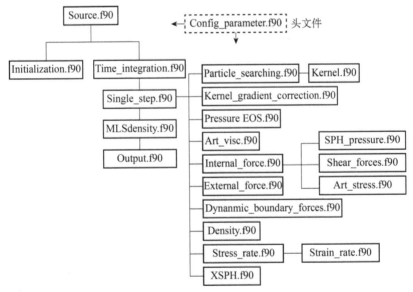

图 8.15　Fortran 文件的运行顺序

3. 计算结果

图 8.16 展示了算例 1 的计算结果。如图所示，计算开始后，静置的水坝在重力的作用下开始溃塌（0.06s）。由于弹性挡板的约束，流体开始从挡板的底部向外流出。同时，在流体压力作用下，弹性挡板开始变形，并且随着流体流出，变形逐渐增大。挡板底部流出的流体具有较高的速度（0.1s），对挡板外侧原有的底水产生冲击作用，在自由液面产生浪花（0.2s）。另一方面，坝体上部分流

体冲击到挡板内侧，在挡板的阻挡下向内部翻转（0.3s）。随着流体势能转变为动能，并且在挡板和底水相互作用下逐渐耗散，挡板开始从弹性变形恢复。

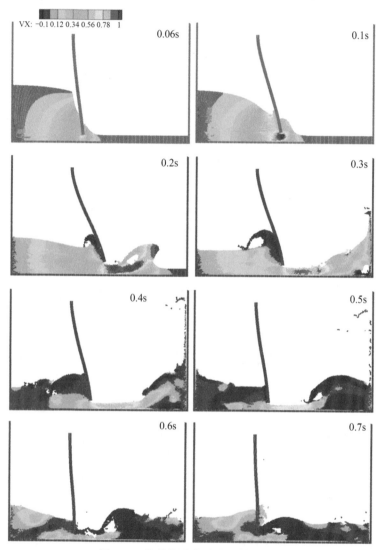

图8.16　流体的速度分布（算例1）

图8.17展示了算例2的计算结果。本算例中，在坝体水块的前方立置一底部约束的弹性挡板。计算开始后，水坝在重力的作用下溃塌，当水面前沿流至挡板位置时，由于具有一定的初速度，对挡板产生冲击（0.2s）。挡板在水流的冲击作用下变形，而水流沿着变形后的挡板表面向斜上方溅出。图中颜色代表了

流场压力的等级，由于使用MLS密度重构算法，得到了较光滑分布的压力场。

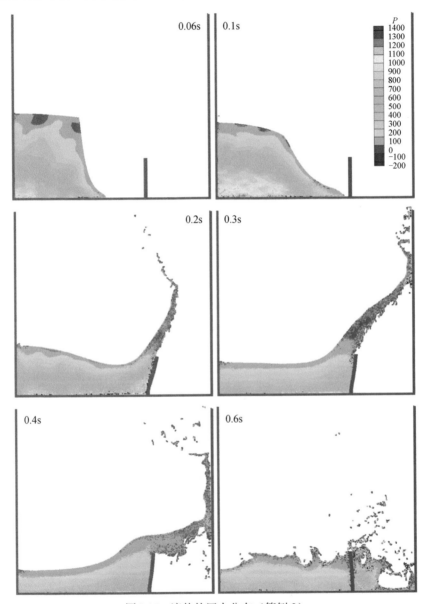

图 8.17　流体的压力分布（算例 2）

本 章 小 结

利用数值算法进行数值模拟来解决实际问题，需要通过计算机编程来实现。本章介绍了弱可压缩 SPH 数值算法的计算机编程过程，给出了弱可压缩 SPH 程序的一般结构。弱可压缩 SPH 方法的计算机编程要考虑的主要因素就是计算效率。粒子搜索方法是影响 SPH 计算效率的关键因素，通常采用的直接搜索方法和链表式搜索方法各自有优缺点。对于直接搜索方法，实施简单，但效率低，一般用于初学者开发小计算量的二维程序；对于链表式搜索算法，实施较复杂，但计算效率高，而且易于并行化，可用于大计算量的三维计算。

与本书相关的学术论文

[1] Dong X W, Huang X P, Liu J L. Modeling and simulation of droplet impact on elastic beams based on SPH[J]. European Journal of Mechanics-A/Solids, 2019, 75: 237-257.

[2] Dong X W, Li Z L, Jiang C, et al. Smoothed particle hydrodynamics（SPH）simulation of impinging jet flows containing abrasive rigid bodies[J]. Computational Particle Mechanics, 2019, 6: 479-501.

[3] Dong X W, Li Z L, Feng L, et al. Modeling, simulation, and analysis of the impact（s）of single angular-type particles on ductile surfaces using smoothed particle hydrodynamics[J]. Powder Technology, 2017, 318: 363-382.

[4] Dong X W, Liu G R, Li Z L, et al. A smoothed particle hydrodynamics（SPH）model for simulating surface erosion by impacts of foreign particles[J]. Tribology International, 2015, 95: 267-278.

[5] Dong X W, Liu J L, Liu S, et al. Quasi-static simulation of droplet morphologies using a smoothed particle hydrodynamics multiphase model[J]. Acta Mechanica Sinica, 2019, 35（1）: 32-44.

[6] Dong X W, Li Z L, Mao Z, et al. Smoothed particle hydrodynamics simulation of liquid drop impinging hypoelastic surfaces[J]. International Journal of Computational Methods, 2018, 17（5）: 194-205.

[7] Dong X W, Li Z L, Zhang X. Contact-angle implementation in multiphase smoothed particle hydrodynamics simulations[J]. Journal of Adhesion Science and Technology, 2018, 32（19）: 2128-2149.

[8] Dong X W, Li Z L, Liu G R, et al. Numerical study of impact behaviors of angular particles on metallic surface using smoothed particle hydrodynamics[J]. Tribology Transactions, 2017, 60（4）: 693-710.

[9] Dong X W, Li Z L, Zhang Q, et al. Analysis of surface-erosion mechanism due to impacts of freely rotating angular particles using smoothed particle hydrodynamics erosion model[J]. Proceedings of the Institution of Mechanical Engineers, Part J. Journal of Engineering Tribology, 2017, 231（12）: 1537-1551.

[10] Dong X W, Li Z L, Mao Z, et al. A development of a SPH model for simulating surface erosion by impact（s）of irregularly shaped particles[J]. International Journal of Computational

Methods，2017，15（8）：1850074.

[11] Dong X W，Liu G R，Li Z L，et al. Smoothed particle hydrodynamics（SPH）modeling of shot peening process[J]. Journal of Computational Methods in Sciences and Engineering，2017，17（4），799-825.

[12] 董祥伟，李静，黄小平，等.基于表面力模型的液滴冲击弹性基底 SPH 模拟[J].计算力学学报，2020，37（4）：486-495.

[13] Hao G N，Dong X W，Li Z L. Numerical investigation of water droplet impact on horizontal beams[J]. International Journal of Modern Physics C，2020，31（8）：2050118.

[14] Hao G N，Dong X W，Li Z L，et al. Dynamic response of PVDF cantilever due to droplet impact using an electromechanical model[J]. Sensors，2020，20（20）：5764.

[15] Hao G N，Dong X W，Li Z L，et al. Water drops impact on a PVDF cantilever：droplet dynamics and voltage output[J]. Journal of Adhesion Science and Technology，2020，35（5）：485-503.

[16] Hao G N，Dong X W，Du M，et al. A comparative study of ductile and brittle materials due to single angular particle impact[J]. Wear，2019，428：258-271.

[17] Feng L，Dong X W，Li Z，et al. Modeling of waterjet abrasion in mining processes based on the smoothed particle hydrodynamics（SPH）method[J]. International Journal of Computational Methods，2020，17（9）：1950075.

[18] Huang X P，Dong X W，Li J，et al. Droplet impact induced large deflection of a cantilever[J]. Physics of Fluids，2019，31（6）：062106.

[19] Lyu L，Chen Y，Wang J，et al. Angular particle impact on metallic surfaces with dynamic Refinement SPH[J]. Tribology Letters，2020，68（1）：1-15.

[20] 窦泽超，董祥伟，李增亮，等.微小角形颗粒冲击行为和冲蚀凹坑的仿真研究[J].计算机仿真，2020，37（10）：179-186.

[21] 杜明超，李增亮，董祥伟，等.菱形颗粒冲击材料表面冲蚀磨损特性分析[J].摩擦学学报，2020，40（1）：1-11.

[22] Mao Z，Liu G R，Dong X W. A comprehensive study on the parameters setting in smoothed particle hydrodynamics（SPH）method applied to hydrodynamics problems[J]. Computers and Geotechnics，2017，92：77-95.

[23] Mao Z，Liu G R，Dong X W，et al. A conservative and consistent Lagrangian gradient smoothing method for simulating free surface flows in hydrodynamics[J]. Computational Particle Mechanics，2019，6（4）：781-801.

[24] Du M，Li Z，Dong X W，et al. Experiment and simulation study of erosion mechanism in float glass due to rhomboid particle impacts[J]. International Journal of Impact Engineering，

2020，139：103513.

［25］Du M，Li Z，Dong X W，et al. Single pyramid-shaped particle impact on metallic surfaces：a 3D numerical simulation and experiment［J］. Tribology Letters，2019，67（4）：108.

［26］Zeng W，Liu G R，Li D，Dong X W，et al. A smoothing technique based beta finite element method（β-FEM）for crystal plasticity modeling［J］. Computers & Structures，2016，162（1）：48-67.

［27］Zeng W，Liu G R，Jiang C，et al. An effective fracture analysis method based on the virtual crack closure-integral technique implemented in CS-FEM［J］. Applied Mathematical Modelling，2015，40（5-6）：3783-3800.

［28］Niu W L，Mo R，Liu G R，et al. Modeling of orthogonal cutting process of A2024-T351 with an improved SPH method［J］. The International Journal of Advanced Manufacturing Technology，2018，95（1-4）：905-919.

［29］Feng L，Liu G R，Li Z L，Dong X W，et al. Study on the effects of abrasive particle shape on the cutting performance of Ti-6Al-4V materials based on the SPH method［J］. The International Journal of Advanced Manufacturing Technology，2018，101：3167-3182.

［30］李增亮，王乐峰，董祥伟，等.基于无网格法的浮体与波浪相互作用模拟与试验验证［J］.中国石油大学学报（自然科学版），2020，44（2）：108-116.

附　　录

本附录给出部分计算代码，本书其他算例的计算代码将以附件的形式共享，可发送邮件至 dongxw139@163.com 索取，邮件标题：弱可压缩SPH代码（具体算例号），并提供姓名和单位信息。

附录1　MLS密度重整化源代码

```
    subroutine densityFilter(itimestep,ntotal,hsml,x,itype,mass,rho,niac,
pair_i,pair_j,w)
    use config_parameter
    implicit none
    integer itimestep,ntotal,itype(maxn)
    double precision hsml(maxn),mass(maxn),x(dim,maxn),rho(maxn),rho_mid (maxn)
    integer i,j,d,niac,d1,d2,k
    integer pair_i(max_interaction),pair_j(max_interaction)
    double precision w(max_interaction)
    double precision A_MLS(ntotal,3,3),rho_MLS(ntotal),A_MLS_11
    double precision A_input_matrix(3,3),A_LU_equivalent_matrix(3,3)
    double precision beta0_MLS(ntotal),beta1x_MLS(ntotal),beta1y_MLS(ntotal)
    integer i_A_MLS_step,i_Singular,m_length
!-----varibles for LU
    double precision x_solution(3),b_input_vector(3)
    double precision A_MLS_inverse(3,3)
    double precision Wab_MLSi,Wab_MLSj
    double precision x_length,dx(dim)
    double precision r,hv(dim),selfdens
    x_length=x_maxgeom-x_mingeom

!-----step1.1 初始化
    do i=1,ntotal
        rho_MLS(i)=0.0
        do d1=1,3
```

```
        do d2=1,3
            A_MLS(i,d1,d2)=0.0
        enddo
      enddo
    enddo
!-----step1.2 求解矩阵 A
    do k=1,niac
      i=pair_i(k)
      j=pair_j(k)
      if(itype(j).eq.1)then
        dx(1)=x(1,i)-x(1,j)
        dx(2)=x(2,i)-x(2,j)
        A_MLS(i,1,1)=A_MLS(i,1,1)+w(k)*mass(j)/rho(j)
        A_MLS(i,1,2)=A_MLS(i,1,2)+w(k)*dx(1)*mass(j)/rho(j)
        A_MLS(i,1,3)=A_MLS(i,1,3)+w(k)*dx(2)*mass(j)/rho(j)
        A_MLS(i,2,2)=A_MLS(i,2,2)+w(k)*dx(1)*dx(1)*mass(j)/rho(j)
        A_MLS(i,2,3)=A_MLS(i,2,3)+w(k)*dx(1)*dx(2)*mass(j)/rho(j)
        A_MLS(i,3,3)=A_MLS(i,3,3)+w(k)*dx(2)*dx(2)*mass(j)/rho(j)
        A_MLS(j,1,1)=A_MLS(j,1,1)+w(k)*mass(i)/rho(i)
        A_MLS(j,1,2)=A_MLS(j,1,2)-w(k)*dx(1)*mass(i)/rho(i)
        A_MLS(j,1,3)=A_MLS(j,1,3)-w(k)*dx(2)*mass(i)/rho(i)
        A_MLS(j,2,2)=A_MLS(j,2,2)+w(k)*dx(1)*dx(1)*mass(i)/rho(i)
        A_MLS(j,2,3)=A_MLS(j,2,3)+w(k)*dx(1)*dx(2)*mass(i)/rho(i)
        A_MLS(j,3,3)=A_MLS(j,3,3)+w(k)*dx(2)*dx(2)*mass(i)/rho(i)
      endif
    enddo


!   selfdens(Kernel for distance 0)
    r=0.
    m_length=3
    do i=1,ntotal
      if(itype(i).eq.1)then

        do d=1,dim
          hv(d)=0.e0
        enddo
        call kernel(r,hv,hsml(i),selfdens,hv)
        A_MLS(i,1,1)=A_MLS(i,1,1)+selfdens*mass(i)/rho(i)
        A_MLS_11=A_MLS(i,1,1)
```

```
        A_MLS(i,2,1)=A_MLS(i,1,2)
        A_MLS(i,3,1)=A_MLS(i,1,3)
        A_MLS(i,3,2)=A_MLS(i,2,3)

        do d1=1,3
          do d2=1,3
              A_input_matrix(d1,d2)=A_MLS(i,d1,d2)
            enddo
        enddo

        i_A_MLS_step=1 !判定矩阵的奇异性,i_Singular>0 代表奇异
        call
LU_decomposition(A_input_matrix,b_input_vector,m_length,A_LU_equivalent_matr
ix,i_A_MLS_step,i_Singular,x_solution)!输入矩阵,输出 i_gingular 的值,判定奇异与
否,并求等效矩阵
        if(i_Singular.gt.0)then
          if(A_MLS_11.eq.0)then
              write(*,*)'warning:A_MLS_11.eq.0.0'
              pause
              stop
          endif
          beta0_MLS(i)=1.0/A_MLS_11  !此种情况下,MLS 方法退化为 zeroth order 方法
          beta1x_MLS(i)=0.0
          beta1y_MLS(i)=0.0
        else
          i_A_MLS_step=2 ! 将 LU 分解函数用来求逆
          do d2=1,3
            do d1=1,3
              b_input_vector(d1)=0.0
            enddo
            b_input_vector(d2)=1.0
          call
LU_decomposition(A_input_matrix,b_input_vector,m_length,A_LU_equivalent_matr
ix,i_A_MLS_step,i_Singular,x_solution)!再次调用 LU 分解函数求逆,额外输入
b_input_vector,输出 x_solution
            do d1=1,3
                A_MLS_inverse(d1,d2)=x_solution(d1)
            enddo
          enddo
```

```fortran
            beta0_MLS(i)=A_MLS_inverse(1,1)
            beta1x_MLS(i)=A_MLS_inverse(2,1)
            beta1y_MLS(i)=A_MLS_inverse(3,1)
         endif

    endif
 enddo

 do k=1,niac
   i=pair_i(k)
   j=pair_j(k)
   if(itype(j).eq.1)then
      dx(1)=x(1,i)-x(1,j)
      dx(2)=x(2,i)-x(2,j)

      Wab_MLSi=(beta0_MLS(i)+beta1x_MLS(i)*dx(1)+beta1y_MLS(i)*dx(2))*w(k)
      Wab_MLSj=(beta0_MLS(j)-beta1x_MLS(j)*dx(1)-beta1y_MLS(j)*dx(2))*w(k)

      rho_MLS(i)=rho_MLS(i)+Wab_MLSi*mass(j)
      rho_MLS(j)=rho_MLS(j)+Wab_MLSj*mass(i)
    endif
 enddo


 do i=1,ntotal
    if(itype(i).eq.1)then
      do d=1,dim
         hv(d)=0.e0
      enddo
      call kernel(r,hv,hsml(i),selfdens,hv)
      rho(i)=rho_MLS(i)+beta0_MLS(i)*selfdens*mass(i)
    endif
  enddo

  end
```

附录2　LU分解的源代码

```fortran
subroutine
```

```
LU_decomposition(A_input_matrix,b_input_vector,m_length,A_LU_equivalent_matr
ix,i_MLS_step,i_Singular,x_solution)
    use config_parameter
    implicit none
    integer LU_size_max
    parameter(LU_size_max=3)
    integer i,j,iii,jjj,kkk
    double precision A_input_matrix(LU_size_max,LU_size_max)
    integer i_MLS_step,i_Singular,m_length
    double precision x_solution(LU_size_max),y_solution(LU_size_max)
    double precision b_input_vector(LU_size_max)
    double precision A_temp(LU_size_max,LU_size_max)
    double precision A_LU_equivalent_matrix(LU_size_max,LU_size_max)
    double precision L_matrix(LU_size_max,LU_size_max)
    double precision U_matrix(LU_size_max,LU_size_max)
    double precision sum_Uijxj,sum_Lijyj
    double precision al_min,al_max
    double precision amax_Aij,row_sum_min,row_sum
    double precision A_temp_ij_abs,sum_temp
    double precision TOL_REAL,TOL_DBLE
    TOL_REAL=1.0e-8
    TOL_DBLE=1.0e-16

    if(i_MLS_step.eq.1)then  !Construct LU Matrix
          !-Check singularity-
      amax_Aij=0.0
      row_sum_min=10.0e8
      i_Singular=0
      do iii=1,m_length
        row_sum=0.0
        do jjj=1,m_length
          !Transfer input matrix into a temporary matrix
          A_temp(iii,jjj)=A_input_matrix(iii,jjj)
          !Check matrix is not singular
          A_temp_ij_abs=abs(A_temp(iii,jjj))
          row_sum=row_sum+A_temp_ij_abs
          if(A_temp_ij_abs.gt.amax_Aij)then
            amax_Aij=A_temp_ij_abs
          endif
```

```fortran
    enddo
  if(row_sum.lt.row_sum_min)then
    row_sum_min=row_sum
  endif
enddo
if(amax_Aij.lt.TOL_REAL)i_Singular=1
if(row_sum_min.lt.TOL_DBLE)i_Singular=1
      if(i_Singular.lt.1)then
  do iii=1,m_length
    L_matrix(iii,1)=A_input_matrix(iii,1)
  enddo
  do jjj=1,m_length
    U_matrix(1,jjj)=A_input_matrix(1,jjj)/ L_matrix(1,1)
  enddo
  !-Forward elimination using Gaussian Elimination for matrices L and U-
  do jjj=2,m_length
    do iii=jjj,m_length
      sum_temp=0.0
      do kkk=1,jjj-1
        sum_temp=sum_temp+L_matrix(iii,kkk)*U_matrix(kkk,jjj)
      enddo
      L_matrix(iii,jjj)=A_input_matrix(iii,jjj)-sum_temp
    enddo
    U_matrix(jjj,jjj)=1.0
        do iii=jjj+1,m_length
      sum_temp=0.0
      do kkk=1,jjj-1
        sum_temp=sum_temp+L_matrix(jjj,kkk)*U_matrix(kkk,iii)
      enddo
      U_matrix(jjj,iii)=(A_input_matrix(jjj,iii)-sum_temp)/L_matrix
(jjj,jjj)
      enddo
    enddo
    !--Suggestion by Arno Mayrhofer for singular ill-conditioned L
matrices--
      al_min=1.0e8
      al_max=-1.0e8
      do iii=1,m_length
        if(L_matrix(iii,iii).gt.al_max)al_max=L_matrix(iii,iii)
```

```
          if(L_matrix(iii,iii).lt.al_min)al_min=L_matrix(iii,iii)
       end do
       if(abs(al_min).lt.1E-14*abs(al_max))i_Singular=1
       !-- End of Arno Suggestion--

       !-Combine into one matrix-
       do iii=1,m_length  !Row
         do jjj=iii+1,m_length !Column
            A_LU_equivalent_matrix(iii,jjj)=U_matrix(iii,jjj)
         enddo
         do jjj=1,iii !Column
            A_LU_equivalent_matrix(iii,jjj)=L_matrix(iii,jjj)
         enddo
       enddo
      endif
        else  !if(i_MLS_step.eq.2)then  !Solver equation
     x_solution=0.0 !zero initialise solution vector
     y_solution=0.0 !zero initialise temp    vector
     !-Forward Substitution using Lower Matrix-
     y_solution(1)=b_input_vector(1)/A_LU_equivalent_matrix(1,1)
!First equation has only one unknown
     do iii=2,m_length
       sum_Lijyj=0.0
       !-Generating the summation term-
       do jjj=1,iii-1
         sum_Lijyj=sum_Lijyj+A_LU_equivalent_matrix(iii,jjj)*y_solution(jjj)
       enddo
       y_solution(iii)=(b_input_vector(iii)-sum_Lijyj)/A_LU_equivalent_
matrix(iii,iii)
     enddo


     !-Back Substitution-
     x_solution(m_length)=y_solution(m_length)
!Nth equation has only one unknown
     do iii=m_length-1,1,-1
       sum_Uijxj=0.0
       !-Generating the summation term-
       do jjj=iii+1,m_length
         sum_Uijxj=sum_Uijxj+A_LU_equivalent_matrix(iii,jjj)*x_solution(jjj)
```

```
      enddo
      x_solution(iii)=(y_solution(iii)-sum_Uijxj)
    enddo


  endif  !End of:      if(i_MLS_step.eq.1)  then
!-------------------------------------------------------------------
    end
```

附录3　核梯度修正源代码

```
!=====================================================
!                核梯度修正(KGC)_correct
!-------------------------------------------------------------------
    use config_parameter
    implicit none
    integer i,j,k,d,ntotal,niac,maxp
    integer itype(maxn)
    double  precision  rr2,hsml(maxn),mhsml,vol_i,x(dim,maxn),vol_j,detM,rho
(maxn),mass(maxn)
    double precision ndwdx(dim),drxx(dim),dwdx_n(dim),one_over_detM
    double precision ww
    double precision aM_a11(maxn),aM_a12(maxn)
    double precision aM_a21(maxn),aM_a22(maxn)
    double precision aL_a11(maxn),aL_a12(maxn)
    double precision aL_a21(maxn),aL_a22(maxn)
    double precision dwdxi(dim,max_interaction),dwdxj(dim,max_interaction)
    double precision dwdx(dim,max_interaction)
    integer pair_i(max_interaction),pair_j(max_interaction)
    double precision x_length
    do i=1,ntotal
        aM_a11(i)=0.
        aM_a12(i)=0.
        aM_a21(i)=0.
        aM_a22(i)=0.
        aL_a11(i)=0.
        aL_a12(i)=0.
        aL_a21(i)=0.
        aL_a22(i)=0.
```

```
          enddo
      do k=1,niac
           i=pair_i(k)
           j=pair_j(k)
           if(itype(j).eq.1)then
               drxx(1)=x(1,i)-x(1,j)
               drxx(2)=x(2,i)-x(2,j)
               rr2=sqrt(drxx(1)*drxx(1)+drxx(2)*drxx(2))
               mhsml=(hsml(i)+hsml(j))/2
               call kernel(rr2,drxx,mhsml,ww,ndwdx)
               vol_j=mass(j)/rho(j)
               do d=1,dim
                   dwdx_n(d)=vol_j*ndwdx(d)
               enddo
           aM_a11(i)=aM_a11(i)-dwdx_n(1)*drxx(1)
           aM_a12(i)=aM_a12(i)-dwdx_n(1)*drxx(2)
           aM_a21(i)=aM_a21(i)-dwdx_n(2)*drxx(1)
           aM_a22(i)=aM_a22(i)-dwdx_n(2)*drxx(2)
               vol_i=mass(i)/rho(i)
               do d=1,dim
                   dwdx_n(d)=vol_i*ndwdx(d)
               end do
           aM_a11(j)=aM_a11(j)-dwdx_n(1)*drxx(1)
           aM_a12(j)=aM_a12(j)-dwdx_n(1)*drxx(2)
           aM_a21(j)=aM_a21(j)-dwdx_n(2)*drxx(1)
           aM_a22(j)=aM_a22(j)-dwdx_n(2)*drxx(2)
         endif
      enddo
      do i=1,ntotal
        if(itype(i).eq.1)then
           aM_a12(i)=0.5*(aM_a12(i)+aM_a21(i))
           aM_a21(i)=aM_a12(i)
           detM=aM_a11(i)*aM_a22(i)-aM_a12(i)*aM_a21(i)
             if(abs(detM).gt.0.00001)then
                one_over_detM=1.0/detM
              aL_a11(i)=aM_a22(i)*one_over_detM
              aL_a22(i)=aM_a11(i)*one_over_detM
              aL_a12(i)=-aM_a12(i)*one_over_detM
              aL_a21(i)=-aM_a21(i)*one_over_detM
```

```
        else
            aL_a11(i)=1.
            aL_a12(i)=0.
            aL_a21(i)=0.
            aL_a22(i)=1.
        endif
    endif
  enddo
  do k=1,niac
      i=pair_i(k)
      j=pair_j(k)
      if(itype(j).eq.1)then
          dwdxi(1,k)=aL_a11(i)*dwdx(1,k)+aL_a12(i)*dwdx(2,k)
          dwdxi(2,k)=aL_a21(i)*dwdx(1,k)+aL_a22(i)*dwdx(2,k)
           dwdxj(1,k)=aL_a11(j)*dwdx(1,k)+aL_a12(j)*dwdx(2,k)
          dwdxj(2,k)=aL_a21(j)*dwdx(1,k)+aL_a22(j)*dwdx(2,k)
            dwdx(1,k)=(dwdxi(1,k)+dwdxj(1,k))/2
            dwdx(2,k)=(dwdxi(2,k)+dwdxj(2,k))/2
      endif
  enddo
  end
```

附录4　链表式搜索源代码

链表式搜索的计算机代码

```
subroutine
    link_list(itimestep,ntotal,nvirt,hsml,x,niac,pair_i,pair_j,w,dwdx,counti
ac,hsmlvector,itype)
    integer maxngx,maxngy,maxngz    !----指定背景网格在 x,y,z 三个方向的最大数量
    parameter(maxngx=300,maxngy=300,maxngz=1)
    integer itimestep,ntotal,niac,pair_i(max_interaction),pair_j(max_interaction)
    integer countiac(maxn),nvirt  !----countiac 数组中存储了任意粒子 i 的邻域粒子
的数量
    integer itype(maxn),i,j,d,scale_k
    double precision hsml,x(dim,maxn)
    integer grid(maxngx,maxngy),xgcell(dim,maxn),gcell(dim),xcell,ycell,zcell
    integer celldata(maxn),minxcell(dim),maxxcell(dim)
```

```
    integer dnxgcell(dim),dpxgcell(dim),ngridx(dim),ghsmlx(dim),n_particle
(maxngx,maxngy)
    double precision dr,r,dx(dim),mingridx(dim),maxgridx(dim),
    double precision tdwdx(dim),dgeomx(dim),x_max(dim),x_min(dim)
    double precision w(max_interaction),dwdx(dim,max_interaction),mhsml,
hsmlvector(maxn)
    scale_k=2 !---采用三次样条核函数时,支持域半径与光滑长度比值为 2.0
    x_max(1)=x_maxgeom
    x_min(1)=x_mingeom
    x_max(2)=y_maxgeom
    x_min(2)=y_mingeom
    call   init_grid(ntotal,hsml*scale_k,grid,ngridx,ghsmlx,x_max,x_min,maxgridx,
mingridx,dgeomx,n_particle)
    !---初始化背景网格
    do i=1,ntotal
        x_t(1)=x(1,i)
        x_t(2)=x(2,i)
        call grid_geom(i,x_t,ngridx,maxgridx,mingridx,dgeomx,gcell)!---确定粒
子所在网格的编号
        do d=1,dim
            xgcell(d,i)=gcell(d)!---将粒子所在网格的编号赋值给数组 xgcell(d,i)
        enddo
        celldata(i)=grid(gcell(1),gcell(2))!---将粒子 i 与本链表中堆栈相邻的粒子进
行链接
        grid(gcell(1),gcell(2))=i           !---存储粒子 i 的编号,准备与堆栈下一个粒
子链接
    enddo
!---注意:celldata(i)中存储了粒子 i 对应的数值 j,j 与粒子 i 所在同一个背景网格内,而且
堆栈上是与粒子 i 相邻的;当 celldata(i)=0 时,代表该网格的粒子堆栈结束
    do i=1,ntotal   !---遍历粒子,开始搜索流程
      do d=1,dim
        minxcell(d)=1
        maxxcell(d)=1
      enddo
      do d=1,dim
        dnxgcell(d)=xgcell(d,i)-ghsmlx(d)
        dpxgcell(d)=xgcell(d,i)+ghsmlx(d)
      enddo
      minxcell(1)=max(dnxgcell(1),1)
```

```
        minxcell(2)=max(dnxgcell(2),1)
        maxxcell(1)=min(dpxgcell(1),ngridx(1))
        maxxcell(2)=min(dpxgcell(2),ngridx(2))
        do ycell=minxcell(2),maxxcell(2)!---在 y 方向遍历背景网格
            do xcell=minxcell(1),maxxcell(1)!---在 x 方向遍历背景网格
                j=grid(xcell,ycell)!---找出网格链表的起始粒子 j
1               if(j.ne.0)then
                  if(j.gt.i)then
                    dx(1)=x(1,i)-x(1,j)
                    dr=dx(1)*dx(1)
                    do d=2,dim
                        dx(d)=x(d,i)-x(d,j)
                        dr=dr+dx(d)*dx(d)
                    enddo
                    mhsml=(hsmlvector(i)+hsmlvector(j))/2.
                    if(sqrt(dr).lt.scale_k*mhsml)then   !---判断粒子 j 是否为粒子 i
的邻域粒子
                        niac=niac+1
                        pair_i(niac)=i
                        pair_j(niac)=j
                        r=sqrt(dr)
                        countiac(i)=countiac(i)+1
                        countiac(j)=countiac(j)+1
                        call kernel(r,dx,mhsml,w(niac),tdwdx)!---计算核函数和梯
度值
                        do d=1,dim
                          dwdx(d,niac)=tdwdx(d)
                          enddo
                    endif
                  endif
                  j=celldata(j)!---根据链表堆栈,跳至下一粒子
                  goto 1
                endif
            enddo
          enddo
        endif
    enddo
  end
```

编　后　记

　　《博士后文库》是汇集自然科学领域博士后研究人员优秀学术成果的系列丛书。《博士后文库》致力于打造专属于博士后学术创新的旗舰品牌，营造博士后百花齐放的学术氛围，提升博士后优秀成果的学术和社会影响力。

　　《博士后文库》出版资助工作开展以来，得到了全国博士后管委会办公室、中国博士后科学基金会、中国科学院、科学出版社等有关单位领导的大力支持，众多热心博士后事业的专家学者给予积极的建议，工作人员做了大量艰苦细致的工作。在此，我们一并表示感谢！

《博士后文库》编委会